03

新知
文库

XINZHI

Charlemangne's
Tablecloth:
A Piquant History
of Feasting

U0258791

查理曼大帝的桌布

一部开胃的宴会史

〔英〕尼科拉·弗莱彻 著　李响 译

生活·讀書·新知 三联书店

新知文库

出版说明

在今天三联书店的前身——生活书店、读书出版社和新知书店的出版史上，介绍新知识和新观念的图书曾占有很大比重。熟悉三联的读者也都会记得，80年代后期，我们曾以"新知文库"的名义，出版过一批译介西方现代人文社会科学知识的图书。今年是生活·读书·新知三联书店恢复独立建制20周年，我们再次推出"新知文库"，正是为了接续这一传统。

近半个世纪以来，无论在自然科学方面，还是在人文社会科学方面，知识都在以前所未有的速度更新。涉及自然环境、社会文化等领域的新发现、新探索和新成果层出不穷，并以同样前所未有的深度和广度影响人类的社会和生活。了解这种知识成果的内容，思考其与我们生活的关系，固然是明了社会变迁趋势的必需，但更为重要的，乃是通过知识演进的背景和过程，领悟和体会隐藏其中的理性精神和科学规律。

"新知文库"拟选编一些介绍人文社会科学和自然科学新知识及其如何被发现和传播的图书，陆续出版。希望读者能在愉悦的阅读中获取新知，开阔视野，启迪思维，激发好奇心和想象力。

生活·读书·新知三联书店
2006 年 3 月

献给约翰

斯特拉

和玛莎

致谢

　　这本书的写作过程像一场颠倒的宴会。我从消耗掉无数用精选的信息片断制作的菜肴开始，按顺序品味并享用它们。然后，我不得不在它们之外构建一场文字的盛宴。像多数大型宴会一样，这个任务需要投入大量人力，我衷心地感激我所得到的帮助、热心和精神支持。

　　首先，我要感谢出版商 Peter Crawley 对本书的坚定信心。当编辑、出版社和书的风格摇摆不定时，他是唯一不变的、可靠的并总是明智的因素——那种作者梦想拥有的出版商。我将感谢同样致予 Weidenfeld & Nicolson 的团队，他们将我雄心勃勃的想法变成了一本井然有序的书。

　　我非常感谢我所获得的友好帮助，它有时来自陌生人，当然通常是我的朋友，无论是新朋友还是老朋友，因为有些友谊恰是因为我的研究而产生或巩固的。太多人贡献了想法、文献、信息以及实用的帮助，在此不可能一一感谢。对于那些其帮助可以与单独的一章相联系的，我在本书的结尾以参考文献的方式致以感谢（简体中文版略去了参考文献部分。——编者按）；至于大量的建议、主意和离奇的片断，它们的提供者可以从本书中认出，他们会知道我如何使用了他们的贡献，我想。我要着重提到美食作家协会讨论小组的成员，他们澄清了一些要点并在我提出要求时迅速地提供信息——感谢你们所有人。

　　我深深地感激那些慷慨地为我提供住宿、饮食和殷勤款待的人。排名不分先后，感谢 Ian Murray、Annie Good、Susie Lendrum、Emi Kazuko、Nicholas Mellor、Marlena Spieler、Alan McLaughlin、Louise Cattrell、Alex McLennan、Sophie、Mark Dorber、Deh-ta Hsiung 以及 Isabel Rutherford。每当我被古典问题所纠缠，我便求助于我的表兄 Oliver Nicholson，他非凡的幽默感总是让我开怀。David Clarkson 除了确保我的计算机能够安心地吟唱，还在本书的图片部分给予我极大帮助——没有他，书中可能会有许多空白。Gillian Riley 友善地给予我精神支持，此外，还允许我使用她的庞大的图书馆。是 Mike Longstaffe 在午夜拯救了天鹅馅饼。比利时旅游管理委员会组织了卓越的圣休伯特之旅；费城旅游会议慷慨地招待了我在那个历史名城中的旅行。另外，我也感谢 Kevoch 唱诗班、John MacSween、Kate MacSween 以及 Rob Kesseler，感谢他们让我加入到他们特别的活动中。芬兰 Kahnen 驯鹿研究站的 Mauri Nieminen 为我的一场宴会提供了必不可少的驯鹿奶——感谢他的帮助。没有图书馆和博物馆，这本书根本不可能完成，因此我要特别地感谢利兹（Leeds）的 Brotherton 图书馆特别收藏部；大英图书馆，尤其是 Beth McKillop；苏格兰国家图书馆——对我来说简直是天堂；以及苏格兰国家博物馆的 Alison Sheridan。最初是 Alex Fraser 告诉我应当写这本书，我将永远感激他提出了这个建议。Anthony Turner 勤勉地将我的原稿进行了编辑——祝愿他退休后生活更加愉快。

尽管感谢家庭的容忍是陈词滥调，但这很重要。所有书籍创作都需要牺牲，作者的家庭在困难时期需要承受作者的忽视和坏脾气。斯特拉、玛莎和约翰，赞美你们的帮助、理解和热心。

目 录

饭前看菜单就像戏前看节目单一样，不仅有戏剧效果，还给人带来期待。引用一位 18 世纪法国用餐者的话："C'est l'ensemble des mots et des mets qui mous font saliver；c'est un plaisir avant le plaisir, un préliminaire en soi, pratiquement un rite de passage."（"正是这些文字和菜肴的集合，让我们馋涎欲滴；这是喜悦之前的喜悦，是饕餮大餐前的开胃菜，一种精心谋划的仪式。"）这段引语被潦草地记在一张老菜单上，在勃艮第塞留（Saulieu）的菜单展览上展出。

第一章

什么是宴会?

无论回溯到什么时代，食物在烹饪学上的价值总是高过其营养价值。因为人们是从它带来的享受而非痛苦上体会到食物之精髓的。

——加斯东·巴什拉（Gaston Bachelard）

查理曼大帝有一块石棉桌布。宴会结束后，他总是把它扔进火里，将上面的面包屑全部烧光，然后把重新变得干净洁白的桌布铺回桌上。这一做法总是给参加他宴会的客人留下深刻印象。关于查理曼的这块奇异桌布的整个故事，我们会在书的结尾处为您一一道来，而它也仅仅是在讲到这个题目时不可避免地要引证到的成千上万个丰富多彩的奇闻轶事之一。与我谈话的每一个人都有所贡献，在滔滔不绝地

倾吐着兴奋的记忆、幻想、渴望、神话和没头没尾的片断的同时，他们也对宴会因何而起，以及一些盛大的历史活动是如何组织的提出疑问。还有一些讨论，是关于什么组成了宴会、是否所有的宴会都有共通的要素，以及不可避免地，是否仍有举行宴会的场所留存，还是宴会这种引人入胜的奢华观念已经过时了——无论怎样，吃得太多都是一种肆无忌惮的资源浪费。

在阅读关于烹饪款待的内容时，我们学到了什么？多数情况下我们认识了自己：我们可以那么善于创造，我们有时追求自由，有时又很虔诚。我们是社会的产物，我们贪吃，喜欢表现，还爱笑。你不用成为亚里士多德或拉伯雷也可以认识到这些[①]。除了少数例外，宴会就是为了提供欢乐。但哪怕只是将著名的宴会罗列起来，通常也要进行冗长沉闷的阅读。取而代之地，我会将例子分成几组（一些特定情况在每个社会中都能促成宴会），或者用某一事件来举例说明宴会的一个特别要素，使之成为事件发生的"原料"或原因，这样就将宴会的主要类型都涵盖了进去。即使是一场看似与众不同的特殊宴会，通常也可以与其中至少一种类型相一致。我很喜欢这些例子中的一些怪癖，我自己创作的一两个烹饪艺术品让我津津乐道。但是，想要以一种合乎逻辑的顺序排列如此多样的事物，有很大的困难。任何一种方法，无论以历法或生命活动，还是以地理、年代、文化或社会差异分类，都有太多内容，不是不能归类就是符合多个类别。所以我将它们以系列短文的形式呈现，尽管一些事件之间很明显是相互关联的，但每篇仍能自成一个完整单元。除了那些显然是为了补充或加强对比而

[①] "书写欢笑胜过书写泪水，因为欢笑是人性的本质"——弗朗索瓦·拉伯雷（Francois Rabelais）；"人类是欢笑的动物"——亚里士多德（Aristotle）。传道书也声明："宴会是为欢笑而制。"而安贝托·艾柯（Umberto Eco）那令人毛骨悚然的小说《玫瑰之名》正是立基于人类神圣的欢笑本能。

承接另外一章的，我有意识地把各章安排得没有特定顺序。因此这本书从开始到结束，读起来会像一场有许多道菜的宴会，或者说像品尝了一系列的开胃菜。

但什么是宴会——高雅的精致或巨大的浪费？观点很不一样。一次，宴会的主人指责我，宣称任何不过量进食的人都没有权利写一本关于宴会的书，而我竟愚蠢到没有再引用一下约翰·海伍德（John Heywood）1546年的谚语"饱食有如赴宴"[1]来为自己辩护。也许他的观点是：这个谚语有一个与宴会精神相冲突的假装神圣的光环。不过，在其他情况下这是绝对正确的：在有关灾祸中的宴会的章节中会有很多令人痛苦的例子。

没有一个简单的方法可以定义宴会，因为太多内容取决于参与者的心情，或是参与者本身。比如，可以有独自一人的宴会吗？有些人可能会说不能，但是两个古罗马美食家无疑有不同看法。以穷奢极侈

《女主人的贪婪竞赛》。意大利讽刺漫画，1699年。与纳尼房屋的文雅宴会（见彩页第一部分）相反，这种没有教养的活动仍然是很多人心中"宴会"的代名词

---

① Enough is as good as a feast，又译"知足常乐"。——译者注

的宴会而闻名于世的卢库勒斯①，觉得没有理由因为碰巧没有客人就将他的菜单调整得简单些，所以当他的厨子仅仅给他呈上合理的一餐时，他边咆哮着"今天卢库勒斯与卢库勒斯一起进餐！"边把厨子打发回厨房去准备更丰盛的食物。阿皮修斯②选择让他的最后一餐成为独自一人的宴会。在发现自己的巨额财产已经坐吃山空后，阿皮修斯也不准备向他的食物问题妥协，并订了整个罗马能够提供的最奢侈的宴会。③引用亚历克西斯·索亚（Alexis Soyer）对于这件事的观点："在那隆重的场合，即使有足够的烹饪作品来取悦数量庞大的美食家，他也只会邀请自己。'崇高的想法！'他忽然说，'在像两个韦特利乌斯④或几个卢库勒斯般进餐后，死在一堆食物中！'于是他吞下毒药。当人们发现他时，他已经死在了长桌的一端。"但这些仅仅是例外。欢乐是宴会必不可少的要素，多数人都会同意这一点。

何时举行以及什么样的内容才使得宴会是适当的呢？毋庸置疑，政治家改变着我们对这一问题的理解。被集权君主控制的好战的社会

---

① 卢库勒斯（Lucullus），古罗马将军兼执政官，以巨富和举办豪华大宴著名。——译者注

② 阿皮修斯（Apicius）被公认拥有罗马菜谱的权威性收藏，尽管这更有可能是几个作家杜撰出来的。

③ 历史上曾有三个著名的罗马人叫这个名字，他们都因对享受生活的好品位而出名。第一位，与苏拉（Sulla）同时期（公元前2世纪—前1世纪），因他大量的饮食而闻名；第三位阿皮修斯，是公元2世纪人，他发明了在长途运输之后仍能使牡蛎保持新鲜的方法；而最有名的是此处提到的马库斯·卡妙·阿皮修斯（Marcus Gavius Apicius），生于大约公元25年，因整理编辑了一本烹饪食谱而知名——《烹饪十书》曾延续好几世纪的参考书籍。他以豪奢昂贵的品位著称，有些人认为他是个优雅的美食鉴赏家，有些人则认为他是个享乐主义者。他发明了用干燥的无花果强迫喂食，使猪的肝脏肥厚的方法；还发明了以火鹤舌、夜莺舌、骆驼足、猪乳房为食材的食谱；还有许多种的蛋糕和酱料。阿森纳乌斯（Athenaeus）提到阿皮修斯曾包船要去证实利比亚螳螂虾是否如传言中所说的那么巨大。不过，他根本尚未成行就已经死了。——译者注

④ 韦特利乌斯（Vitellius）：古罗马皇帝，公元69年在位，生活奢侈而残忍，被描绘为"躯体和味觉的奴隶"。——译者注

更可能以一场精心设计的表演来展示它的无可匹敌，而不管其大多数成员是多么饥饿。自封的中非共和国皇帝博卡萨①的加冕礼极端奢侈，效仿了拿破仑·波拿巴的加冕礼。而它之所以令人感到震惊，只是因为这场典礼发生在1977年；如果在两百年前，这会被认为是很平常的。事实上，许多将加冕礼神圣化的文化认为，应当保证它的质量和数量——未能提供给君主与其身份相符的供奉会触怒神灵并导致饥荒。与实行配给制的战后国家同时期的一些观念，如皇后骑自行车穿行街道，或未来皇后独自享用节制的四道菜的婚礼早餐②——这些在现如今都很值得称赞——在许多早期社会是难以理解的，实际上更会遭到轻视。

即便是现在，在表面上打着慈善的旗号，却通过举办宴会来增强权力或抬高社会地位的现象也并未消失。城市行会所热衷的盛大宴会，总包含着与荣誉嘉宾间的政治交易，同时履行着增强行会成员间凝聚力的职责——成为被承认的团体的一部分和以往任何时候一样重要。事实上，宴会是确保文化传统能够留存下来的一种重要方式。宴会可以将社会和文化团体区别开。虽然现在特定食物的组合在日常生活中大量更新换代，但它却与其他传统一起，通过这些特别的活动保持着生命力。勃利亚·萨瓦兰（Brillat-Savarin）所说的"告

---

① 吉恩·贝德·博卡萨（Bokassa, Jean-Bedel），酋长之子，生于1921年，曾任新独立的中非共和国的军队总司令。1966年利用枪杆子废黜达科总统，自任共和国总统。博卡萨任职期间实行独裁，内外政策变幻莫测，政府不断改组，总统权力日益扩大。1977年他仿效自己崇拜的英雄拿破仑一世，加冕为博卡萨一世皇帝，改共和国为中非帝国。但好景不长，1979年9月发生军事政变，博卡萨开始了流亡生活，1986年回到中非后被捕。1987年博卡萨接受班吉法庭审判，被判死刑。1988年科林巴总统发布特赦令，将死刑改为服终身苦役。——译者注
② 皇室的厨师加百利·曲米（Gabriel Tschumi）满怀遗憾地指出，在他经历三朝的职业生涯中，皇室婚礼的早餐在不断减少。12世纪初，婚礼早餐有至少十六道菜；1923年伊丽莎白·鲍斯—里昂（Elizabeth Bowes-Lyon）夫人嫁给约克公爵时的婚礼早餐，减少到了八道菜，持续了大约一小时；伊丽莎白二世女王与菲利普王子婚礼前的早餐只有四道菜，并只持续了二十分钟多一点。

诉我你如何请客，我就可以说出你是从哪里来的"正是这个意思①。毕竟有多少英国人在圣诞节以外的时候吃那种很辣的、被水果和坚果撑得鼓鼓的、用面包屑镶边、洒上白兰地点燃——著名的中世纪遗俗——的蒸布丁呢？看看逾越节的宗教宴会、美国的感恩节、排灯节②，再看看伊朗的 No Rooz③ 和难以计数的其他新年庆祝仪式，每种文化都有自己标志性的宴会。宴会上的食物，是安慰的源泉；对于流落异乡的人，则是渴望。无论如何，一个国家的餐桌礼节总是会与其他国家的相矛盾，但旅行者们对其他国家饮食习惯的惊讶却永远也不会停止。偶尔，这种矛盾会导致混乱和不舒适。一位巴伐利亚牧师给我讲述了他宴请一群日本人时的情形，这是"二战"后国际和解的活动之一。由于食物匮乏，饺子成为席上最重要的食品。无论何时，只要日本客人的盘子空了，牧师的妻子都盛情邀请他们再多吃一点儿。每一次，日本人都爽快地接受了，尽管很明显他们看起来已经感到有一些不舒服；同时，宴会主人的疑惑也在不停地增长（因为巴伐利亚人很高大而日本人则相反）。可是双方始终都没有询问对方的饮食习俗。

宴会也可以成为对社会规范的逃脱或拒绝：1660年查尔斯二世复辟之后，反君主制的"小牛头俱乐部"（Calves' Head Club）于每年1月30日（查尔斯一世斩首的周年纪念日）举行秘密宴会。在他们准备的宴会上，一个鳕鱼头，代表查尔斯·斯图亚特（Charles Stuart）；一条梭子鱼，代表专制统治；一只野猪头，代表皇帝对臣民的掠夺；

---

① 萨瓦兰的另一句名言是：对人类而言，发现一道新颖菜肴的做法，比发现一个新的星球还要重要。——译者注
② 印度教的重要节日，是为了纪念印度教中爱神毗瑟的化身罗摩，他战胜了偷走他妻子悉多的10头恶魔，迎来了光明。节日期间有些印度教庙宇会摆出一堆堆的烘烤糕点，有时高达15英尺。——译者注
③ 即伊朗新年。——译者注

还有一些以各种方式烹制的小牛头，代表皇帝和其支持者们的头。肆无忌惮地干杯之后，狂欢者将一个小牛头用带血的布裹着，仪式般地扔进院子里的篝火中。有人利用宴会震慑别人，有人则以客人的不适取乐。如果关于罗马皇帝的所有传言都可信①，那么他们的客人们一定遭受了一连串的虐待：比如他们的充气坐垫在用餐过程中漏气，或咽下一系列恶作剧食物——配料从猪肉到珍珠不等，又或者品尝一盘又一盘稀罕、怪异的菜肴，坚信自己在晚宴结束时将被害。然而，如果宴会曾被用来控制和压制，它们同样被用于安抚。塞缪尔·佩皮斯（Samuel Pepys）的观察结论——"奇怪地看到一场不错的正餐或宴席使每个人和谐相处"——将在本书中得到回应。有时我们确实喜欢举止恶劣。由于认识到了人类需要释放的天性，宗教和政府总是宽恕不守规矩的行为：酒神节、农神节、愚人节、第十二夜以及狂欢节，这些都是很好的拉伯雷式的例子。与此完全相反，希腊座谈会和索罗亚斯德教②的沉默节，则是哲学克制的典范。

事情就这样继续着。一些迷信的宴会与丰收和粮食生长年度循环联系在一起。还有一些互惠的宴会，人们因丰盛大餐的许诺而完成一些公社任务——"工作换回报"是心照不宣的共识。丰收时的采摘工作是其中一例，建造房屋也是。"成年仪式"在所有的社会都是宴请的时机。感恩节起源于多种原因，从农作物丰收到战火平息，或者是失散很久的亲人得以重聚。

有时，宴会作为食物——水果、鱼、菌类或其他易腐烂的食物——过剩的一种结果出现；或基于某种原因，像伊丽莎白一世时代的野味

---

① 这些传说不应当全部相信：许多都是那些想要举例证明罗马退化到什么程度的人捏造的，尽管如此，仍有足够多的真实故事来证明后面的观点。

② 索罗亚斯德教，亦即拜火教、祆教、火教、火祆教、明教。公元前6世纪前期由与波斯人同种的梅德人创立，是信仰唯一真神的宗教，信奉先知索罗亚斯德。——译者注

宴或 19 世纪流行的乌龟宴①。有时它的目的是鼓励：中世纪最引人入胜的宴会之一，1454 年勃艮第公爵举办的雉鸡宴，是为了推销反土耳其人的十字军东征思想。为了使共和精神的旗帜复苏，世界上最大的宴会 1900 年在巴黎举行。埃米尔·卢贝（Émil Loubet）在杜乐丽花园一个巨大的帐篷中用贝勒甫（Bellevue）牛肉、沙锅鲁昂鸭、布雷斯鸡肉，以及雉鸡卷（注意这一叙述中对于肉的关注，这是宴会的又一个普遍要素）招待了 22 695 个市长。服务生要骑着自行车为遍及七公里的餐桌服务，主管则开着早期的汽车来回穿梭。这一活动旨在效仿 1790 年攻陷巴士底狱周年纪念时举行的拉法耶特将军联盟节（General Lafayette's Festival of Federation），那时一排"一眼望不到边的桌子"被摆在公园里，从各省来的代表被邀请参加这个绵延不绝的互助会宴会。

宴会可以只因慷慨而举行。中东的大量传说描述了好客的阿拉伯宴会。他们会烹制许多美味的菜肴和蜜饯，甚至是整个骆驼队只为招待一个完完全全的陌生人。这些宴席代表了真正的慷慨——向这个世界中的一切等级提供食物和娱乐，不计较成本也不期望任何回报。在伊斯兰文化中，向一个完完全全的陌生人慷慨付出的意愿是必不可少的："如果有任何行为类似神性，那就是供养人类。"客人则被视为神的礼物。②

付出后所得到的快乐令人享受，这必然催生许多私人宴会，无疑也是这些年我为朋友举办宴会的动机（例如，见第二十八章）。但是，正如在其他章节中你会看到的，我发现通过宴会激发人们的想象力是

---

① 见第六章。——译者注
② 三十年前我在摩洛哥认识到这一点，我们在那里满怀感激地享用了一场晚宴，在一幢有带钥匙孔的门的古老房子中，有一张床让我们过夜，一个完完全全的陌生人带我们在老城穆莱·伊德里斯（Moulay Idriss）中游览——一种不同寻常的动人经验。

查理曼大帝的桌布

一种很有效的教育工具；我还发现，接受为他人设计宴会的任务，为我自己增添了一种有趣的工作训练，因为令人兴奋的风险因素是所有我的创造活动的品质证明，防故障装置①把它们调节得有规则，但是并不减少乐趣。

　　既然可以有无数种举办宴会的方式，那我自然不能说本书中的汇总一定是全面的。但我选择了令我感兴趣的事件，并衷心希望可以在这一主题上达到一个令人满意的覆盖率——如果任何人觉得我冗长的叙述使他们饥饿，请原谅。这其中明显缺乏陶醉状态，尽管在文字中它不是完全不存在。虽然细微的差别使陶醉者的思想和感觉变得深刻、被唤醒或变得活跃，但却总会消失在那些并非同样有感染力的东西中。另外，如果不是陈词滥调的话，食物和性是联系在一起的，这是不证自明的，这一主题在其他地方已经过了充分讨论。宴会的一些元素，如音乐，在书面表达中永远不会被给予足够的重视，尽管音乐和音乐家确实占据了一席之地。事实上许多被文字遗漏的社会和宴会

---

① 原文为 fail-safe，意为即使失败了，仍是安全的。作形容词有万无一失之意。——译者注

史通过游吟诗人及其继承者的民谣口头流传了下来，宴会无穷无尽的魔力就在其中，无论出于何种视角——剧院、食物、饮料、服装、音乐、香料，等等，人们值得付出一生的时间去发现它们。但是在某些地方应当画一条线。我怀着希望不情愿地把自己的线画在这里，这些充满人类的成就、想象力和慷慨的宴会是如此地与众不同，它们将会激发起平淡社会中一些成员的勇气，使他们开始计划一场宴会——一种最短暂的艺术。正如斯考特船长（Captain Scott）的一位随行人员所说（虽然与他在南极品尝食物时相比，环境已截然不同）："这是能够想象出来的最令人满足的东西。"

第二章

天堂：宴会的起源

愉悦可以被分成七个层次：智慧、食物、饮品、服装、性、气味和声音。而这其中最高贵和最重要的是食物。
——穆罕默德·伊本·奥—哈桑·奥—卡提巴·奥—巴哈塔迪
（*Muhammad Ibn Al-Hasan Al-Katib Al-Baghdadi*）

混沌初开时，有一个天堂；这个"paradisi"（波斯语），是个令人神往的美丽花园，清澈的山泉水浇灌着，成千上万的小花闪耀着，活泼的瞪羚跳跃着，整个世界就像一张编织复杂的波斯丝绸地毯，一千年以后，索罗亚斯德教徒的这一想象在欧洲文艺复兴时期再度复苏。1689年，约翰·夏尔丹（John Chardin）充满智慧地写道："在波斯的天空中有着如此奇异的美景，使我不能忘怀，甚至情不自禁地告诉每一个人——比起我们欧洲那厚重沉闷的天空，每个人都会发誓那里的天堂更加卓越，它被染上了另外一种颜色。"

这个波斯传说充满令人兴奋的放纵，吸引并诱惑着那些经历过它的人。虽然波斯的边界、宗教和权力中心接连不断地因希腊、阿拉伯、蒙古和土耳其的征服改变着，但不变的是，那些征服者的文化吸收了波斯本土文化，并发现那比他们自己的文化更适合这一地区。同时，所有商队都经过波斯，背着丝绸和香料，从远东到西方。贸易向两个方向同时进行——8—9世纪的唐帝国显然很喜欢波斯蛋糕。因此，尽管波斯分享着战争的胜利，但她对世界很大一部分地区的影响则是因为享乐才经久不衰，尤其是食物和宴会。当然还有其他的，简单列举几个：马球、国际象棋、鹰猎、饮用葡萄酒和吸烟。由于这些交流，许多奇异的东方元素——充斥着鬼怪和魔术毯子的"阿拉伯"之夜，旋转舞蹈着的托钵僧①，"土耳其式"的乐趣和伊斯兰闺房，橘黄色的花朵、麝香和龙涎香，白光一闪后紧跟着出现的奇幻魔法，珠宝装饰的剑、水烟袋、玫瑰露和藏红花米饭——事实上都源自波斯。公元7世纪，索罗亚斯德教就提出了"热食"和"冷食"的理论，而欧洲采用的希波克拉底"体液"系统②和现在仍然存在于华人社会的道教"阴阳"哲学，要比它晚一百年。③更晚一些，十字军东征进入中东，他们为了一些奢侈的东西——如香料、藏红花、杏仁和糖（主要是为了制作杏仁蛋白软糖）——开凿了至关重要的水渠。毫不夸张地讲，波斯深远地影响着世界至少三分之一地区的烹调和宴会传统。

由于古波斯人很少有书面记录留存，所以从古希腊人和古罗马人那里，我们第一次读到了她高品质生活的盛名。公元前5世纪，旅行家希罗多德④注意到了波斯人布置豪华的餐桌；而在他自己的国家希腊，人们极有节制地享用着食物和酒。希罗多德对食物的数量留下了清晰而深刻的印象："较富有的波斯人会将一头牛、一匹马、一只骆驼以及一头驴整个烤熟来招待客人……他们只吃很少的固体食物但会吃大量甜点，有时在桌上同时摆着好几盘；这些使得他们说'希腊人吃东西，还没吃饱就停下了，在肉之后他们没吃到任何值得一提的东

---

① 托钵僧舞在土耳其、埃及等国普遍存在，由清一色男子表演，基本动作就是旋转，不过旋转时间之长令人瞠目——达三十至六十分钟。——译者注
② 希波克拉底（Hippocrates）：约公元前460—约公元前370年，希腊名医，古希腊医师，被称为医药之父。——译者注
③ 这三者之间并没有必不可少的直接联系，彼此间都有一点细微的不同。我只知道索罗亚斯德最早。波斯本身直到大约公元前550年才形成，但是它的统治者信奉索罗亚斯德教。顺便提一句，在阴阳哲学是不是道教这个问题上有一些争论。
④ 希罗多德（Herodotus）：约公元前485—约公元前425年，希腊历史学家，著有《历史》一书，被人们尊称为历史之父。——译者注

西'。……他们非常喜欢葡萄酒并且总是喝很多。"亚历山大大帝一个世纪之后出征波斯时，给希腊带回了石榴（现在仍在婚礼上作为多产的象征）、藏红花、阿月浑子①和酸乳酪，但文献中没提到现在多数地中海国家烹饪中常见的柠檬②。

在7世纪阿拉伯穆斯林征服波斯后，伊斯兰阿巴斯王朝的宫廷迅速吸收了前人大多数享受生活的方式，并加上了阿拉伯开放好客的沙漠文化以及餐后用力打嗝的令人惊讶（对于欧洲人来说）的习惯，但酒精被禁止使用了（从后来发生的数不清的事件，尤其是奥马·哈亚姆 [Omar Khayyám] 的诗歌来看，这并不十分成功，因为诗歌中充满了享受生活和享用葡萄酒的劝告）。阿拉伯人还带来了对食物的装饰性语言。"她用她的光芒使旁观者目眩，并为你展示满月的光辉，即使夜晚尚未到来"，这听起来像是情诗中的句子，但它描述的其实是一盘稻米布丁。许多作家赞美悠闲进食的美德。"当你和你的兄弟一起吃饭的时候，享受这段时光吧，"一位逊尼派伊玛目说道，"因为与他人一起用餐的时间是我们有限生命时光之外的额外奖赏。"总而言之，阿拉伯人通过他们征服的广袤土地重塑了波斯人的烹饪方式。

伊斯兰对本土索罗亚斯德教徒的压迫使许多人向东逃到了印度，同时也带去了他们的习俗和烹饪方法。公元500年，藏红花已经从波斯传到了印度，佛教僧侣很快就用它来为僧袍染色。随后，说突厥语的蒙古游牧部落征服了波斯，他们自11世纪开始一步步地从亚洲的中心到达了这里。蒙古人将他们的统治扩张到印度，也带上了波斯人的

---

① 系波斯语，维吾尔语称皮斯特，古称胡榛子、无名子、无名木等，现在市场商品名为"开心果"。——译者注

② 我们是因为希腊人才将波斯如应当的那样称为波斯而非伊朗。波斯（很久以前）在超过两千年的时间中只是伊朗这个庞大国家的一个省，许多现代伊朗人仍然喜欢波斯这个词，虽然现在已经不这么叫了。

奢侈——这些正是奇妙的蒙古宫廷文化的基础。烹饪的影响体现在比尔亚尼菜①或肉饭中；现在人们认为是印度传统的泥炉烹调法、南面包（nan bread）、提卡②和热香料③等混合香料，其实都源于波斯。13世纪，蒙古人也把波斯食品带到了中国北部，把牛奶、黄油和羊羔传到那里。直到今天，北方人仍更偏爱羊肉，这在总体上与中国其他地方——在这些地方，乳制品也几乎默默无闻——很不相同。以米为基础的菜肴"家族"广为流传，却以不同的名字为人所知，如菜肉烩饭、肉饭以及有争议的肉菜饭④，其实都是从波斯词语polow翻译而来——在本章后面会有具体描述，它是波斯人最重要的节日菜肴。现在，源于波斯的菜肴pi-low仍存在于新疆，而新疆与曾经是伊朗一部分的阿富汗接壤。

欧洲对糖的使用也发源于波斯⑤，他们完善了从碾碎的甘蔗茎中取得汁液并将其煮沸的技术。同时这一方法也传到了9世纪的唐王朝。糖最初只是作为昂贵的药品为中世纪欧洲所知，之后它逐渐演变成使宴会可以称为"宴会"的一个重要的组成部分。它通过前面提到的那条通道进入欧洲，另外也经过阿拉伯的北非殖民地进入西班牙。在那里，摩尔人种植了甘蔗以及藏红花、苦橙及杏树——波斯另一种使调味酱变浓及制作杏仁蛋白软糖所必需的原料。在更北部的人们使用它

---

① 印度菜，如用藏红花或姜黄调味的羊肉米饭或鸡肉米饭或菜饭。——译者注
② 提卡（tikka），一种传统印度烧鸡。——译者注
③ 热香料（garam masala）：garam意为"热"或"辣"，masala意为"香料"。混合芫荽、肉桂皮、小茴、黑胡椒、豆蔻、丁香、八角等多种香料而成。——译者注
④ 三个词分别是：pilaff，pilau，paella。——译者注
⑤ 波斯烹饪风格的特征之一是甜和酸的混合。她最伟大的庆典polow之一叫做"宝石米饭"，是将巨大的食糖晶体撒在闪闪发光的米、水果和坚果混合的饭上。9世纪阿拉伯人还认为，梦想中的"加了融化的黄油和白糖的白米饭"是"不属于这个世界的菜肴"。甜开胃菜在中世纪欧洲非常流行，并且在很多地方仍未消亡。"二战"后，在一个临时宿营地中，普里莫·莱维（Primo Levi）注意到匈牙利厨师在做"热腾腾的菜炖牛肉，特大份的加了欧芹的意大利面条——有些过火并且疯狂地加了很多糖"。

们之前的很长一段时间，杏仁蛋白软糖和食糖雕刻在阿拉伯宴会中扮演了核心角色，尤其是在开斋节宴会之后。据 11 世纪曾到达埃及的波斯旅行家纳赛尔·伊·库斯劳（Nasir-i-Chosrau）的记载，苏丹有一棵全部用糖制成的树，而这仅仅是他在斋月使用的 73 300 公斤糖中的一小部分。奥·查希尔（al-Zahir）哈里发有用糖制成的七座巨型宫殿和 157 个雕塑；他之后的哈里发制作了一座糖清真寺，穷人们在庆典后受邀吃掉它。

　　约翰·夏尔丹先生描述了 17 世纪波斯娱乐的七种形式。夏尔丹的说明和第三章中关于欧洲中世纪娱乐的内容有一些相似之处，但与其说是欧洲影响了波斯的习惯，不如说情况正相反。波斯习俗在几百年间几乎没有改变。谈到他们的服装，夏尔丹写道："如果像俗话说的，一个国家的智慧与他们的服饰习惯相一致，那么波斯人应当因他们的谨慎受到称赞——他们从来不变换服装……我看到了一些保存在伊斯法罕国库里的帖木儿①（生于 1336 年）穿过的衣服，它们的剪裁方式与现今的服装一模一样，没有哪怕一丝一毫的区别。"

　　宴会的主人以浓郁的香气向客人致敬。在夏尔丹的描述中，他参加的一场婚礼宴会这样对他表示敬意：在被喷了半品脱金黄色②的香水后，他又被喷了同样多的玫瑰露，以致他不仅拥有双倍的香味，汗衫也染上了一大片香水渍。接下来，他的胳膊和身体被用加入了龙涎香和劳丹脂（一种来自水犀科叶子的有刺激性气味的树脂）的芳香精油涂抹了一遍。最后，盛开的茉莉花编成的花环套在了他的脖子上。自然地，这场芳香仪式由主人家中的主妇进行，因为所有

----

① 帖木儿（Timur，也有人称 Tamerlain，即跛子帖木儿之意，1336—1405）：曾任察合台汗国大汗秃忽鲁帖木儿的辅臣，是集刘备的审时度势、曹操的心狠手辣、成吉思汗的勇武善战于一身的人物。曾拥立三位傀儡皇帝，1370 年自立为王，1388 年，开始明确地采用"苏丹"称号。——译者注
② 即藏红花的颜色。——译者注

客人都是男性。

　　一场盛大的宴会在早上开始。当皇室受到邀请时，街道便会被"仔细地铺上碎石，一侧铺着锦缎（黄金和白银制成）和丝绸桌布，另一侧撒满鲜花"。①贵族的仆人们在整条路两侧列队，捧着贵重的礼物：一捆捆的羊毛、丝绸和金布，由黄金、白银和陶瓷制成的整套餐具，精细加工的马饰，以及金银钱币。所有这些，在伊朗王走入一个独立的院子前，都堆积在他的脚边；院子中有一个白色大理石水池，淌出清凉的涓涓细流。大厅的地板全部被豪华地毯覆盖着，垫子由最精美的彩色丝线和金线制成。大厅地板中间是一个巨大的四方大理石水池，四个喷泉叮叮当当地演奏着清凉的音乐。在水池的四面各有一只香水壶，"无比巨大，装饰着朱红色镶金材料（guilt），摆在八个装饰着金色瓷釉、装满糖果和香水的小方象牙盒子中间。整个大厅被装满了甜食的大盆占满，在大盆周围是香水、一瓶瓶香精、酒精饮料、葡萄酒和各种白兰地"。

　　除了英国爵士的身份，夏尔丹还是波斯珠宝商的儿子。在查尔斯二世为逃避胡格诺的迫害逃到法国之后，夏尔丹成为宫廷珠宝匠，所以他的赞美远胜于那些外行。夏尔丹带着一些波斯王委托他去寻获的具有惊人价值的珠宝回到波斯，在他的记述中充满了对波斯人做生意时支吾与搪塞之辞的不满。无论如何，在一次款待中，他被获准看一看伊朗王的餐具，即使以他那见多识广的眼睛看来，那些餐具（四千件，全部由纯金和贵重的宝石制成）仍然有着"不可思议的庞大数量和价值。有一些杯子过于巨大，以至于在它装满时用一只手都拿不

---

① 这显然与第三章傅华萨（Froissart）14世纪的描述相似。夏尔丹这样称赞波斯人制作金银织物的技术：金属线被拉出并和丝线捻在一起，是"能够想象出的最好的和最光滑的东西，它们永远不朽，金和银在制作的时候也不会磨损，并且能够保持其颜色和光泽"。

住……对我来说最豪华的是一打按比例放大的一英尺长的勺子，用来喝肉汤和其他汤汁；与勺子配套的碗上了金色的釉彩，把手上镶满了红宝石，末端是一颗约六克拉的巨大钻石"。

　　盛大的宴会是不能过于仓促的。作为开始，甜食被端了上来：杏仁蛋白软糖、冰冻果子露、酸甜的饼干和蛋糕，其中一些用藏红花等贵重的香料调味。在享用这些食物时，浓烈的熏香在周围缭绕，女舞者等待着上场，音乐家吟唱着史诗。晚些时候，19世纪的英国医生C·J·威利斯（Willis）描述了波斯宴会上的一位歌者："他把手放在嘴边拢音，他的脸因为用力而变成了深红色，脖子上的肌肉和血管明显突出，眼睛几乎从眼窝里瞪了出来。他不时停下来呼吸一下，最终在周围的掌声中结束了表演。"在这之后，会休息一段时间：或在院子里散步，或演练剑术，或视察马厩，如果客人是伊朗王，则允许他与主人的妻妾恣意享乐。

　　对波斯宴会食物的最好描述，来自夏尔丹记录的一个场景：1672年，法国大使和他的随从到达伊斯法罕（Isfahan），伊朗王的官员款待了他们。一张金色的桌布，或称sofreh，被铺在地板上，上面摆着几种不同的面包，完美的品质正符合夏尔丹的标准。吃完了这些，仆人拿进来"十一盆用肉和米一起烤的叫做'肉饭'的食物，包括所有颜色和所有口味：加糖、加石榴果汁、加圆佛手柑汁、加藏红花。每道菜的重量都超过八十磅，任何一道单独就足以让整个使团吃饱"。最初的四道菜，每一道都在米里包着十二种家禽，接下来的四道每一道里都有一整只小羊羔，最后的三道则是羊肉。四个巨大的平底盘被用来盛这大量的肉饭，每个都又大又重，以至于用餐者需要帮助搬运者把盘子卸下来。"其中一个堆满了鸡蛋布丁，一个盛满香草汤，一个填满草和碎肉，最后一个装着炸鱼。所有这些都放在一张桌子上。每个人面前都放着一只小汤碗……装满酸甜口味的冰冻果子露，①以及一盘四季沙拉。"习惯了波斯富裕生活的法国人在宴会上吃得酣畅淋漓；但那些新来的人心中，则"被对这场奢华款待——所有东西都用纯金制成、价值（无疑）超过百万——的欣羡所填满"。许多去过波斯的人对这些巨大的装满美味肉食的金银菜盘记忆深刻。为伊朗王所举办的宴会，理应更加奢侈，而且曾经一度确实是这样。但是1588—1629年在位的阿巴斯大帝，发觉了这种宴会造成的浪费和充斥其中的欺诈，于是规定了款待伊朗王的费用上限。然而，他并没有对礼物和其他装饰加以限制。

夏尔丹记述中的伊朗王在吃吃喝喝中度过了整个白天和大部分夜晚，享受着为他而设的消遣。同时，款待伊朗王时是不能完全没有"人造焰火的消遣"的，因此花园的黑暗总是被一阵噼里啪啦的色彩点燃。伊朗王喜欢运动，尤其是拉弓和其他力量性项目。自然地，这种爱好让他为自己的臂力感到自豪，"他因那些称赞而无比快乐，并不断用更重的东西来证明他是当之无愧的。他能将皇冠那么厚（大约两毫米）的金色釉彩杯子用一只手压扁。这几乎是不可能的。但是这位王子已经有了与其他强壮的男人一样的体型和举止。破晓时分他已经筋疲力尽，由于疲倦和寻欢作乐，他上不了马也迈不动步了"。

---

① 至今为止，这是我找到的最早的对正餐的风味而非成分的描述；夏尔丹认为"微酸的甜味"是典型的波斯烹饪风格。但是，毕竟，他是法国人。

第三章

黄金时代：中世纪宴会

从她的城堡中传出中世纪最后魔法的低吟……
                                  ——马修·阿诺德（*Matthew Arnold*）

　　当某人说起一场筵席或宴会并要求听众想象一下的时候，大多数人的眼前会像被魔法召唤一般出现中世纪晚期和文艺复兴时期欧洲大摆筵席的壮观场景。从12世纪晚期到17世纪末，这一黄金时代持续了大约五百年。在那之前的黑暗时代，雕刻撒克逊教堂的工匠和复杂凯尔特首饰的制作者大概受到了很好的款待，但当时对这一内容的记载相当之少，对其宴会的推测则不得不原地踏步。无论如何，他们得到的款待并不如中世纪晚期的宴会那么精致。那一时期的著作显示，暴食作为一种不可饶恕的大罪令人非常忧虑。圣比德尊者①在8世纪的著作中对奥斯瓦德国王②大加赞赏，这位国王将他的复活节大餐——全部盛在银质器皿上——送给了等在大厅门外的穷人。在1066年遭到诺曼底人的军事征服后，英格兰的宴会风格受到法国皇室的影响，举止和食物开始改变。接着中东文明又通过十字军东征继续改变英国的饮食，在烹饪中使用充满异国情调的香料、坚果、水果、醋、糖和玫

---

① 圣比德尊者（The Venerable Bede，又译"德高望重的比德"，673—735）：圣徒，英国历史学家及神学家。——译者注
② 奥斯瓦德（Oswald）：英格兰七国时代诺森布里亚王国国王，633—642年在位，乐善好施。相传他战死的地方的泥土能够治愈疾病。——译者注

瑰露的习惯逐渐渗透到北欧。

黄金时代可以大致被分为两个阶段：上半期包括了中世纪时代晚期；下半期从15世纪开始，这一阶段，我们通常称之为"文艺复兴"的运动所带来的变革逐渐蔓延开来。这一章介绍的是第一个时期。我们注意到，在这个很长的时间跨度中，宴会和筵席上的食物几乎没有改变，饮食习惯在过去四十年中发生的改变比那五百年间的还要多。在各道菜的着重点和呈现方式两方面，一场改革缓慢推进，这在别处也有所讨论。可以肯定地说，如果你用13世纪宴会上的食物在17世纪款待一位来自欧洲任何地方的客人，他都会觉得那些菜肴很熟悉。只有供应菜肴的样式风格有了引人注目的改变。

体现中世纪特点的元素包括：在马上枪术锦标赛中集中体现的骑士精神、多数在我们看来老掉牙的冷笑话、上菜仪式和盛宴上的雕塑，以及与这些比起来相对匮乏的餐具。均匀覆盖整张餐桌的上百只盘子、为盛大节日创作的戏剧表演，特别是最后一道甜点的突显，是文艺复兴时期及之后举行的重大活动的特色。一场"宴会"到最后变成仅仅意味着一道甜点，它有时甚至抛开了一餐的其他部分，成为宴会唯一的内容。但是中世纪宴会和后文艺复兴时期宴会的共同点与不同点一样多。

最令人印象深刻的中世纪宴会仿佛只存在于传说中，而这正是宴会主人千方百计想要做到的，我们读到这样的片断，如霍林希德（Holinshed）写的"在这大规模的奢侈宴会上……游吟诗人的数量、服装的华丽繁复以及一群使宴会生辉的客人，都令人惊讶。我们得知，这场活动所提供的菜肴总计三千盘"，或"宴会奢华到从餐桌上撤下的肉都足以喂饱一万人"。它们与今天所谓的宴会差距太大，因此我们很难了解，在这些与众不同的活动中究竟发生了什么。与如此多菜肴相伴的，是食物的美味还是原始本能（如我们被引导着相信的那

《纳尼房屋的宴会》。皮耶特罗·隆吉（Pietro Longhi）作。这一精致的宴会于 1755 年 9 月为科隆大主教竞选人克莱门蒂·奥古斯托（Clemente Augusto）举办

左图：《泰晤士河隧道的宴会》。1827年乔治·琼斯作。在某些古怪的环境下，不同寻常的成就促成了宴会，比如布鲁内尔（Brunel）在泰晤士河下建造的第一条隧道

下图：15世纪波斯的缩影，展现了像宝石一样的波斯花园，很多宴会在那里举行

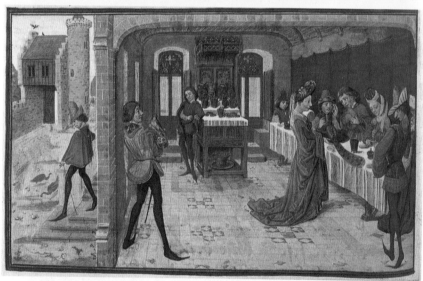

《伟大的亚历山大史》的两个 15 世纪版本，展现了所有中世纪宴会的装备。上图：《高贵的亚历山大皇帝是如何被毒死的》，它很好地证明了那个时期大家所关注的重点。下图：《向孔雀许愿》，展示了主人邀请客人们向其提供的羽毛丰满的孔雀说出自己的愿望

La requeste con
templation z plai
sance de treshaut
et noble prince
mon treshcier seigneur z maistre
Guy de chastillon conte de blois
seigneur dieue sues de chymay
et de beaumont Seconnehone
et de la tode 🙵 Je rehan froi
sart prebstre et chappelain a mon

treschier seigneur Sessus nôme
et pour le tampz de lore tresorier
et chanome de chmay et de lille
en flandres Me suis de nouuel
resueillie et entre dedens ma fot
tre pour ouurer et fortier en la
huitte et noble matiere de la
quelle du tampz passe se me
suis en somme Laquelle tuitte
et propose les fais et aduenues

《伊莎贝尔王后 1289 年进入巴黎》。布鲁日的无名作家，约 1470 年。由于允许一般人瞻仰他们的统治者的光彩，因此随从队伍是很重要的

《法兰西的查尔斯五世宴请波希米亚的查尔斯四世皇帝，第十二夜》，1378年。出自《法国大编年史》。对"soteltie"来说，对抗撒拉逊人的战役是不朽的题材。这幅画包括了船和城堡二者

《法兰西皇家宴会上的化装舞会》。布鲁日的无名作家，约1470年，出自傅华萨《编年史》。国王的贵族被火点燃的可怕事故（见第三章末尾）

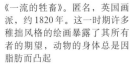《一流的牲畜》。匿名，英国画派，约1820年。这一时期许多稚拙风格的绘画暴露了其所有者的期望，动物的身体总是因脂肪而凸起

《肉摊》。彼得·埃尔森（Pieter Aertsen），1551年。交叉的鲱鱼象征着基督徒的虔诚，它们把人们的视线引向背景中的圣经场景（出埃及）。那种简朴与肥腻的肉、布丁、香肠和凝固的奶油形成鲜明对比，而几世纪以来后者一直被与宴会、奢侈、暴食、过度进而是欲望联系在一起

样）？他们怎么准备这么多食物，以及这些宴会为何而设？

现存最早的英语烹饪书籍《食物准备法》（*The Forme of Cury*），由国王理查德二世的厨师著于约1390年，他将他的君主描写为"所有基督教国王中最好的和最高贵的"。他当然有理由这么说，因为这位年轻的国王是名热情的款待者——实际上，有必要为管制他的奢侈而制定法律。"Cury"这个词——意思是食物的准备——非常有趣①。它在早期的烹饪书籍中很常见，约翰·罗素（John Russell）1460年在对烹饪的描述中提到"带着他们的新想法，砍、捣和捻，许多新的方式（curies）"，这是很常见的调调。

早期的食谱很令人费解，因为对数量和方法的介绍都很粗略，而且很多词在现代烹饪中很少使用。为了理解它们，就必须将语言学家、猎人、植物学家和一名能够识别其他国家的菜肴和烹饪方法的厨师联合起来。但并不意味着，这样做出来的菜就一定是美味可口的。如果你把一篇现代食谱上所有对数量的说明和大部分注解去掉，它也会变得同样使人迷惑。许多中世纪菜肴的味道很陌生，但我们至少比那些只看了一眼中世纪菜谱就断言它们令人作呕的19世纪作家更愿意尝试其他文化的烹饪方法。我们也要记住，在这里讨论的是特殊活动中的食物，不是那些无疑时时有着严重缺点的日常饮食。

下面是《食物准备法》中记载的一道非常受欢迎的中世纪菜肴，它是同一个菜谱的几种版本中的一个。Balancmanger——"白食"，有几种不同的拼写方法，包括blomanger和mangar blanc——是一种出现在宴会和婚礼上的美味佳肴，同样也用来招待残疾人和刚生产

---

① 许多英语词汇与和诺曼底人的军事征服一同到来的食物有关，如牛肉（beef）、羊肉（mutton）、猪肉（pork）、鹿肉（venison），在与烹饪有关的内容中代替了盎格鲁撒克逊人的农业词汇牛（ox）、羊（sheep）、猪（pig）、鹿（deer）。Cury（亦拼做curee, curie, curry和kewery）与治疗（cure）一词有着同样的辞源，都有着保持、恢复健康或关怀、照顾他人的意义（助理牧师 [curate] 一词也是一样）。

的母亲。尽管这道菜没有其他肉菜那么辣，它仍是一款典型的中世纪食品——肉是甜的，菜肴是彩色的。

制作 Blomanger

Do Ris in water al nyzt and apon the morwe wasch nem wel and do hem upon the fyre for to they breke and nozt for to muche and tak Brann of Caponis sodyn and wl ydraw and small and tak almaund mylk and boyle it wel with ris and wan it is yboyld do the flesch therein so that it be charghaunt and do there to a god party of sugure and wan it ys dressyd forth in dischis straw theron blaunche Pouder and strike. theron Almaundys fryed wyt wyte grece and serve yt forthe.

大概翻译一下就是，用水将米（较奢侈的版本是使用杏仁）煮一整晚。第二天将其彻底漂洗干净，在火上烤干以使谷粒分散开。然后取一些炖公鸡（或小鸡）剁碎。在米中加入杏仁奶并煮沸，然后加入剁碎的鸡肉（一些版本中还包括鸡蛋和奶油）和大量的糖，捣烂成糊状。把糊状物装盘，撒上白色粉末（如磨碎的杏仁）并用炸杏仁装饰一下。在斋戒期，鱼代替了其中的鸡肉。有时 blancmanger 被用藏红花染成金色（这时它就变成了 mangar jaune）；或撒上干花和檀香，用不同的颜色将它"分隔开"，并以丁香和豆蔻片作装饰；或也许撒上宝石红的石榴籽——当我不久前路过法国西南部的一座城堡时，我猜想着附近一丛成熟的水果是否是中世纪植物的后代。事实上，同样的blancmanger 菜谱可以在 17 世纪的烹饪书籍中找到。不幸的是，在19 世纪的不列颠，这一用杏仁和玫瑰露果冻制成的精致菜肴退化成不加肉的竹芋凝乳，就像现在的牛奶冻。这道菜的原始形式经过西班牙和法国，从中东传入不列颠，并在海外生存了下来。流传下来

查理曼大帝的桌布

的 menjar blanc，由鸡蛋、杏仁、鸡汤、糖、藏红花、肉桂和饼干渣制成，现在仍存在于伊比沙岛①，在当地等同于圣诞节布丁。我吃饭时遇到的一个人向我描述了他在土耳其吃到的一种奇怪的白肉菜——甜的，鸡肉被捣得很彻底，烂到直粘牙。我立刻意识到，这就是它。

对宴会的记载比烹饪书籍的出现早得多。而想要了解中世纪宴会的气氛，记住宴会参加者的背景是很必要的。约翰·傅华萨（John Froissart）先生著于 14 世纪的《编年史》，由连篇累牍的斗争组成。有时它令人吃惊地侠义和谦恭，有时又因复仇的残忍而令人震惊。他生动地描写了围攻、谈判和被俘虏的十字军战士的悲伤："对他们来说，那里没有任何安逸可言：炎炎烈日和辘辘饥肠改变了他们；而之前他们习惯于甜食和精致的肉食及饮品……"这些灾难中间点缀着宴会和锦标赛。尽管举办者惊人地富有，却还是没有抵抗饥饿和疾病的免疫力，他们表现出了全人类的关爱、忠诚、愤怒和喜悦。无论如何，最高阶层与其他人之间有一条巨大的鸿沟。尽管穷人有自己的庆祝方式，但"他们将参加贵族的魔法宴会"仍是不可信的说法，因为剩下的饭菜不是被分给仆人就是在宴会结束后被放进施舍箱。

这些场面将骑士般的好客和国王与贵族对财富和权力的侵略性展示结合到一起。骑士精神（chivalry）是中世纪生活的核心概念。和骑兵（cavalry）一样，骑士精神一词也是由"骑士"（chevalier）变化而来。骑士是军队中的马上精英，对于整个社会也是一样。一位"忠诚、纯粹、文雅的骑士"，时时与心中那纯洁完美的女士所设定的不可能的任务斗争，努力达成目标，成为勇猛、谦恭、慷慨和擅长剑术的、

---

① 位于地中海西部的小岛。——译者注

不向那些必然困扰他的诱惑屈服的、完美的人。背叛自己誓言的骑士将被整个社会抛弃：傅华萨描述的许多场战役之一是英格兰和苏格兰之间的一次小冲突，在那之后，被俘的骑士被宽限几周回家料理自己的事情（沿途甚至可以尽情参与马上枪术比赛），因为他们可以信任，他们一定会按约定的时间回来接受囚禁。这些品质以基督为原型，以亚瑟王和查理曼大帝的侍从为缩影——这些侍从也成为大量浪漫传奇的灵感源泉。

那时的记述中虽然提到了宴会，但对食物的描述却很少，这是因为它们的读者并不认为食物值得大书特书（或者，他们怕对食物的任何记录都会被解释为"贪食"），如果中世纪的食物准备确实遵从一套惯例并且食物真的几乎没有改变，那么详细说明它的细节可能是多此一举——读者不用看就知道是什么。更重要的是，中世纪宴会上的饮食仅仅是整个活动的组成部分之一，那些活动的整体规模比单纯的饮食大得多，并总会持续几天，就算不招待几千人，也要招待几百人。这些场面有时让作家们语无伦次："……我们不能不想象自己到了神话中的传奇之地或圣歌飘扬的仙境"，"如果不止一次地听闻类似的盛名，读者也许会怀疑它是不是虚妄的传说"，霍林希德这样写道。食物与余兴节目穿插，但前者总会因庆典游行和礼物、音乐和马术比赛、说书人和小丑、华丽的服装和耀眼的珍宝而黯然失色。宴会的具体筹备过程需要几个月的时间编制计划，包括订购葡萄酒和寄钱去购买将被屠宰的动物。肉和家禽有时是不得不提的一项。荤菜的品种必须让那些以肉食为主的人感到满意，哪怕对其中那些已经习惯了这种伙食的人也是如此。下面是 1465 年 9 月在约克夏（Yorkshire）的卡伍德（Cawood）为庆祝约克大主教乔治·尼维尔（George Neville）登基而举办的盛大宴会的清单：

牛，104 头。

野牛，6 头。

羊，1 000 只。

小牛，304 头。

猪，304 只。

天鹅，400 只。

鹅，5 000 只。

公鸡，7 000 只。

猪，3 000 只。

鸻，400 只。

鹌鹑，100 打。

叫做 Rayes 的家禽，200 打。

孔雀，400 只。

野鸭和水鸭，4 000 只。

鹤，204 只。

小山羊，204 只。

小鸡，3 000 只。

鸽子，4 000 只。

兔子，4 000 只。

麻鸦，200 只。

鹭，400 只。

雉鸡，200 只。

鹌鹑，500 只。

鸟鹬，400 只。

麻鹬，100 只。

白鹭，1 000 只。

牡鹿，雄鹿，雌鹿，504头。

冷鹿肉馅饼，103个。

热鹿肉馅饼，1 500个。

算上额外多出来的几只鹤，一共是41 833盘肉和禽类。令人印象深刻的数字。总共需要62个大厨指挥515个帮工和小厨来应付这么多材料。根据当时的图画判断，你可以在为这场宴会烹制菜肴的大锅里洗澡。绳子和滑轮是必不可少的，借助这些工具才能顺利地将大锅吊在火上，而不弄翻。法国作家蒙戴尔（Monteil）对14世纪法国厨房的描写让我们很好地理解了当时的情形：

> 烟囱的高度不少于12英尺。单凭一个人的力气使用不了钳或铲；柴架（炭架）的重量超过100磅；三脚火炉架40磅；铜炖锅通常是40磅；烤肉叉11、12磅。一道菜由1—3头小牛、2—4只羊，再加上野味、鹿肉和家禽组成。滚沸的炖锅和蒸腾的油脂，让空气格外地油腻浓重，单是在其中呼吸就饱了。没人敢在斋戒日的晚上进入这样的厨房，怕打破斋戒，事实上也确实会。

为了让菜肴看上去和吃起来一样好，人们花了很多心思。许多香料被用作染色剂。除了肉和禽，卡伍德清单还提到了大量的饮料和鱼，包括"海豚和海豹，12只"，以及辅助菜肴，如"分隔盘装Ielly①，3 000盘；平底盘装Ielly，3 000盘；冷果味馅饼，103份；热奶油蛋羹，2 000份；冷奶油蛋羹，3 000份；各类甜食，充足供应"。"充足供应"在

---

① 布丁和果冻凝结前的糊状物。——译者注

这里意味着大约 13 000 份。《食物准备法》中的菜单让我们可以想象它们的味道，热奶油蛋羹听起来就很好吃。

对饮食之外的宴会元素的详细描述，加上从其他记载中挖掘出的散佚的细节，让我们拼合出不断冲击着中世纪晚期饮宴者的感官刺激。约翰·傅华萨先生的描述是个很好的例子：1389 年，年轻的查尔斯六世在巴黎庆祝他的新王后伊莎贝尔（Isabel）的首次到来。从周日到周五，几百位宾客和几千名观众观看了游行、花车、马上枪术比赛和其他娱乐活动。这些活动与几场宴会穿插进行，军官和招待员却看守着一排木栅栏，观众们被隔离在外。

在公爵、领主和议员的安排下，坐在马背上的王后带着她的随扈侍女到达，侍女们坐着轿子或骑着偏鞍。巴黎的一大群百姓注视着她们。在这样的活动中，街道上总是撒满了味道香甜的香草和鲜花。在 6 月，地上通常很脏，于是人们铺上了丝绸和羽纱①。所有马匹都装饰着织锦，"数量巨大，仿佛那些织物一钱不值"。为了迎接伊莎贝尔，沿途布置着许多舞台造型。这些舞台造型都是人们精心设计建造的：第一个舞台造型装饰着金光闪闪的太阳旗帜和满天星图案的法国徽章。舞台上，扮成天使的孩子歌声甜美。代表基督的那个孩子，全神贯注于"一个巨大螺母制成的小型研磨机"，大概这个玩具可以让他从不安中解脱出来。下一个舞台布景是一座喷泉，喷泉后面垂挂着绣满百合花的蓝色织物，喷泉中涌出的汩汩琼浆是红葡萄酒和白葡萄酒，歌唱着的美丽姑娘将它们进奉给王后一行人。得到了饮料的滋润后，队伍到达了一个城堡造型的舞台，并观看了一出关于十字军与撒拉逊人之战的短剧。这类主题总是很受欢迎，因为演员可以享受武艺精湛的格斗，观众则能感受到爱国热情。这一露天表演"深受赞许"。

---

① 骆驼毛纺的布。

《野外厨房》和《人工操作蒸煮罐》。巴尔特罗梅奥·斯凯皮（Bartolomeo Scappi），《歌剧》，1570年。尽管是稍晚些的插图，但它们展现了人们怎样在厨房里和其他临时地点烹制数量庞大的食物

队伍经过圣三位一体的舞台造型时，歌唱着的"天使"交给王后一顶镶满贵重宝石的王冠；然后又经过一个织锦制成的小舞台，"一个男人演奏着风琴，很是甜美"。最后一处景观是一座坚固的城堡，寓言人物的模型摆放其中，种满真树的院子技艺超群。野兔和野鸟快活地住在这个"城市天堂"中——不过在傅华萨看来，这些不幸的小生物待在里面的原因是，每当它们想要逃走的时候，外面的人群就会把它们吓回庭园天堂里去。队伍继续前进，沿路的其他娱乐活动中包括了也许是最早的走钢丝人，他"手中拿着两支点燃的蜡烛，从建造在圣母塔顶端的小平台上出发，顺着沿街架设的绳索前进，还一边唱着歌，所有看见这一景象的人都大感惊异"。终于，王后到达了圣母教堂，在把一些价值连城的私人礼物送给教堂后，她被授予了后冠。随后是更多的礼物交换和在巴黎的宫殿内翩翩起舞，这些全部结束后他们才去

就寝。

第二天，查尔斯国王举办了一场宴会。色彩和露天表演蔓延到中世纪宴会大厅中，使其绝不仅仅是奢华的一餐。三百年前，征服者威廉（William the Conqueror）的儿子威廉·鲁弗斯（William Rufus）在伦敦建造了"现代狂欢剧场"威斯敏斯特宫（the Palace of Westminster）。他举办了一场盛大的宴会来庆祝它的落成，然后判定它的空间还远远不够："与我想要建造的相比，这只不过是一间卧室。"这宫殿无比巨大，它设计的出发点就是要令人敬畏。墙和柱子是镀金的，或用明亮的颜色里里外外漆上条纹和"V"字形，有时还画上壁画，主人通常坐在装饰性华盖的下方。墙面没有涂色，因此招待员们——比如尼维尔大主教宴会上的那些，"必须见到大厅的每个角落都一尘不染，大厅中挂着带有领主徽记的布幔，带有领主徽记的坐垫依次放在长椅上，由上等丝绸或金布制成"。现在，那些色彩因时间而消褪。我们想象中的中世纪建筑应该是昏暗的，灰色的，并从一开始就应该是那样，当城堡的宴会大厅现在恢复了从前镀金的荣光，斯特灵（Stirling）的人民却出离愤怒了。"俗气！没有品位！"当招人厌的金屋顶在城堡的石头上闪光时，当地报纸这样抱怨。但是瞥一眼任何博物馆里的中世纪挂毯，我们都可以证实，那是个鲜艳耀眼的时代。

中世纪服装也很艳丽：李子红帽子和绣花丝绸，金色的丝线闪着微光。大量绘画和泥金稿本保存了那个时代引人入胜的风俗——在伊莎贝尔进入巴黎的场景中，查尔斯国王的外套是鲜红色的，并点缀着白色貂毛。雕刻家和斟酒人同样色彩斑斓，因为他们也是贵族。装饰和色彩也蔓延到了食物中。昂贵的配料，如藏红花或金叶是用来让馅饼和果酱饼"保持活力"的；坚果和切碎了的甜水果添加了微妙的颜色和质地。捣烂的香草可添加绿色，香料和鲜花则呈现其他颜色：比如檀香——一种檀木做的香料（不是有香味的那种），如果把它磨成粉并浸在液体中，液体就会呈现出鲜艳的橘红色。深浅各异的棕色来自烧焦的吐司面包或其他融化了的焦糖食物——今天我们仍然将它们作为肉汤的着色剂使用。经过烹调的血液变成浓重的黑色（像血肠），它可以与一小片白色猪油或其他染色的东西形成鲜明对比。有时果味馅饼被制成徽章的形状，每个部分填满颜色各异的食物。"制作一个绿、黄、白三色的菠菜馅饼"以及"使之变黑的果味馅饼原料"成为了菜谱的标题。

伴随着色彩和喧闹，筹备的程序和对中世纪贵宾①的款待本身就很壮观。首先，餐具柜里会铺上华丽的布料，来展示最昂贵的金银盘子；客人们显然对查尔斯国王的展品垂涎三尺——当然，这才是全部要点。一些宴会大厅中有永久性餐桌，但许多还是支起了搁板桌。在巴黎，大厅中本来已经无比巨大的大理石餐桌，因另一张四英寸厚的巨大橡木板而一眼望不到边。贵宾席的桌上铺着几块细亚麻布，它们被小心翼翼地折叠起来，这样才能留下整洁的折痕。这种折痕被称为布轴式图案，在当时的绘画中能经常见到，并时常出现在墙上和家具木雕中。最上面可能有几层长而窄的桌布或弄脏时方便更换的手帕。亚麻布非常昂贵，只有贵宾席才会铺那么多层，所以对于身份低微的客人而言，在餐桌上举止得体是很必要的，因为这样可以将食物的碎屑和溅出的液体减到最少。用手指、勺子和刀子吃东西的时候，保持桌布的整洁不是件容易的事。温金·德·沃德（Wynkyn de Worde）②魔术般地展示了一个贵宾席上的教养礼节千差万别的世界。在许多难以下咽的剖析中，他警告人们不要发出刮擦声或挑挑拣拣，不要用没擦干净的手指在馅饼中摸来摸去，不要用油乎乎的嘴唇喷喷地喝葡萄

---

① 贵宾席仍存在于会议、婚礼、正式宴会和一些大学中。

② 温金·德·沃德的《切割书》著于1513年，是那个时期众多礼节书籍的典型代表。

酒，不要在桌布上抹掉手指上的油，还有不要往地板上吐口水。但是日常饮食习惯不应与豪华的宴会相混淆，宴会上，每个人都会表现出最佳的举止。说到这里，那时被有教养的上流社会认可的行为，现在却可能是无法容忍的——尽管在法国，许多餐厅仍然允许顾客的狗坐在桌下，但我怀疑他们是否允许它们在贵宾席周围跑来跑去，就像贝利（Berry）公爵的狗曾经做过的那样。在叉子被使用前，有教养的做法是用拇指、食指和中指将食物送进嘴里，而让小指干干净净地用来蘸盐。有教养的人拿着杯子时扬起小指的姿势——长期以来被认为是做作的——是这一习惯的遗留物。

一堆切成方形"食盘"的面包放在朴素的桌布上，等着被人们吃掉。这些食盘就像一次性餐盘，这必然为厨房省了很多事——边角料可以使酱汁更浓稠；并且与洗盘子相比，烤制粗糙的面包食盘要不了多少工夫，否则厨师们就不得不在正做着菜的火上烧水。被有营养的肉汤浸泡过的油乎乎的面包食盘和其他剩饭一起被放进施舍箱，然后被穷人收走。在英国，面包食盘一直用到15世纪末，它们先是被木盘和白蜡盘子代替，然后是瓷盘。细面包是切来吃的：贵宾席的客人可以得到一份面包卷或高档的富强粉面包[①]"上部的硬面包皮"[②]——长面包棍的底部会因烘烤时处于烤箱基部而变硬。国王的刀子和勺子会被人擦干净、检验是否有毒、亲吻、放在桌上，然后用一块手帕整套盖住。一个大盐罐应当由国王摆放，这些盐罐是顶级银器且地位尊贵。在欧洲大陆，盐罐被制成小船的样子（叫做船形盆），有时由有着金银触器的鹦鹉螺壳制成，下面安上轮子，这样它们就能在桌上被人们推

---

① 原文为"pandemain"，是中世纪品质最好的白面包，制作这种面包的面包粉经过毛料或亚麻布三到四遍的筛选，是当时的技术水平所能够达到的最精细的面粉。Pandemain 一词可能源于拉丁语 Panis Domini，意为"圣餐面包"。——译者注

② 原文为"upper crust"，口语中是上流社会、贵族阶级的意思。作者在此处一语双关。——译者注

动着相互传递。查尔斯国王的船形盆中装着他的勺子、刀子、一把小叉子和毒药探测器。那些坐在"盐之下"的客人是不受宠的人。

国王或统治者吃喝的每样东西都必须经过一位可靠大臣的毒素检测或化验。这是一项要负很大责任的工作，人们感到担心是很合理的，一旦失败则会付出很高昂的代价。多少食物中毒是有意为之？仅这个问题就值得我们思考一番。即使当时人们对抗细菌的自然免疫系统比我们现在的强大，单是未镀锡的铜和青铜平底锅的使用便会导致一些令人不适的毒素。在查理曼大帝的宴会后几年，傅华萨描述了在贵族中蔓延的一阵因担忧而导致的恐慌，当时国王病得很严重。最后给了他一杯水喝的侍从内尔海克（Neilhac）的海莱恩（Helion）先生受到传唤。"'先生，'他说，'当时罗伯特·坦奎斯（Robert Tanques）和我在场，我们当着国王的面进行了化验。''他说的是实情，'罗伯特·坦奎斯说，'您不用怀疑，因为那些葡萄酒现在还在酒壶里，我们会喝了它，当着您的面试毒。'"侍从们被证明是无罪的，国王也最终痊愈了。许多东西被用来检验食物和餐具。在一些宫廷中，每件东西都用面包擦过，而侍者必须把这些面包吃掉；另一些宫廷则使用其他一些他们认为能发觉毒药或使毒素变得无害的东西。查尔斯的毒药探测器是一条"毒蛇的舌头"（事实上是一颗鲨鱼牙齿），"独角兽的角"（事实上是独角鲸的长牙）、玛瑙、犀牛角和毛粪石[①]（bezoar 来自波斯语，意思是毒药征服者。据推测，这些"石头"来自鹿的体内，见第十二章）也都被使用着。[②]那时的人们认为有毒的液体是冒着泡泡的，倒进牛角杯后就变得无害了，事实上，是生物碱和角中的角蛋白发生反应。而生物碱也会侵蚀"独角兽的角"、结石

---

① 毛粪石（bezoar stone）：在动物，尤指反刍动物的肠胃中发现的一种难消化的硬块，如头发、蔬菜纤维或果实。以前认为它可以用来解毒并具有魔力。——译者注
② 犀牛角杯在中东和远东主要作为毒药探测器使用。玛瑙据说会在接触到毒物时改变颜色。

　　　　　查理曼大帝的桌布

和鲨鱼的牙齿，因为这些有机物很容易发生化学反应。但是，很难想象像无杂质的玛瑙那样稳定的石头可以检验出那么多毒物。仪式性洗手用的香水在上桌前也同样经过检验。洗手仪式在进餐前进行一次，在最后一道甜点前再进行一次。

宴会被分成几道菜，每道菜的菜肴数量会随着重要性程度的增加而递增；通常是三道菜，但是盛大的宴会——如1389年在巴黎举行的那场——所供应的会多得多。1466年英格兰玫瑰战争期间，波希米亚领主间的一场聚会让人难以忘怀，那一餐，爱德华四世为他们准备了五十五道菜；不久之后，沃里克伯爵①（即众所周知的"国王制造者"）远远超越了他的国王，他举办了一场六十道菜的宴会——这是个有意的恐吓信号。沃里克有着慷慨好客的名声：在伦敦，他"拥有一家餐馆，光早餐就吃掉了六头牛。每家酒馆里都充斥着他提供的肉。餐馆中任何与他相识的人都会得到很多炖肉和烤肉，一柄长剑上能穿多少就拿多少"。沃里克是大主教尼维尔的哥哥，后者在卡伍德举办的那场引人入胜的宴会是针对国王的另一个信号。无论多少道菜肴，除了最后一道之外，其他都很相似。与同时代的中国宴会一样，国王和精英贵族有最多选择，其他人则视等级而定。我们看到的尼维尔大主教的宴会清单上有几千只鸡、鹅和其他各种禽类，但天鹅和孔雀只各有四百只，对这一现象的解释是：这两种珍贵的禽类只提供给等级较高的餐桌。

傅华萨将查尔斯国王的宴会分解成两个词，"盛大的"和"高贵

---

① 沃里克伯爵（Earl of Warwick，1428—1471）：玫瑰战争期间，沃里克作为约克公爵理查的同盟，于1460年抓住了亨利六世国王，并辅佐约克公爵的长子爱德华加冕称帝。后双方关系恶化，沃里克欲将爱德华的弟弟克拉伦斯公爵乔治推上王位，但以失败告终。沃里克逃亡法兰西后与亨利六世的妻子玛格丽特结盟，并于1470年助亨利六世复位。但好景不长，沃里克伯爵和亨利六世于次年先后被杀，爱德华四世复位。在沃里克伯爵的操纵下，英格兰王座频更，他也因此获得了"国王制造者"的称号。——译者注

的"。第一道菜是汤，随后是令人瞠目的精品。与尼维尔的清单类似，有烤肉、家禽、野兽和野鸟（其中一些现在已经灭绝）。几道烤肉（如果赶上斋戒日就是鱼）间穿插着大量其他菜肴，可能是鱼或"拼盘"，如馅饼、炖肉丁、蔬菜泥、香辣或甜味果子冻、奶油蛋羹和果味馅饼。根据尺寸和地位，肉和家禽被分类为"重要"或"次要"，牛肉和大多数野味属于"重要"类。在当时的意大利，一些野生动物被整只烤熟，在送上餐桌并切开前被填满金叶。

切割是一项由贵族在餐桌上进行的骑士技能。他应当知道怎样将一只鸟拿在左手中并用右手切割，知道切割的每个步骤应使用的正确术语。一些书籍中详细地描述了在加入调味料供人们享用之前，每种生物应当怎样被肢解。约翰·罗素著于约 1460 年的《教养之书》是这类书籍中最早的一部。一些术语听起来不是很残忍就是很滑稽："驯服那只螃蟹，切割那只母狗……松开那只兔子……断开那只麻鹬的关节……展示那只鹤……切碎那只鸻。"在你"像对付母鸡一样举起它的腿，再装饰它的大脑"之前，"切割那只鸟鹬"。为了"松开"一只野鸭，你要"提起鸟翼和腿，但不要把它们弄掉。从胸中拾出叉骨，并用刀子在每一面都饰以花边，正反两面同样折一下"。看看正在进行的灵巧切割，锃亮的刀子熟练地将肉变成一堆整齐的薄片，一场杰出的表演，尤其当被切割的是意大利镀金烤肉的时候。贵族们想通过卓越的切割技能，让国王对自己的机敏留下印象。给肉调味也是切割者的职责。总的来说，中世纪调味酱是浓烈的、辣的，被染上了明亮的颜色，并加入面包或杏仁而不是奶油或鸡蛋使之更加浓稠。现在我们用来搭配烤羊肉的翠绿色酸薄荷酱虽然简单，却是典型的中世纪调味酱遗留物，清晰地展现出其中东血统。

特定的生物被留给皇室或显赫的贵族切割，某些生物现在仍然如此。比如海豚、鲟鱼、天鹅和孔雀，都是非常珍贵的，所以它们很可

TESTE DE VEAV

《如何切割小牛的头》。15世纪图表。切割是一项技术性工作，贵族出身的人学习这种技能的目的是在皇室宴会餐桌上展现自己

能在查尔斯的宴会上扮演着重要角色。最受喜爱的作品是一只天鹅、孔雀或雄鸡，剥皮、烘烤，然后把翅膀、头和尾巴缝合回去，这些部位一直被串肉扦或木棒固定在原位。鸟喙和孔雀的扇尾会被镀金，脖子上围着金项圈或花环。有时一块浸透酒精的布会被塞进鸟喙里并点燃，这样，在被抬进来时，鸟儿仿佛正在喷出火焰。这些离奇的东西非常流行，甚至就算无法提供新鲜出炉的烤禽，也会有一块巨大的镀金馅饼，而一只标本鸟坐在馅饼顶端。今天我们则设法应付盖子上铸有野兔或母鸡的陶瓷盘。我自己重塑一只天鹅的尝试在第二十八章有所叙述。

接下来的第二道菜很普通，只不过肉或鱼更多是炖的而不是烤的，通常和牛奶麦粥一起。牛奶麦粥由经文火煮沸的全麦或燕麦制成，在全世界都很受欢迎，在中世纪它等于"薯片和一切"。"肥鹿肉配热牛奶麦粥是让人愉快的享受，把它端给你的上级。"罗素写道。同样还有大量精心制作并镀金的馅饼——其中一些非常巨大，它们可以被很方便地事先烹调好，这能够减轻宴会当天厨房的压力。硬硬的馅饼皮厚到不能食用，但充分起到了焙盘的作用（结实的外壳不会受到汤汁的影响）。像焙盘一样，盖子打开时，里面的热汤——肉、鱼和水果的混合物就显露出来。热汤因香料而充满异国风味，并加入葡萄酒或酸果汁（未成熟的葡萄或苹果的酸果汁）调味。我们在圣诞节期间用来做馅饼的"甜馅"在某种程度上体现了那些菜肴中的混合风味，在中东食物中也能见到这种风格的影子。果味馅饼像乳蛋饼那样填满了香辣的或甜味的鸡蛋混合物，并总是色彩明艳。在一些中世纪清单上，鸡蛋的数目令人惊讶：1387年理查德二世的一场宴会用了一万一千个，1342年教皇克莱门特六世（Pope Clement VI）的加冕礼用了三万九千个。令人难过的是，供给这等数量的后勤方法已经失传了。还有一点非常重要，那就是所提供的菜肴要多种多样，不仅因为这可以树立慷慨的形象，也因为中世纪人被劝告根据"体液"或性格进食不同类型的食物。人们对新鲜水果充满怀疑，因为它们被认为会导致腹泻和发烧。由于查尔斯六世的宴会距离黑死病席卷欧洲仅四十年之遥，并且这四十年间又复发了几次，这种谨慎是可以理解的，以防不幸降临。

　　几道肉和鱼之后是甜点（dessert）或称"voidée"，这两个词都表示"不再提供"或清台的意思，此时，人们双手洁净，新桌布也铺到了餐桌上。在餐馆中仍然可以见到这种惯例的余风，在上甜点之前，你的桌子会被彻底清理干净，所有碎屑都被侍者从桌布上扫掉。甜点总是包括永远受欢迎的又薄又脆的薄饼。将蛋黄、奶油、玫瑰露、面粉和糖组成的营养丰富的面糊，夹在热得足以将它烤熟但又不致烤焦的铁钳中，薄饼就制成了。它们应当是文雅的白色。人们咀嚼香菜籽等香料以促进消化，把这些香料包在糖里就变成了糖果。而加了香料的叫做希波克拉斯①的甜葡萄酒是世界性的饮品。甜食在15世纪前开始变得愈发精致起来，但是在中世纪，糖是一种昂贵的药品，它在宴会中的角色是帮助消化。Voidée总是为一餐收尾，之后主人会去就寝。事实上，查尔斯国王的宴会观众太多，一张餐桌甚至"因拥挤而被推倒在地，让女士们突然无秩序地起身，并因宫殿中的拥挤和酷热而非常恼火"。一扇门打开，新鲜空气涌了进来，但宴会结束了——那一天，皇室没吃甜点就离开了。无论如何，他们会为此获得补偿，在接下来四天

---

① 希波克拉斯（hippocras）：香料药酒，一种由葡萄酒加香料制成的甜酒，欧洲中世纪的姜汁补身葡萄酒，最早用作药物。——译者注

举行的其他宴会中，也许在马上枪术锦标赛之后，或在"女士们与国王及领主们跳舞狂欢了整夜，在白昼到来的清晨几乎需要搀扶"的时候。

傅华萨几乎没有对宴会做任何说明，原因是他想将重点放在"饭菜中间的娱乐"上，他显然对此更感兴趣。在款待之余为你的客人提供消遣与让他们吃饱一样重要，这些娱乐活动无所不包，它们让筵席打造的盛况更加充实。音乐无处不在，就像14世纪诗歌《高文爵士和绿衣骑士》①描写的那样：

> 第一道菜搭配着嘹亮的喇叭声
> 垂挂其上的旗帜颜色耀眼。
> 现在半球铜鼓咔哒，横笛呜呜：
> 野性的音乐在墙椽间飞舞；
> 听者的心与活泼的音符一起跳动。②

---

① 《高文爵士和绿衣骑士》的故事非常古怪，东道主以其迷人的妻子为诱饵故意考验高文爵士，高文竟几乎被击败了。事实上，一些学者认为这首诗属于讽刺文学。尽管高文通过了考验并一生宽厚待人，但他却认为自己没能遵守骑士精神的规范，并对差点儿犯下的罪行感到痛苦悔恨。尽管如此，这首诗中还是包含了一些对中世纪宴会和打猎趣事的生动描写。

② 《高文爵士与绿衣骑士》收录于《珍珠篇》手抄本中，作者姓名已佚，题目是后人所加。全诗长2 530行，被称为英语中最好的一部"亚瑟传奇"。全诗分四部分，用头韵体诗写成，讲述了一位圆桌骑士的奇遇。亚瑟王在皇宫大宴群臣欢庆新年，忽有手持利斧的绿衣骑士闯入，向在座的武士发出挑战，表示愿意让对手先砍他一斧，不过第二年的同一时间对手必须也吃他一斧。高文爵士立刻应战，一下就把绿衣骑士的头颅砍下，不料绿衣骑士镇定自若，拾起自己的首级，重申约定之后策马而去。一年后，高文爵士出发寻找绿衣骑士，来到约定地点附近的一座城堡。好客的城堡主人建议高文爵士留下休息三天，养精蓄锐后再战不迟。高文答应了，于是白天主人外出打猎，夜晚他们谈论各自见闻。谁料主人美貌的妻子每天都来高文的卧室，对他百般诱惑。高文无奈，只得接受她的亲吻。第三天主人的妻子送给他一条绿色腰带。当晚主人回来，以猎物相赠，高文亲吻主人以示谢意，却不敢提起腰带的事情。三日过后，高文离开城堡，直面绿衣骑士的挑战。绿衣骑士却只是虚张声势，直到第三斧才略微伤到高文脖子上的一点皮肤。原来城堡主人就是绿衣骑士，他看到高文始终不为美色所惑，所以不伤他性命。至于稍微擦伤他的颈部，是象征性地惩罚他隐瞒接受腰带的事情。高文回到亚瑟王的宫殿，所有圆桌骑士都以佩带绿色腰带的方式表达对他的赞美。——译者注

游吟诗人和小丑（这两种角色总是合二为一）在客人中间徘徊，唱着歌并用琵琶弹奏温柔的曲子。为鼓动最后一次不顾一切的十字军东征，以将君士坦丁堡从土耳其人手中解放出来，勃艮第公爵菲利普于1454年举办了一场雉鸡宴，在这场宴会上，一个巨大的馅饼被推了进来，馅饼壳裂开时一队音乐家钻了出来。宴会的组织者奥利佛·德·拉·马尔凯（Olivier de la Marche）骑着一头大象入场，用假声唱着一首关于被俘的东正教徒的动人歌曲。游吟诗人是中世纪宴会上的重要元素，他们环游欧洲并经常因其天赋而受到丰厚奖赏。如果没有他们，很多历史可能已经被我们遗忘，正是他们的歌曲让历史保持鲜活。同样讲故事和笑话的小丑或愚人，运用他们的智慧缓和潜藏的尴尬气氛，他们的服务也获得了不错的报酬，不仅是金钱，还有特权。莎士比亚的《第十二夜》中的愚人远不是个白痴；相反地，他像操纵木偶一样操纵着其他角色。哑剧演员和"野人"打扮的人会出现在几乎所有活动的舞台上。

傅华萨的"娱乐"有着多重含义，包括"soteltie"或"精妙"（subtleties），或更大规模的"庆典游行"。Soteltie一词结合了许多古法语词汇：sot，愚人；sot-l'y-laisse，讽刺的对话；subtil，机灵的、灵巧的、狡猾的。几个世纪以来，"精妙"一词的意思缓慢地变化着，今天我们不能再用它来描述这些盛大的娱乐表演了。在法国，它们被称为"附加表演"[①]（mets 的意思是"道"），因为它们出现在几道菜之间；与"庆典游行"等同的是"活动的附加表演"。"Soteltie"和"庆典游行"的形式多种多样，通常会表达一个主题；但无论采取何种形式，目的都在于通过发挥主人的才能和创造力，让客人感到惊喜并铭记于心。早期的soteltie通常是不能吃的，由镀金的或染色的硬馅饼皮

---

① 原文为"Entremets"，这个词直译为"各道菜中间"，现多指正菜之外的附加菜。在此处指两道菜之间进行的娱乐表演。——译者注

制成，有时 soteltie 中的书面信息被朗读给那些坐得太远看不到内容的人听。晚些的 soteltie 由具延展性的糖制成，并做成半透明的（且可食用的）酒杯和盘子①；它们让人感到兴致勃勃，即使贵宾席不这么觉得，至少后面的观众是这样。"庆典游行"描绘了各种各样的丰功伟业，多数与战争有关，后来的一些借由传统寓言人物形象展现令人兴奋或害怕——这取决于目标观众——的寓意。这些装置中有些体形巨大：船、鲸鱼、驻扎士兵的要塞，甚至像奥利佛·德·拉·马尔凯的大象，它们被建造出来并用轮子推进大厅，音乐家和演员跟随在侧。

对一场盛大的宴会来说，厨房负责应付桌面上的馅饼皮构造，但木匠、画家和雕刻家几星期前就被请来建造更大的作品。这些匿名工匠就是那些雕刻了精美的怪兽装饰和有趣的教堂木质免戒室的人、那些在泥金稿本边缘画上离奇微缩图景的人。他们的想象总是无比丰富，喜欢大肆渲染。一些娱乐承载着严肃的信息：撒拉逊人和基督教徒之间的战役在十字军东征时长期受到喜爱，就像伊莎贝尔皇后在她的队伍中看到的那种。其他记录中提到母鸡和小鸡的 soteltie，或不那么拐弯抹角的"在婴床中的妻子"，这些都会在婚礼宴会上让新娘羞得脸色绯红。在加冕礼上，寓意平静、融洽和正义是恰当的主题，仅仅两个国家旗帜的结合也象征着新君主的某种意图。但是狂欢节精神潜藏在这些创造物周围，有时是在它们内部：机械孔雀在桌布上大摇大摆，活生生的鸣禽裹在桌上的手帕里，倒进邻座酒杯中的罂粟粉"让白葡萄酒在桌上变成红色"，一只小鸡因体内灌入了水银而在盘子中跳跃。理查德·华纳（Richard Warner）在《古代烹调术》中描述了一场宴会，当客人们幸福地享用食物的

---

① 详细内容见第十六章。

时候，"一名小丑突然闯进房间，从惊讶的客人头顶跳过，自己跳进一个颤巍巍的奶油冻里，对那些离表演者足够远、没有被这活泼的一跳溅脏的人来说，这实在是一种令人瞠目结舌的娱乐"。看来所有种类的生物都被烤在了馅饼里：活的蛇或青蛙，就像童谣中的鸟儿一样挣脱出来——甚至一位名叫杰弗里·哈德森（Jeffrey Hudson）的不幸的侏儒，他被装在一个冷馅饼中端给王后。在烤制这些馅饼的时候，将糠或其他粗谷填充进去，面团做熟之后再掏空。如果馅饼很大，很容易就能把鸟（或侏儒）放进去并盖上盖子，这样它就有足够的重量待在原处。如果不这样，就在底部挖一个洞，把糠清空，从下面把鸟或青蛙塞进去。这样的馅饼被用刀沿着外壳内沿垂直切出一个盖，然后提起面"把手"，把盖子打开。

在这些壮观的场景中，火是令人兴奋的添加物，如前面已经提到的孔雀喷火。蒸馏——像其他很多中世纪宴会要素一样——通过摩尔人传到欧洲。直到14世纪，在火上烧烤食物，加上餐桌边的切割表演，是一切技巧的核心。今日仍未离开我们的火焰圣诞布丁几乎仍是那时的原汁原味。如果你想知道这些野心勃勃的活动中是否曾经出过任何差错，我可以告诉你，是的。回到傅华萨的《编年史》，他不仅提到了观众对娱乐的狂热，以及新王后对由此引发的女士席上的混乱感到十分不悦，也描述了五年后发生的更多不幸的事故。

1394年，国王的一位骑士和王后的一位侍女间的婚礼即将在宫中举行，于是盛大的宴会被提上日程。国王精心准备了一场宴会，并要求他的侍从霍格宁·德·居赛（Hugonin de Guisay）"弄些消遣"。德·居赛决定表演"野人哑剧"，让国王和他的朋友来演出。野人（有时叫做 wodewoses 或 woodhouses）是很受欢迎的娱乐形式。人们用毛发般的遮盖物将自己彻底伪装成野人，他们将到场舞蹈或跳跃，离

　　　　　　　　查理曼大帝的桌布

开时通常没有人知道他们是谁或从哪里来，让人想起异教那些奇异的"绿人"①。德·居赛用亚麻布做了六套服装，涂上沥青，插上一些看起来像毛发的亚麻。国王和五名骑士偷偷地装扮好。"他们穿着那些所谓的外套并迅速被缝进里面，看起来像茹毛饮血的野人，从头到脚长满毛发。这一设计让国王很高兴，也让扮演野人的骑士很满意。"引座员被告知，当野人到场跳舞时，所有持火把的人都要站在大厅的后面。一切都如计划的一样，女士们的好奇心被恰到好处地激发了出来，特别是贝利公爵夫人（Duchess of Berry）——她碰巧把伪装成野人的国王从那一伙人中拉走，坚持要认出他是谁。这个神秘游戏非常壮观，奥尔良公爵（Duke of Orleans）因为迟到，不但没有依规则远离持火把者，还抢了个火把好看得清楚些，却意外地把沥青点着了。一位叫做南杜耶（Nantouillet）的骑士，记得附近有一间储藏室，他们曾在那里冲洗盘子。他冲出大厅，把他自己扔进储藏室的水里，保住了命。国王被那轻浮的公爵夫人救了，她把礼服的裙摆盖到他身上保护了他——之后她发现了自己救的是谁。另外四个人，包括霍格宁·德·居赛都被烧死了。"因此这场婚宴在悲痛中戛然而止。"

中世纪宴会，与其鲜艳的色彩、浓烈的香料口味、纹章学音乐、表演技巧和并不十分精妙的娱乐一起，被逐渐取代了。这是始自15世纪意大利并蔓延欧洲的文艺复兴影响的结果。在欧洲北部，古代传统很好地保存到了16世纪；一些重大活动相当典型，如1520年的"金布

---

① 绿人（Green Man）这个名字是1939年拉格伦女士打造出来的，它广泛出现在教堂的石刻、木雕、彩色玻璃窗和手稿装饰中，他的形象要么是嘴巴、眼睛、鼻子、耳朵中长出绿色藤蔓，要么干脆整张脸就是树叶组成。"绿人"最早出现在古罗马艺术作品中，之后被基督教所采纳，宗教改革期间曾一度销声匿迹，17、18世纪又再度复苏。尽管进行了大量研究，但这种符号背后的含义至今仍是个谜。——译者注

战役"①，这场法国和英国共同举办的活动是几乎无可匹敌的宏伟展示，除了一点：两位国王为了尝试和检验中世纪的辉煌而战，却置现代趋势不顾。

① 1520年，英格兰的亨利八世决定与法兰西的弗朗西斯一世结盟，双方约定在加来（Calais）会面。长期以来，这两位在各自国家中备受拥戴的年轻国王，无论从个人角度还是在政治上都是竞争对手，因此，二人带着大队人马到达会面地点，不惜任何代价，努力想要胜过对方。他们组织了马上枪术比赛和其他较量技能和力量的竞赛，并互相大肆宴请以压倒对方；他们还用由真正的金线和银线纺织而成的金布搭起了帐篷。这场浮夸的较量因此赢得了"金布战役"的称号。宴请在亨利在摔跤比赛中被弗朗西斯扔出场后戛然而止。这一活动持续了近三周（1520年6月7日至24日），并几乎掏空了法兰西和英格兰的国库；但在政治上却毫无建树，双方没有签订任何协议。几周之后，亨利与神圣罗马帝国的查尔斯五世签订了盟约。一个月后，神圣罗马帝国皇帝向弗朗西斯宣战，英格兰不得不追随其后。——译者注

第四章

宴会竞赛：令人不安的成分

没有任何敌人比得上食物。

——*印度谚语*

　　寻求、获取并保持权力，是许多盛大宴会的"责任"。国王、军队、同业行会、攀高枝者和政客都表现出了想把对方挤出宴会的企图。有时，一场奢侈的宴会是由挑战或侮辱激起的。在达蒙·鲁尼恩（Damon Runyon）1956 年出版的短篇小说《一块馅饼》中，维奥莱特·香伯格（Violette Shumberger）小姐（有着"小镇大钟型号的脸，像防火梯一样的下巴……爽朗的笑声，把五十英尺外桌上的一份草莓脆饼上的生奶油给震掉了"）用和她的味觉一样强大的心理战击败了吃饭比赛的男性挑战者。接下来让我们来看看麦克劳德家族（Clan MacLeod）的第八位首领厄莱斯代尔·克劳塔奇（Alasdair Crotach）如何被一个自命不凡的撒克逊人的品头论足所激怒。1538 年麦克劳德拜访夏宫①，并对国王詹姆斯五世华丽的银器、布置豪华的餐桌、耀眼的烛光和昂贵的宫廷服装留下了深刻印象。一个苏格兰低地贵族注意到他的欣羡，断言道，在麦克劳德的斯凯岛（Skye）上没有——这是一定的——任何可以与这样的餐桌、服饰和烛台相媲美的东西。麦克劳德事实上是一个很有教养、知识渊博的人，虽然他对这样的评论怨

---

① 夏宫（Palace of Holyrood）位于爱丁堡，是英国王室在苏格兰的行宫。——译者注

恨不已，但还是很机敏地回答道："但是先生，你错了。在斯凯岛我有更大的大厅，更好的桌子和更贵重的烛台，比这里——在你面前的任何东西都好。"听到麦克劳德的话，国王答应下个夏天到斯凯岛去亲眼看看。

他确实去了。1539年，国王詹姆斯带着一队兴高采烈的领主和贵妇启航到了邓根城（Dunvegan）。麦克劳德率马队迎接，并将他们带到了希拉沃·莫（Healaval Mhor）山上，相距最近的两个平顶山峰此时成了麦克劳德的餐桌。黄昏降临，当他们到达的确像个平整桌面的山顶时，来访者看见了成百上千的族人举着燃烧的火把围着"桌子"。"这里，先生，是我的大厅，"麦克劳德说，"群山为墙，深渊为地，苍穹为顶。我的桌子有两千英尺高。在这里举着火把的是我无价的烛台——您最忠诚的仆人。"这种姿态取悦了国王，并且如一个好故事应当有的结尾那样，苏格兰低地领主适时地哑口无言了。① 史书没有记录他们在那里吃了什么，但是族人们因他们的好客而声名远播。一位客人写道："我在邓根城待了六个晚上，我所经历的并不是炫耀，而是真正丰盛的宴会……家族的人们安顿在周围，在他们伟大首领的荫庇下，这位首领依靠地区的繁荣和他战争般宏大的盛宴而受到拥戴，他现在正在竖琴的乐声、满溢的酒杯和快乐的年轻人中，享受着宴会上朋友们的陪伴。"考虑到时间和地点，这很可能是一场以烤野味和野鸟为特色的中世纪晚期风格的肉食宴会，有来自斯凯岛周围丰富水源中的鱼、无数篮面包以及一筐一筐带上来的葡萄酒。

---

① 也许詹姆斯还记得，他的父亲詹姆斯四世为了回应某个含蓄的侮辱而举办的一场宴会：法国使团冬天在苏格兰边界拜访他时说，他不可能用当地的土产品举办一场华丽的宴会。第二天晚上，他们享用了从河里捕捞的新鲜鲑鱼、海岸上的贝类、各种野味，加上周围山里的大量牛肉和羊肉。但在冬天的苏格兰，能用什么做甜点呢？一队仆人把盖着的盘子端进来，放在客人面前。掀开盖子，从当地河里淘来的天然金块显露出来，客人们被迷住了。

人们唯一的愿望无非是燃烧的火把能把蚊子赶到海湾里，不骚扰人们享乐。

　　麦克劳德事件是宴会竞赛的一种形式，尽管麦克劳德可能更希望得到皇室政治性的青睐而不是任何互惠的宴会。事实上，"胜人一筹"的宴会竞赛要求每场宴会都应当比上一场更加盛大。这种活动以一方财富或特权的破产为最终结局，它们仿佛突然出现在世界各地。阿拉伯有一种奢侈的屠杀骆驼决斗，叫做 Mucaqara，之后肉会被分掉，捐赠人想要的只是一种传奇形象。阿布·阿—穆塔利（Abd al-Muttalib），先知的祖父，屠杀的骆驼远比全麦加的人能吃掉的多得多，他自夸道："我们吃着，直到鸟儿吃掉剩下的，而其他东道主的手颤抖着。"在印度尼西亚，岛上的一些居民会举行以猪肉为主要原料的宴会竞赛，猪肉的数量不断增加，每一场宴会都会激怒东道主的竞争者，他们会花几个月或几年的时间来积累资源以胜过他的挑战者。在12世纪的日本，富有的贵族和武士举办可以持续三天的名为"斗茶"①的竞赛性品茶聚会。参与者蒙着眼睛品茶，并打赌是哪一种茶。越来越多的贵重财产成为了赌注，甚至严重威胁到了国家财产。"斗茶"被禁止了。

　　像这样时不时突然出现的涉及宴会、禁止奢侈的法律，即使君主也不能违反。理查德·华纳牧师（Reverend Richard Warner）将英

---

① "斗茶"是文人雅士之间的一种游艺，最早出现于宋朝。"斗茶"会的茶室一般为二层建筑，称作"茶亭"，一楼为"客殿"，二楼为"台阁"。"斗茶"在二楼举行，环境雅致，布置精美。西厢房内放置一对饰柜，里面堆满奢华的奖品，胜者即可成为奖品的主人。"斗茶"采用"四种十服"方法，参赛者每人饮十服四种抹茶，然后说出茶的"本非"（本地茶叶或非本地茶叶）和"水品"（冲茶用水的水质，亦即水的出处），按得分多少决定胜负。早期日本"斗茶"的方法及茶亭几乎完全模仿中国。15世纪中叶以后，中式茶亭遭废除，改用举行歌道和连歌道的会所，"斗茶"的趣味也逐渐日本化，人们不再注重豪华，而更讲究风雅品位。于是出现了贵族趣味的茶仪和大众化的品茶方法。珠光制定了第一部品茶法，因此被后世称为"品茶的开山祖"，珠光使品茶从游艺变成了茶道。——译者注

格兰理查德二世的宫廷描述为一个"皇室款待的华丽和浪费达到了前所未有的高度"的地方。已知最早的英语烹饪书籍（见第三章）正是为这个狂热的年轻国王所作，而他的宴会变得如此昂贵以至于不得不通过一个法令来限制他的支出。一年中，通过了至少七部这种禁止奢侈的法律，显然，理查德对改善经济并不特别热心。禁止奢侈的法律也被用于巩固社会地位，例如，匈牙利在16世纪的自由城市法令中详细规定了一个人在正式宴会上可以吃什么。法令中还明确了客人、仆人和音乐家的数量。人们被分为三类：首先是官员和贵族；接下来是匈牙利的国会议员；最后是所有其他公民。第一集团可以在婚礼上供应十道菜，第二集团八道，第三集团六道。最低等级还不能供应肉饼或果子奶油蛋糕。如果菜肴超过许可的数量，则每多出一盘罚款两福林①（弗罗林）。同样，佛罗伦萨1356年颁布的法令，对在婚礼上供应多于三道菜的人处以罚款，以此减少过量的宴会和婚礼竞赛（尽管不得不说，由于水果、蔬菜和奶酪是例外，而一道烤肉可以填塞大量其他东西，一些美妙华丽的宴会在这些规则下被巧妙地设计出来）。威尼斯共和国则更细致：1516年的一个法令规定"每一餐不能提供多于一道烤肉和一道煮菜，每一道菜中也不能包含三种以上的肉或禽"。官方的厨房抽样调查帮助限制那些过于热心的厨师。威尼斯小船刚朵拉（gondola）在此前一百年就已经受到了管制。它们曾经有着耀眼的装饰，每位船主都与他的对手竞争，让自己的船最豪华——镀最多的金，画上最复杂的图案，挂上最华丽的织锦。又一次，这被认为是对资源的浪费，所以刚朵拉被禁止漆成黑色以外的任何其他颜色，直到今天它们还保持着那个样子。

真刀真枪的宴会竞赛不只包含一种侵略性元素。在那样的活动

---

① 匈牙利的货币单位。——译者注

中，东道主的目标是胜过并最终击败对手，所以饮宴的乐趣染上了担忧：世上没有免费的午餐。最著名的竞争性宴会是19世纪后半叶不列颠哥伦比亚的夸扣特尔人举办的"冬节"（Potlatch）。起初它与其他民族的活动一样，交换礼物、吃特别的食物，但是在哈德森海湾公司搬进这个区域后，情况发生了改变。他们带来的不仅是财富，还有破坏当地森严等级的弊病，这导致了一场权力争夺。结果，夸扣特尔人的社会结构变得不稳定。为了使自己被视为最高等级，酋长们认为有必要举办那些变得越来越荒谬的宴会。冬节可以因为多种理由举办宴会，其中为儿子取名、结婚和葬礼是最常见的。一旦被邀请参加宴会，主要客人就必须连本带利地酬谢，而这种利息可能会相当可观。盛大的酬谢宴会可能要用十年时间来准备，在这段时间内，未来的东道主将举办一系列较小型的冬节，用第一次宴会上得到的礼物换取带利息的回报。以这样的方式，积累足够多的"财富"，以完成他对主要冬节的义务。这可以被视为一个完美的投资范例，本质上无用的财产或事件被用来获取更多同类的东西，以增加真正的权力和财产。但是财产不能无限期地增加，有些人最终必须偿还。每个冬节系列，都会在某人因无力比过对手而导致社会和自然财富的破产时终结。

这些活动的气氛与多数人心中对宴会的印象并不一致，因为在这样的场合，主人令客人感到不安。在冬节上，一些食物令人难忘，因为它们不仅昂贵，还被故意弄得令人作呕。20世纪初，人种学家佛朗茨·博厄斯（Franz Boas）记录下了许多夸扣特尔人的宴会习惯。最著名的宴会上，人们要么用大量昂贵的太平洋细齿鲑油①混合属于荬莲属浆果的酸果蔓果香料，要么，如果是海豹宴，吞食长条

---

① 太平洋细齿鲑是一种富油质的鱼，也就是我们知道的蜡烛鱼。它体内含有很多油，干了之后可以插在土里并将其像蜡烛一样点燃。

的海豹油脂①。

> ……他们纵向切割油脂。当有超过一百只海豹时，他们就用这样的方法将它切成螺旋状，这样它就成为了一条长长的油脂（见下页图）。两个相互竞争的酋长想要一较高下时，就会举办海豹宴。首先由酋长执刀切割，油脂长条则通常被提供给酋长的代言人。整条油脂卷在碟子里。然后把太平洋细齿鲑油倒在上面，再把碟子放在代言人面前。他站起来，拿着油脂的一端，把它围在脖子上。他把油脂从烤焦的皮上咬下来并吞下去。如果他擅长吞咽，那么他会吃掉将近三法森②的油脂。如果他不擅长，就只能吃掉不到二分之一法森。最后输者放弃。落败酋长的代言人会郑重地许诺举办下一场海豹宴。

完事后，油脂吞食者们就溜到房子后面呕吐，"因为那实在让人感到恶心"，然后用热水洗澡并小便。

油和浆果不仅用于展示财富和使客人恶心，也用于制造不安气氛。另一记载描写了沙龙白珠果和山楂宴："当酋长想要举办一场非常盛大的宴会时，如果他在生另一个酋长的气，他就买很多箱山楂……总共买十箱……如果他非常生气，就会买二十箱……"山楂和太平洋细齿鲑油混合在一起。"年轻人用枯死的雪松点起火来，让客人觉得心神不宁。"然后油和山楂被"意外地"扔在火上，一场小冲突继而发生：客人想要用毯子将火扑灭，而主人家的人则将油倒在上面使其继续燃烧，并让一些油溅在客人身上，以在这一过程中导致不可

---

① 又称鲸脂，是鲸和其他海洋哺乳动物的表皮层与肌肉层之间的厚层，含有油脂。——译者注
② 三法森约合十八英尺，或五点五米。

估量的损失。"所有族人都很早就睡了，因为他们不知道酋长的计划。他们害怕沙龙白珠果蛋糕、山楂和油——如果有很多的话，因为它令人感到恶心——的宴会。因此所有酋长和平民都很害怕，但又不能不去，因为那样会被主人嘲笑。"这段描写这样结束：某个人试图"用七艘独木舟扑灭火焰，主人将油倒在了他脸上……另外，他裹上了四百条毯子。房子也几乎被烧光……这是当酋长真的生气了的时候所做的最糟糕的事情，家族盘①也被火烧焦了。"

前面提到的毯子是哈德森海湾公司生产的毯子，作为冬节的日常消耗品，它们被几百条几百条地分发掉，有时是几千条；同一时代的照片记录下了成捆的毯子被堆在那里等待分发的图景。毯子成为衡量

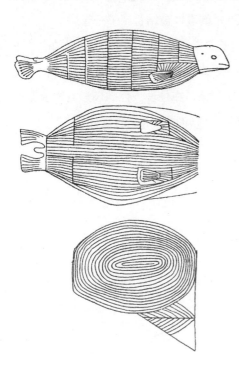

《夸扣特尔人如何为宴会切海豹油脂》。佛朗茨·博厄斯，1913 年。当两个竞争中的酋长想要通过吞咽几法森海豹油脂来胜过对方时，螺旋状切割能够做出较长的油脂条

---

① 家族盘由木头制成并盛着油和浆果。它们属于每个家庭并备受珍视。

其他礼物（首饰、缝纫机、油箱、独木舟，特别是家传的带有绘饰的厚铜板）价值的标准。关于厚铜板，有趣的是，尽管其固有的价值很有限，但每次被奢侈地送出去后，它都会变得更加值钱。它的这种附加价值体现在人们在宴会上讲述的它作为礼物被不断转送的历史中。而这些厚铜板，也获得诸如"让房子没有毯子"、"谁的全部财产只是争吵"或"使人满足"这类牛气冲天的名字。有时候，厚铜板难免磕磕碰碰有所损伤，如果烧焦了或打碎了，即使再拼凑起来也毫无价值了，如果一个厚铜板不小心掉入海中，那个犯错的人将不得不毁掉一块更值钱的厚铜板以示公平，否则他在族群中就会颜面尽失。与冬节投资恰恰相反，一件东西的价值会随着它被赠送的次数而增长。也许，古代和现代文化正是通过这些不同寻常的事件被结合到了一起。

最后，尽管加强管理的建议被忽视了几十年，冬节，与之前的"斗茶"和多彩的威尼斯小船一样，还是被担心社会秩序崩溃的加拿大政府宣布为不合法。许多社会的监督体系在处理失控的表达方式上遇到了困难，它们希望其公民能够遵守"知足常乐"的格言。

查理曼大帝的桌布

第五章

迈达斯国王[①]的最后一餐

并非所有能吸引你游离的目光
和不经意的心的，都是合法的奖赏；
并非所有闪耀的，都是金子。

———托马斯·格雷（Thomas Gray），1748 年

　　每个孩子都听过令人警醒的迈达斯国王（King Midas）的传说。传说中，他疯狂地迷恋财富甚至希望自己碰到的每一件东西都变成金子。当他的愿望得到满足的时候，不仅所有食物都变成了金子，他最爱的女儿也变成了金子，比起饥饿的惩罚这才真的让他心碎。

　　迈达斯是铁器时代佛里吉亚（Phrygia）的国王，公元前700年前后统治着今天土耳其中部地区。1957年，一队来自宾夕法尼亚大学的考古学家掘开了安卡拉（Ankara）西边一个传说中的墓地，他们从华美的装饰物和附近古代宫殿的遗留物推断，这一定是迈塔（Mita）或称迈达斯国王的坟墓。由于气候干燥，镶嵌精巧的木质家具、华丽的靛青色和棕色衣服以及157件装饰繁复的酒器都令人惊讶地完好保存了下来。但其中最不寻常的，也许是大约两千七百年前准备的一场葬礼宴会也被完好地保存了下来，它的样本被发现它的考古学家收集了起来。20世纪50年代，食物分析技术还很原始，以至于不能

---

① 迈达斯（Midas）：希腊神话中佛里吉亚（小亚细亚中西部古国）国王，爱财，能点物成金。后喻指大富翁，善赚大钱者。——译者注

从中得出任何有价值的结论，但是到了 2001 年，分子考古学家和厨师已经可以一起工作，解码并再现迈达斯宴会。帕特里克·麦克考文（Patrick McGovern）用溶剂提取了残余物，把所有独立的成分分离出来，并用红外线光谱测定法进行分析。[①]这样他就能够推断食物的配料，在厨师的帮助下，甚至可以知道葬礼宴会的烹调方法。看起来，一道由去骨之前的羔羊肉（或者山羊肉）在柴火上烘烤而成的香喷喷的菜，是用香草和香料煨过的，如茴香、八角茴芹以及可能是胡椒味的某种草药，因为当时胡椒可能并未引入古佛里吉亚。某种像小扁豆的豆子，用蜂蜜、葡萄酒和橄榄油浸泡后被大量加入其中。这听起来与迈锡尼和古罗马的食谱很相似：辛辣的混合物、甜的蜂蜜，以及酸和麻辣的配料营造出丰富鲜明的口味。

利用考古学家的这些发现，麦克考文和帕特·霍洛维茨（Pat Horowitz）（大学博物馆的厨师）为一百五十人创作了名为"迈达斯的触摸"（Midas Touch）的宴会，他们还与考古学家达芙妮·德文（Daphne Derven）一起在加利福尼亚为一百二十五人制作了一场类似的宴会。首先，客人们享用了大盘土耳其开胃菜[②]，包括芝麻菜、山羊乳酪、芦笋云杉、新鲜的无花果和由捣烂的酸樱桃制成的调味汁；然后，"夹馅"[③]由葡萄叶包裹鸡肉和葡萄干[④]制成；还有和坟墓中发现的一样的扁平面包，与鹰嘴豆和橄榄酱一起供应，橄榄酱由大蒜、鹰嘴豆、橄榄、柠檬和芝麻酱放在一起捣烂制成。接着是香喷喷的火烤羊羔肉和炖小扁豆，以茴香、茴芹、孜然芹、芹菜籽和新鲜香草调

---

① 样本中仍然有一些成分要留给未来的科学家去检验。

② 原文为 Turkish meze platter。土耳其被称作开胃菜（meze）的国度。meze 本来是波斯人喝酒时，利用酸味较重的水果藉以缓和酒的苦涩，后来陆续加入坚果、烤肉，成为名副其实的下酒菜。——译者注

③ 原文为 dolmade，是希腊语词，英语为 stuffed food。——译者注

④ 古葡萄干（currant）一词源自古代科林斯湾。古代食谱称作科林斯的葡萄干（raisins of Corinth）或加仑子（corince）。

味。最后，还有甜食：美味的小果味馅饼填满焦糖茴香，并与熬浓的石榴汁和pekmez（一种葡萄干蜂蜜糖浆）一起提供；杏干上盖着绵羊奶乳酪和阿月浑子；还有山羊奶和蜂蜜制成的甜点。是金子就会发光。如所预料的，费城厨师生产出了名为"迈达斯触摸"（Midas-Touched）的白巧克力糖。（那场加利福尼亚宴会的目的是精确而纯粹地诠释迈达斯宴会，因此巧克力糖被排除在外了，因为有了它就没有一点真实性可言——可可豆在那场葬礼宴会后的两千多年里还没有传到欧洲。）巧克力糖上撒着小片的金叶，但事实上，尽管在虚假的传说中由于他接触到的所有东西都变成了金子，迈达斯国王被活活饿死了，[①]但在迈达斯国王的坟墓中没有找到哪怕一小片金子（有光泽的酒器由青铜制成）。酒器中盛着一丛丛闪闪发光的结晶体，在里面找到的最接近金黄色的东西是一些液体残余。对残余物的化学分析显示，那是一种酒精饮料，由蜂蜜、大麦和葡萄酿制而成——一种蜂蜜酒、葡萄酒和啤酒的混合物。[②]这种奇怪的东西由特拉华州的一个小型酿酒厂重新制作出来供应给宴会。这种名为"迈达斯国王的触摸"（King Midas Touch）的佳酿中有黄玫瑰香葡萄、轻度烘烤的两把麦芽、百里香、蜂蜜以及为了增添金黄色和淡淡的香味而加入的藏红花。迈达斯的饮料碗盛着金色药剂的闪亮晶体，绕着餐桌在每位客人的手中传递，达芙妮·德文后来描述了对她而言最精彩的部分："只一瞬间，我们的手中捧着两千七百年前举行的一场宴会的遗物（当然被很好地密封和保护着）——真是一个黄金时刻！"

---

① 事实上他活到60—65岁，这个年纪远高于那个时代人们通常期望的年龄。

② 同时代的荷马，在《伊利亚特》和《奥德赛》中描述了一种由葡萄酒、麦芽和蜂蜜制成的饮料，听起来与此很相似，只除了山羊奶乳酪这种奇怪的添加物。这也许是可饮用风味酸乳酪的一种早期形式。

第六章

宴会的原料：鱼

> 人们竟认为戒掉肉食吃鱼就是斋戒了，这是多么愚蠢啊，后者远比前者精巧美味得多。
>
> ——拿破仑·波拿巴，1817 年

在多数文化中，尽管肉被认为是宴会的核心，鱼却仍然在庆功史上扮演着很重要的角色；事实上，宴会食物也要提供给许多从不吃肉的人。吃鱼，经常被赋予各种象征意义，并以多种捉摸不定的表现形式出现在艺术和现实生活里的宴会和庆典中。

古雅典人狂热地喜欢鱼，但受到柏拉图等伦理学家的反对。尽管如此，或者也许，正因为如此，古希腊喜剧逐渐加入了影射鱼和精神放纵的内容。那时，肉作为众神和英雄的食物，被用于祭祀并谨慎公平地分给众人，这意味着每个人都不确知自己将得到哪部分。除了宗教内涵外，用于祭祀的肉通常仅用清水煮熟并不加任何调味料：即使按照希腊的烹饪标准也是简单的食物。另一方面，鱼不用于祭祀，因此可以用许多不同的方式享用。鱼是奢侈、颓废、贪婪的。①当医生告诉塞西拉的费洛塞斯（Philoxenes of Cythera），他因为吃了太多无比美味的鱼而即将死去时，费洛塞斯的反应代表了希腊人对鱼的态度。听到这一预言后，费洛塞斯首先想到的是他的食物，回答道："既然这样，我应该可以在走之前把剩下的吃完。"

---

① 为了阻止价格上涨，在卖完所有货物之前，雅典的鱼贩被禁止坐下。

相反，对于早期罗马人来说，鱼是野生的，在人们的生活圈子之外，这意味着它们没有市场——这是一个农业和肉食者的国家。但鱼能适应大量消费的生活方式，这迎合了富有的罗马人，于是他们才怀着热情接受了鱼文化（经常被提及的公元1世纪讽刺文学①"三乐宴会"②中没有包括鱼，因为主人是尚未挤入上流社会的人，并不知道鱼的奢侈，所以他准备的是猪肉）。于是，建造精巧的盐水池塘并将鱼驯养在里面作为一种身份的象征变得流行起来；而富有的罗马美食家在拍卖鱼时猛烈地竞标，令人想起将胜过对手视为其本质的冬节文化。如果主人能让人知道他为举办宴会所支付的昂贵代价，那就太好了：有时一整条鱼被当着客人的面放在桌上称重以强化这种信息。

　　将巨大的鱼整条呈上、精巧地装饰，并在一个昂贵的平底盘中展

《雅典鱼图平底盘》。这一引人注目的盘子的中心有一个深深的凹槽，大概是用来盛蘸酱的

①　作者彼特罗纽斯（Petronius），是尼禄的共事者，皇帝宫廷娱乐的导演。但他和尼禄的关系肯定出了些问题，为了避免被尼禄杀害，他在公元65年自杀了。这就是罗马的生活。
②　三乐宴会（Trimalchio's feast）。Trimalchio是希腊文，意为"三倍享乐"，因此有人借孟子及荣启期语译为"三乐"。——译者注

示出来——在罗马宴会上这将受到赞美，就像镀金孔雀对中世纪晚餐的意义一样。埃拉伽巴卢斯（Elagabalus）皇帝①把鱼浸在蓝色酱汁中，就好像它们仍然在海里一样。他也制作了一道用于炫耀的菜肴，仅仅由红色胭脂鱼的内脏和触须②制成，这意味着必须将这种昂贵得让人无法容忍的鱼的所有其他部分都扔掉。当然，还有很多对其他类似的奢侈行径的记述。

Muraenae（一种鳗鲡，有时翻译成七鳃鳗，有时翻译成海鳗）是一种体型庞大的受人喜爱的宴会食品；事实上，它们是拉丁文献中出现的第一种庆典食物。希腊人和埃及人分享着对它的热爱，几近崇拜。毋庸置疑，它们令人印象深刻的尺寸帮了大忙。一些古籍记载看上去几乎完全不可信，但1786年，确有一只重27公斤（60磅）的海鳗在易北河被抓住。鳗鲡也被当作宠物饲养：一位罗马妇人用金耳环来装饰她的鳗鲡③，其他人则给它们戴上珍珠项链；富豪克拉苏（Crassus）心爱的鳗鲡死了，他哭泣着开始服丧，并为之建了一座纪念碑。将这种软心肠与一个更多被人们记得其残忍的民族放在一起，显得很奇怪。当然，多数人把鳗鲡养得又大又肥是为了吃掉它们，因为它们是无与伦比的美味佳肴。朱利叶斯·恺撒（Julius Caesar）在庆贺他打败高卢人凯旋的公共宴会上准备了六千只鳗鲡。鳗鲡被认为很好饲养——它们有着贪婪的食欲，有些因酱牛肉而茁壮成长，有些则有着更加不可思议的饮食。奥古斯都皇帝的朋友维蒂乌斯·波利奥

---

① 也叫做黑利阿加巴卢（Heliogabalus，204—222），这个堕落的皇帝也因测试他的客人而闻名。据传说在一连串的恶作剧中，他将金豆子掺入豌豆中，另外还有紫水晶、红宝石，碾碎了的珍珠就不提了。他甚至在其他菜肴里加入了蜘蛛。客人们被允许保留这些珠宝，这大概可以补偿他们折断的牙齿。埃拉伽巴卢斯还有其他有趣的恶习。最著名的是，他让人给他做手术，目的是享受两性人的生活。

② 触须（barbel）是在嘴周围类似胡子的部分；鲤鱼中同样有一个庞大的种群叫做 barbels，包括以此名称为欧洲钓鱼者所熟悉的淡水鱼。

③ 鳗鲡没有耳朵，所以它们肯定像那些带眉环和脐环的人一样。

（Vedius Pollio），据说曾要将冒犯他的奴隶的身体切开喂鳗鲡，一方面这能使鳗鲡更加美味多汁，另一方面看着以前的仆人被咬得粉碎，是一种不错的娱乐。毋庸置疑，这是从在圆形剧场中看着人们被撕成碎片转变而来的。最后，那个笨得打碎了一只玻璃花瓶的奴隶在被扔进水池前成功逃脱了。他找到奥古斯都，后者为这个故事所触动，于是命令打碎波利奥的所有花瓶，再用碎片去填充他的水池。那名奴隶则被释放了。

红色胭脂鱼也是一种被人们热切迷恋的东西——奴隶们永远生活在不知道哪天会不小心伤害一条鱼的恐惧中。尽管一些富有的罗马人在其所喜爱的东西受到伤害时，看起来痛不欲生，但这通常也是因为它们的金钱价值（他们的一小部分财产被用来在拍卖中购买红色胭脂鱼）——如塞内卡（Seneca）所称，以美食的名义，这些生物最终无法逃脱残忍的处决。他告诉我们，胭脂鱼的肉被认为是受过污染的，除非它在要吃它的人们面前死去，或许这么做只是因为最新鲜的鱼是最好的。所以宴会主人会呈上一个玻璃烹饪器皿，里面盛着一条红色胭脂鱼，它的皮明显因为断了气而变成了灿烂的七彩光谱，"这给了眼睛与其他感官相同的愉悦"。[①]红色胭脂鱼是最受重视的海鱼之一，它们在文艺复兴时期重新流行，现在在整个地中海地区仍然备受尊崇。

鲤鱼是另外一种在许多文化的庆典中使用的鱼。在中国和日本，高龄的鲤鱼被认为是健康和长寿的象征。因此，巨大的、色彩明艳的纸鱼是节日中常见的景象。中国新年是烹食金色鲤鱼的传统时间；鱼头象征一年好的开始，鱼尾则象征好的结束，任何金色的东西都代表着好兆头。在鱼缸中游来游去的金鱼可以在波斯新年 No Rooz 的餐桌

---

① 剑鱼死的时候，同样会呈现出彩虹色。塞内卡的故事仿佛是对今日日本正餐的回忆——从活着上桌的龙虾身上削下像纸一样的薄片，新鲜比龙虾的痛苦更重要。

上看到。这种小鱼不会在餐桌上被吃掉，它们象征新鲜——一种波斯前伊斯兰索罗亚斯德教传统中的仪式性要素。作为富饶和丰收的象征，鱼突然出现在许多犹太节日上。德系犹太人在犹太新年呈上带头的鲤鱼，代表人们仍处在生命的开端而不是末尾。这种在新年使用鲤鱼的习惯很可能来自于中国，因为直到17世纪犹太商人才通过丝绸之路将鲤鱼带回欧洲，东欧人这时才接触到它们。那些进口鲤鱼的人，通过把它们放在水箱中做到了活体运输，并学到了不少饲养技术。若干年前的圣诞节，我们在摩拉维亚的市场中，看到它们仍然被从水箱中活着卖掉。

由于显而易见的原因，多籽或多卵的食物被用来代表丰收。而鱼，由于大量聚集和成千上万的卵，与这一象征意义很相配。它们在西孟加拉的传统婚礼习俗中扮演着重要角色。作为印度新娘嫁妆的一部分，涂上了朱砂和油的鲤鱼，被放在一片香蕉叶上，形成了由银粉色、大红色和墨绿色组成的多彩意象。婚礼庆典结束后，新婚夫妇回到新郎家，有时新娘会带着她的两条小活鱼放到男方的家庭鱼池中繁殖。在西方，鲑鱼（熏的或水煮的，然后整条上桌）是现代婚礼早餐最流行的选择之一。

在基督教世界，鱼是基督的象征。[①]除此之外，在大量的斋戒日中，人们不得不在少吃的同时，将肉、蛋和乳制品完全戒掉，几百年来，鱼构成了基督徒饮食的主要部分。肉被认为会刺激性欲，而鱼则是凉性的并能使人虔诚，因为它帮助人们征服激情，战胜诱惑。所以鱼以各种形式象征着基督教、清白和无辜。经常出现在荷兰静物画和风俗画中的交叉的鲱鱼，总是与基督教相关。但令人困惑的是，鱼和某些形式的贝类也是滥交或妓院的标志。有时两种象征意义出现在同

---

① 因为希腊语把鱼拼成ICHTHUS，形成了单词 Iesous CHristos THeou (H) Uios Soter（耶稣基督，上帝的儿子，救世主）的首字母缩写。

一幅画中，基督徒的纯洁与肉欲的诱惑相伴。如果男人给女人某些露骨的东西，如一条鳗鲡或其他长型鱼，或者如果女人带着意味深长的微笑给男人一条鱼，这都是下流意图的暗示。类似地，在一个女人的附近摆放合着的牡蛎，表示德行或贞操，而打开的牡蛎则代表相反的意思。但同时，在很多关于宴会和进餐的静物画中，打开的牡蛎排成一排等着被吃掉却并没有隐含的意思。这完全取决于当时的情境。

　　大多数人可能很难想象，在基督徒的日常生活中，鱼彻底取代了肉（至少对那些财产足以二者兼得的人）。尽管纯化论者可能会因在斋戒日举行奢侈宴会所产生的表面上的不协调而感到困惑（因为贪食和淫欲一样是极严重的原罪），但这些应被置于当时为人们所接受的风俗环境中观察：人们笃信用鱼来代替肉，对他们灵魂的升华是必要的。一年中有超过半数的时间被指定为斋戒日，不过重要的客人仍须得到款待，并且这种款待应令他们终身难忘。最著名的鱼宴故事之一的主人公是贡代亲王的餐事领班，伟大的瓦泰尔（Vatel），他为路易十四举办了一场宴会①，但他订购的鱼只来了很少的一部分②，他因此而自杀了。这种反应看来过于强烈了，不过要知道1671年4月27日是星期五，即斋戒日。一位技巧娴熟的厨师和他的下属可以临时准备很多东西，但是在斋戒日为国王和他庞大的随从队伍准备一场精心制作的宴会，却没有鱼，肯定会让人望而却步。"……我不能拯救这一灾难，"发狂的瓦泰尔说，"我失去了我的荣誉和声望。"然后他回到房间，关上门，冲向他的剑。当他的助手德·古维尔（de Gourville）慌

---

① 贡代亲王（Prince de Consdé，1621—1686年），又译康德王子、孔戴公爵。当时国王路易十四及王后一行五百余人将到贡代亲王的尚蒂伊宫（Le Chteau de Chantilly）驻扎三日，贡代亲王打算通过招待国王换取信任并争取到与邻国荷兰的战争，以指挥这场战争作为其重返政治舞台的跳板。这三天宴会的主题分别是"太阳之光荣"、"水之宴"和"冰之宴"。而第三日，即主题为"冰之宴"的那天是周五，即斋戒日，不能食肉，主菜均为鱼类。2000年戛纳电影节开幕电影《瓦泰尔》讲述了这三天的故事。——译者注
② 瓦泰尔订了十二车鲜鱼，但当天凌晨4点只来了两车。——译者注

忙移开尸体的时候（祖制要求国王不应待在有死人的地方），瓦泰尔大宗鱼订单的其他部分开始陆续到来。

在欧洲，斋戒日需要大量的鱼。鲱鱼是一种日常必需品，可以撒上盐放在桶里腌制或吃新鲜的——用烟熏制或甚至像在荷兰不做任何加工，不列颠东北海岸线上的渔民将他们捕捞的鲱鱼出口到世界各国。当然，并不是所有人都喜欢，鲱鱼之所以没有受到普遍欢迎，是因为负担不起各种各样鱼类的人们在四旬斋期间已经厌倦了它，因此它只是宴会上较低档的菜肴，所以很少被提及。鲱鱼贸易很重要，但鳕鱼可能有着更伟大的历史和政治意义。中世纪日用品商人团体汉萨同盟，认识到了鳕鱼船队的经济价值，在渔业歉收的那几年给捕鱼者上了团体保险。到 16 世纪中叶，鳕鱼在总量上占欧洲人消耗鱼类的三分之二。甚至当文艺复兴将人们从斋戒中解放出来时，一些国家仍然继续推行"鱼日"以保护捕鱼船队及相伴而生的造船技术。人们把新鲜鳕鱼作为主菜或把鳕鱼制成干货，鳕鱼仍然在斯堪的纳维亚的许多冬季节日餐中扮演着重要角色。北部的渔民用腌鳕鱼和南部人交换葡萄酒和油。和鲈鱼一样，在许多南部欧洲国家腌鳕鱼组成了圣诞夜的"斋宴"。如同许多常见的南部菜肴，现在它在北部城市中成为流行的奢侈品。鳕鱼在文化上的重要性，甚至反映到了 1960 年英国为保卫伟大的不列颠特产鱼类晚餐而与冰岛之间爆发的激烈的鳕鱼战争[①]上。现在，由于鱼类资源的衰竭，必须中止鳕鱼捕捞让其数量得以恢复。因此基于道德和健康原因而选择不吃肉的食鱼者，发现自己正面临着与往日不同的困境。[②]

---

① 1958、1971、1974 年，冰岛和英国之间爆发了三次鳕鱼战争，全部因冰岛为保护本国渔业，而不断扩大禁渔范围引起。到最后一次鳕鱼战争结束，冰岛的禁渔范围已经从十二海里扩大到了二百海里。——译者注

② 在本书写作之时，北海正要中止黑线鳕的捕捞，最近发现许多油脂鱼体内含有杀虫剂和重金属成分残余。

在选择庆典用鱼时，大多是从美味和体形巨大两方面来考虑的，但在更适度的范围内，19世纪的伦敦人很喜欢当鱼儿应季时，在泰晤士河下游享用特别的银鱼晚餐。他们在摄政时期①为内阁周年纪念鱼宴准备了中心装饰品——那是一次欢乐的夏季旅行，整个内阁为了去格林尼治（Greenwich）或布莱克沃（Blackwall）众多酒店中的一家享用一顿超过22道菜的鱼宴，开着一艘镀金的军火运输艇，沿着泰晤士河向下游航行。做汤和尽其所能地油炸、做馅、水煮和烧烤，更不必提一堆堆闪着微光的脆炸银鱼，除此之外还有另一种令人狼吞虎咽的款待——"沙锅绿肥肉"（Les casseroles de green fat）（那时混用英语和法语的菜单是很常见的）。"绿肥肉"是可食用的、经过最精细加工的海龟肉。②18世纪晚期，商人们找到了将海龟放在水缸里从西印度群岛活着带回来的方法，以尽可能地卖个"新鲜"的好价钱。它们是颇受欢迎的美味佳肴，以至于在科文特花园③的莎士比亚酒馆总是有50只海龟备用，以制作无比盛行的海龟宴。这些重量超过65公斤（150磅）的海龟，一只就可以为25个人制作一桌筵席。龟背——它经过装饰的壳——被当作上菜的盘子，这也许可以解释为什么在当时经过镶嵌的乌龟壳家具和首饰那么流行。亚力克西斯·索亚1846年的乌龟汤食谱用了四页进行了详细的介绍：从将乌龟斩首并悬挂一整晚开始，接下来从86磅各种肉类中提炼出10加仑（大约45升）原汁，用3磅黄油和4磅面粉制作面粉糊，并用宝贵的绿肥肉（显然是最大的海龟中最好的部分）来完成整道菜。后来索亚为

① 英国1810—1820年间。1800年后，当时在位的乔治三世因病很少过问政事，需要国王出面的事，通常都由他的长子代理。1811年乔治三世正式宣布由储君摄政。开启了十年的摄政时期。1820年，乔治三世病逝，摄政的储君成为乔治四世。——译者注

② 艾塞克斯（Essex，他悲惨的游记是莫比迪克故事的灵感来源）狼吞虎咽的团队成员说乌龟的肥肉吃起来像是上等的黄油。

③ 科文特花园（Covent Garden）：伦敦中部一个蔬菜花卉市场。——译者注

"改革俱乐部"重新设计的巨大厨房必然对应付这一烹饪巨作有所帮助。

鱼会成为某些奢侈活动的主菜，是因为当天是斋戒日还是鱼本身让主人感到兴奋？谁知道呢，也许两者都有。关于鱼的炫耀功能有几个精彩的故事，其中一些陷入了重复的主题——是否有某种重要意义与此相关，我不知道。例如，第一位卡莱尔伯爵显然因为他17世纪60年代在翰德斯凯尔福（Henderskelfe）①举办的鱼宴而闻名——也许这些宴会是王朝复辟时期②繁荣的例证。客人们被带进宴会大厅，看到里面的桌子，便在金银盘子的微光中完全窒息了。盘子中展示着可以想象到的每一种鱼，并用难以计数的不同的、美味的方式进行了烹调和装饰。除了过度的展示之外，像这样整张桌子被盘子覆盖的景象在17世纪是很平常的，这本身并不特别引人注意。不同寻常的是，这些华丽的展示并没有被吃掉；客人们只是站在周围欣赏着这些奢侈的展品，没费心思思索它毋庸置疑的价值。当食物终于不再热气腾腾，油脂也凝结在一起，桌子被打扫干净，客人们入座，展览过的一餐的精确复制品被呈了上来。而被抛弃的第一次展示的食物，分配给了那些在附近徘徊的众多观众，他们没有被包含在享有特权的客人中。

另一个类似的故事在亚历山大·仲马③的《烹饪大辞典》中"鲟鱼"的词头下讲述。这是一个典型的18世纪循环晚餐，每个人按顺序准备一餐以超过他的对手。这一次，主人是第二执政官康巴塞雷斯阁下④，

---

① 翰德斯凯尔福 1693 年被烧毁，后来那里修建了范布勒（Vanbrugh）的霍华德城堡（Castle Howard）。

② 王朝复辟：1660 年，在查理二世统治下的大不列颠君主立宪的复辟。——译者注

③ 此处指大仲马。——译者注

④ 康巴塞雷斯（Cambacérès, 1753—1824 年），法国政治家，曾任执政府时期第二执政官，拿破仑帝国的司法大臣。在共和国起草宪法时，经过利益各方的斗争和妥协，决定设立一个第一执政官，即拿破仑·波拿巴，并同时任命法学家康巴塞雷斯和经济学家勒布伦为第二和第三执政官，并写入宪法。但他们二人仅仅是拿破仑的助手，只起咨询作用。——译者注

而他时髦的客人中有老谋深算的政治行家塔列朗（M.de Talleyrand），后者善于施压，因为他与许多重要家族都有交情。塔列朗是个根深蒂固的阴谋家，他曾经被形容为"在丝袜中的一米长的粪便"。①他的平步青云很大程度上要归功于他是个有许多故事可讲的称心的客人，这么说来他肯定也很感激这场宴会。

　　康巴塞雷斯喜欢令人印象深刻，他主张"在餐桌边一个人统治着广阔的区域"。所以他的仆人被打发出去找一些适合晚餐的东西并满意而归，因为他设法买到了两条巨大的鲟鱼，一条重162磅，另一条重187磅（分别是72和82公斤②）。现在必须解决的问题是，要如何展示和烹调这两条巨怪才能将效果放到最大，并且对其中一条的展示不会损害到另一条的出场效果。最终，一个方案出炉了。当所有客人怀着对独特烹调方法的期待落座时，通向餐厅的门打开，一小队人出现。三名演奏着提琴和笛子的音乐家穿得像厨师一样走在表演队伍的最前头；在他们后面，首席搬运工扛着一支戟，四名男仆举着火把护送着两名厨房助理；走在队伍中间的助理们举着一架梯子，上面放着用鲜花和绿叶精巧装饰着的两条巨大鲟鱼中较小的那条。许多受过名著熏陶的客人会欣赏这一出自阿忒纳乌斯的《哲学家盛宴》③

---

① 但是，他的支持使安东尼·卡雷姆（Antonin Careme）有勇气离开他的家族去为英格兰摄政王（指乔治四世。——译者注）工作，后者后来的加冕礼宴会在第十六章有所描述。
② 这里有一处换算错误，187磅相当于约85公斤。作者在第二十八章再次引用这个故事时的换算是正确的。——译者注
③ 阿忒纳乌斯（Athenaeus，170—230），希腊人，居住在罗马，曾写史学一部，但失传。此书原名叫 Deipnosophists，直译是《餐桌上的健谈者》，共分十五卷，第一、二、十一、十五卷及第三卷的部分章节也失传，仅留下纲要。其余部分保存完好。在此书中，作者向一位朋友讲述他在一位学者家中参加的一个宴会，会上，来自不同地方的二十余位饱学之士引经据典，就不同的主题展开讨论。谈论的主题大多与食物相关，你可从中读到厨师、奇怪的菜肴、美酒、菜谱等知识。整部书稿涉及近八百位作家、近两千五百部作品，可以说是当时社会的文化信息总汇，内容除餐桌外，更是包罗万象，涉及音乐、舞蹈、游戏、文学等众多领域。书中充满引语，而其所引用的作品大多失传，因而，这部作品对研究当时的社会与文化具有相当重要的意义。——译者注

的典故，在书中，"头上戴着花环，并有笛声伴随"的鲟鱼被衣着华丽的奴隶送上餐桌。此刻，康巴塞雷斯版令人难以忘怀的奇异景象绕着桌子前进，缓慢得足以吸引客人们欣羡的叹息，其中一些人甚至情不自禁地站在椅子上好看得更清楚些，所有人对这美味的款待都充满期待。

队伍绕着桌子前进，每个人的目光都集中到了鲟鱼上。在呈上较大的鱼之前，队伍开始退回厨房。但是灾难降临了，一个助手绊倒了，鲟鱼滑了出去，"砰"的一声撞击后，那些令人垂涎的鱼肉喷洒得满地都是。看到他们的晚餐在面前毁灭，失望的客人们爆发了一阵骚动。只有一人仍然泰然自若。第二执政官康巴塞雷斯阁下终于让痛苦叫喊着的人群安静了下来，他冷静地命令道："把另外一条抬上来。"

另外一个队伍出现了，同上一个一样，只是它有两倍的音乐家、两倍扛载的人和两倍的仆人，当然，还有第二条鱼，甚至比第一条更大、装饰得更华丽。这是一种很无耻的把戏——但是鲟鱼吃起来一定无比美妙，对如释重负的客人和心满意足的主人都是如此，而后者确信，想要超越他的晚餐仪式是很困难的。

可其他类似故事的存在使人们对这个故事的真实性产生怀疑。一个几乎完全相同的故事的主人公是红衣主教费希（Fesch），他面对两条上等的大比目鱼和几位重要的牧师，他希望自己能在他们心中留下深刻印象。事实上还有第三种版本，它把鲟鱼摔碎的噱头归功于塔列朗。不过，无论这些传说真实与否，我认为鲟鱼的故事是绝妙的，并启发人们将这一想法作为款待的一部分在新年宴会上使用。我的看法会在第二十八章中有所交代。

第七章

中国宴会：一种古老的饮食文化

如果说中国人非常重视某些东西，那既不是宗教也不是学习，而是食物。

——林语堂，1935年

如果说古波斯文化影响了多数西方和阿拉伯宴会，那么可以说中国宴会既是一段最古老的（对此尚有争议）古代历史，也因20世纪大量离乡背井的中国人而为世界上多数国家所熟知。中国不是一个在其广阔领土之外殖民的国家，她通过几千年的贸易交往、外族入侵和王朝更替，将新元素吸收进她的饮食文化中。尽管如此，美食的小规模流动并未从根本上取代中国的烹饪方法，它们只是被吸收进了两千多年几乎没有改变的传统中。这一宴会传统，先是发展成为至高无上的精致和优雅，然后变得有些陈腐而乏味（"某种比混凝土还要硬的模式"，肯·哈姆[Ken Hom]这样描写最后的帝制王朝），最终，在20世纪末，作为一种生气勃勃、包罗万象的宴请方式，出现在中国以外的地方。

20世纪20年代，考古学家在中国周口店的洞穴中发现了五十万年前的原始人碎片。留在洞穴中的其他骨化石显示，北京人享受美食时严重地依赖野味。现在，北京烤鸭，而不是野味，成为中国最著名的宴会菜肴。最早的关于中国烹饪历史的记录可以追溯到兴盛于公元前 1570—前 1045 年的商朝。①即使是在这一早期阶段，中国宴会的主要原料——米也已经人工耕种几个世纪了。这些最早的皇家宴会，是用以展示权威的宗教仪式的一部分。两千人投入到皇家食品供应的运作中，某些事实也证明了宴会的重要性：一名厨师被提拔到了总理的地位②。从那时至今的很长一段时期内，王朝更替、开疆拓土、农业进步、新的宗教被采纳、造访其他文明的旅程越来越长……每种变化都带来各自的影响。这些变化精炼和扩充着这个国家的烹饪方法，却没能从本质上替代它。

相伴而生的道教和儒教出现于公元前 6 世纪，它们将各自独特的理论增添到中国的饮食和烹调中。道教的创始人老子，发展出用神秘路径或冥想正途的"道"来准备食物的总体方法，它在中国饮食中一直处于中心。伴随着对永生的追求，阴和阳——食物与健康的纽带，相互对立但又在冷热食物间保持平衡——补充了这一概念。这开始于对自然的默默崇拜，之后发展成为对永生之路的苦苦寻觅。汲取特定的食物和液体，尤其是一些较奇异的东西，被认为对这一过程有所帮助。这些方法与儒教并存，而后者更关心烹调的礼节和实用性，因此在中国，准备食物的方法被称为"烹饪"。③在《论语》中，孔子将礼节修养作为灌输德行的一种方法加以强调，制定了礼节以及应该如何遵守礼节的规则。这些观点发展成为举行宴会时的国家正统方式，由"天子"代表公众向祖先致以敬意能

---

① 由于历法计算的方式不同，本书引用的所有中国日期都有一点误差，但是商朝基本上和青铜时代的希腊麦锡尼文明同一时期。

② 指有"烹调之圣"之称的伊尹，他历任商代王朝宰相，以烹饪之道治国，《吕氏春秋·本味篇》就论述了伊尹以至味说汤的故事。——译者注

③ 五百年后，爆炒和铁锅烹调出现。两千年后，所有这些烹饪方法和原料、质地及风味的动态平衡仍然是中国烹饪方法的本质。（原文为"cut and cook"，但没有任何证据证明"饪"的词源可以追溯到"刃"，因此不是作者对费解的同音字产生了误解，就是还有译者没有挖掘到的资料。——译者注）

够安抚超自然力量的观念，对皇帝的宫廷生活至关重要。事实上，在今天，对祖先的尊敬仍是中国人生活中的一项基本元素。

从大约公元前200年开始，宴会艺术开始繁荣，尤其是汉唐王朝，这一时代被认为是中国文化的鼎盛时期。宴会开始变得更加复杂和世故，当汉朝皇帝重申"天子"能够长寿甚至不朽的古代信仰时[①]，宴会也愈发仪式化。有许多祭祀仪式要求皇帝在祭祀之前斋戒，因为他是在代表他的臣民准备和供奉食物给上天，以确保丰收和健康。整个宫廷不得不看着天子主持这些令人铭刻于心的、精雕细琢又繁文缛节的仪式宴会，尽管它们毋庸置疑地缺乏某种烹饪的光芒。到了唐朝，文人墨客们长期将健康、食物和饮品视为有价值的主题。8世纪，同一时期对于食物的两种不同态度，在对学者陆羽的《茶经》和王翰的一首诗歌的比较中显而易见；前者提出了茶可以令人永生的道教观点，而后者则是写实主义的饮酒诗：

> 葡萄美酒夜光杯，
> 欲饮琵琶马上催。
> 醉卧沙场君莫笑，
> 古来征战几人回。

被公认为是中国宴会黄金时代的宋朝，烹饪的火花被加入进去。宋朝从大约公元907年持续到1279年——大体上与欧洲和近东的十字军东征同一时代，但历史学家强词夺理地声称，宋朝的宴会更接近于17世纪法国凡尔赛出现的那些宴会。宋朝最壮观的宴会之一，出现在

---

① 因此，那一时期使用翡翠墓葬和护身符。据说翡翠能防止腐烂，使肉体得以不朽。

1151 年清河郡王宴请高宗皇帝时①。一些器皿和餐桌装饰品由珍珠母、翡翠、黄金和白银制成，这些无价的商朝手工制品，已有两千多年历史——这种对古物的崇拜可以与当时西方的态度形成鲜明对比。清河郡王的房间装饰着上有书法和绘画的丝绸幔帐、青铜器、珠宝和雕刻繁复的木艺。清河郡王把成捆昂贵的丝绸布匹送给客人，并让他们在进餐时享受美妙的音乐。如同历史上的大多数宴会，款待是分等级的。高宗皇帝享用了三十二道菜，每一道都包括几十盘；低一等级的宫廷官员是十一道菜；第三等级的官员只有七盘菜、一盒油炸甜食和五壶葡萄酒。皇帝的一餐以琳琅满目的新鲜水果和蜜饯开始；美味的菜肴上桌前，还有裹着蜂蜜、油炸出来的其他精致小吃打前站；几乎可以肯定的是，筵席将以汤收尾——与西方的一餐相比，几乎是完全颠倒的顺序。这一点在七百年后也没有多少改变。1863 年，约翰·盖文（John Gavin）给他在爱丁堡的母亲的信中写到了一场中式的婚礼宴会："如同其他每件事情一样，中国人错误地以一个结尾为开端②，所以我们先吃了甜点，各种水果、糖果和一些不得不用筷子去夹的臭烘烘的东西，然后是主食——我们也得用筷子吃。"高宗皇帝没有吃到"臭烘烘的东西"——如果一人的食物是另一

---

① 南宋绍兴二十一年，清河郡王张俊有幸在府邸宴请宋高宗赵构。正宴之前的干鲜果品、蜜饯小吃就有一百多种。菜品更是丰富，共一百二十款，仅下酒菜就有十五盏。此外，还有插食六样，厨劝酒十味，对食十盏二十分等等。张俊率兵跟随赵构几十年，曾为其称帝立下劝进之功。赵构对他恩宠有加，但也对他存有戒心，让他读《郭子仪传》，不要功高震主。因此，宋高宗吃这顿饭既是示恩，也有现场考查张俊的意思。好在张俊是个明白人，总算应对得宜，平安过关。——译者注

② 熊德达指出，食物的顺序并不是颠倒的中国生活的唯一方面，斋戒是另一个例子。"为了明白这一点，必须观察中国的社会历史：素食主义在佛教被引入中国前已经存在了很长时间，部分是经济原因，部分是健康原因。在恶劣的旧时代，极度贫穷的人一年只能负担一次'宴会'（吃肉）——亦即，在春节。而生活较好的人则觉得它们应当每年'斋戒'（不吃肉而吃素食）一次。所以他们决定在春节斋戒以表现对神的尊敬，因为过去的一整年他们大吃大喝，尤其在大年夜通常会举行盛大的宴会。因此'斋戒'不是一个先兆，而更像是一种丰盛饮食的'解毒剂'。如同其他每件事一样，我们中国人总是以与你们西方人完全相反的方式做事情。"

人的毒药①，那么宫廷"试吃官"则确保皇帝吃的每一口都是没有腐坏变质的。高宗的宴会接下来是咸肉、腌制食物、精选的插食、用来下酒的味道浓重的食物，最后以五十种香甜可口的"尾食"结束，其中可能包括豆沙馅的小蒸饺。梨、苹果、桃、李子、杏、橘子、葡萄和石榴在宋朝都被广泛食用，新鲜的或用蜂蜜制成果脯抑或是风干了保存。即使是在当时，宴会的一些原材料就已经被放在冰上保鲜，以带到几百英里之外。清河郡王为天子举办的宴会展现了这个辽阔国家惊人的财富和资源，而且用古代艺术品将中国杰出的过去和至关重要的现在连接起来，充分表达了他对天子的敬意。

在那时，宴会也不仅仅是皇帝和宫廷的特权。宋朝财富的增加和国际贸易机会的增多，使商人阶层变得富有到足以举办自己的宴会。显然他们既想仿效宫廷活动的壮观，也对开发个性化的餐饮方式很感兴趣。由于城市化的发展，饭馆开始遍布大街小巷，而欧洲则用了另一个六百年来接受这种观念。南宋宫廷建在富饶的长江流域，现在上海附近。这一富饶的地区对蔬菜种植而言非常完美，并且可以养殖河鱼和海鲜。这使通常处于隐居状态的 Lu 皇帝动了心②，冒险走出深宫，欣赏着城市里兴旺的菜市场。这一区域，今天仍以"鱼米之乡"而街知巷闻。而这种肥沃，与佛教影响相结合，使中国食物中至今仍然普遍存在着大量美味的素食菜肴。一些人主张这就是中国食品很健康的原因；另一些人将其归结为完美的阴阳平衡；还有一些人则称，事实是，除了遥远北方的一小片区域——那些由蒙古人短暂的百年统治③

---

① 谚语"one man's meat is another man's poison"，通常译作"萝卜青菜、各有所爱"。——译者注
② 南宋没有任何一个皇帝的名字或庙号与"Lu"对应，因此无法查证作者具体所指。至于宋朝皇帝在这方面的癖好，南宋的高宗和孝宗，对市井小吃都很有瘾。——译者注
③ 中国北部因人们对羊肉的极度喜好以及对不用米的小麦、面条和面包的偏爱而不同于中国其他地区。

留下了黄油和牛奶发酵传统的地方，奶制品几乎完全不存在。

1368 年夺取江山的明朝皇帝热衷于在蒙古入侵之后重新恢复其古老文化，并且不忘庞大的商朝厨房，雇用了几千名工作人员，通过壮观的御宴来重建烹饪传统。"御膳房"的记录表明，已经发展了近三千年的宗教和社会秩序结构又重新回到了原来的位置上。除了发现新大陆后从美洲渗透进来的新成分的同化作用，改革并不是中国宴会的特色。最后一个帝制王朝满洲或称清朝，从 1644 年起统治中国，直到 1912 年帝制被推翻，与新来的入侵者通常所采用的方式一样，因渴望得到尊重而全神贯注于被征服国家的文化历史，并接受了其传统。对清朝统治者来说，这是巩固和严格控制的时期——是满洲强迫所有中国男性都戴上了"猪尾巴"，是满洲使中国变得孤立。英国在 19 世纪鸦片战争期间声名狼藉的行为，没能使中国统治者相信打开国门、面向世界是有益处的；西方的扩张主义开始打破中国曾经不可思议的盔甲，尽管其后又用了好长的时间才让旅行者可以到更深入的内地去探险。

饮食习惯的改变偶然发生，并且持续影响着中国宴席。17 世纪末，当康熙皇帝微服出巡、在街上和他的人民混在一起时，碰巧遇见了豆腐，那时它仍然是只适合农夫的下等食物，被排除在皇帝的菜单之外。皇帝回到北京便立即命令御厨用豆腐给他做一些菜肴，这使得豆腐一步登天。除了豆腐的传入，复古风格也在宴会厅中流行开来：满洲客人如他们的前辈一样被分成了三六九等，并且所得到的款待也等级森严，每个等级有权得到特定数量的菜肴。这样的宴会可能持续三天，包括三百道菜，因此第一天采用了"视觉盛宴"的形式——端上来的菜肴显然是可食用的，但却不是给客人吃的；第二天和第三天，越来越多的菜肴加入进去，而这次它们会被吃掉。这种方式并没有得到普遍认可——与"口腔盛宴"相对，视觉盛宴作为一种肆意的挥霍，在 1792 年受到美食作家袁枚的激烈声讨。这些提供给最高阶层的食物，出现在外交官哈里·卢克（Harry Luke）的记载中，他于 1957 年参加了一场在香港举行的为来访的二十个古典满洲烹饪学校的中国迷举办的宴会。它被认为是自 1912 年封建王朝倾覆后对传统中国烹饪方式的最奢侈的展示：

> 由三十二道菜组成的一餐，以一盘微辣的菜肴开始，它的主要成分是二百只鸭子的舌头。下一道菜仅为调味就需要一百只大青蛙。接着，在银汤碗中是精致的"华贵的万年青"——鸡胗包裹在人工采摘的竹笋里。尽管用了两周来准备，乳猪和鱼翅汤，放在"龙之水晶"（稀有的西伯利亚鱼风干的内脏被腌泡到发出宝石一样的微光）和将宴会推向高潮的熊掌做的主菜旁边，也仅仅是平庸之物。熊掌在冷水中浸泡了十天，这样上面的毛就可以被一根一根地拔掉；以这样的方法去皮，能够避免对肉的哪怕最轻微的擦伤。这些用热水做可能更快，但是看来会削弱鲜味。

以典型的英国式的轻蔑，他这样记录道："大书特书其魅力的那种文章，我还是留给别人吧。"

在某些专制政权中，君主在人民眼中与神无异，自然地，农夫的日常饮食与皇帝宫廷中的有巨大区别。在中国，食物总是很珍贵，而她的人民学会了如何充满想象力地利用匮乏的资源。当权贵举行梦幻般的宴会时，穷人的食物却稀少而单调。这一点，如同烹饪技巧，从未改变。仅仅几年之前，在中国向西方游客开放后不久，两个电影导演告诉我，他们对有机会到中国内地旅行感到相当激动。而当他们发现随后的整个假期只能吃煮米饭并且几乎没什么可以打牙祭时，这两个美食家感到非常吃惊。所有中国膳食都建立在饭（某种大量的主食，如米饭、面条或饺子）的基础上，只加入很少量的菜（肉、鱼和蔬菜制成的菜肴）。显然，两个电影人每餐主要由饭组成。可惜他们旅行期间没有任何主要节日，那会让他们找到一些不同的东西。如林语堂写到他的同胞时所说的，"如果说中国人非常重视某些东西，那既不是宗教也不是学习，而是食物"。节日食物，是将现实和祖先连接起来的纽带：在冬至日的家庭宴会上，饿鬼被喂饱，游魂被欢迎来到人间。中国农历年以节日断句，每个节日都需要一场宴会，而所有节日中最盛大的是新年。欢庆会持续大约两周，以小年时的厨房之神——灶王被送上天开始：他的嘴被抹上蜜糖，这样他所作的关于家庭行事的报告就会是"甜言蜜语"。在大年夜，食物供奉着他，鞭炮也迎接着他的归来；当新的雕像被安放在厨房的壁龛中，中国年里最重要的节日开始了。

新年宴会总是有象征好运的十二道特殊菜肴。特定的颜色也很重要，尤其是金色和红色。因此肥美的红色乳猪或其他红色菜肴很流行，它们在酱油中被慢慢烹调至深红色；小金橘或橘子则是某些地区的特色。还一定会有一些油炸食物，大多是脆脆的有柔软湿润馅料的春卷①；一道汤，可能是滋补柔滑的鱼片粥；以及三种特别的肉：鸭肉、猪肉和一整条鲤鱼——中国的富贵之鱼。人们精心准备着每道菜，满足人们五味的需要并且搭配不同质地以达到适当的阴阳平衡。人们总是感慨，这是一个发展出一种宴请方法，能够不浪费任何东西的国家。所以会有在深色油腻的肉汤中炖过的毛茸茸的"百叶"（肚子）②或瘦骨嶙峋又丝滑柔软、可以吮吸的软骨的鸡爪子（爱夸张的中国人将它们

---

① 这些最初都是特殊的新年食品；新年也被称为春节，因为它标志着冬天的结束。
② 这让我们回忆起苏格兰语中"肚子"一词——monyplies，意思是许多褶皱，又一个从法语中吸收的词汇。

称为"凤爪"），滑溜的蒸米粉肉卷里裹着饱满的大虾，胡萝卜片，蒸饭和炒饭，软炸面和面花，辣酱，香酥鸭掌，脆鱿鱼，炖鲍鱼，糯米排骨，包在竹叶中却香味扑鼻的蒸鸡肉，肥美的炖牛肉和鸭肉，脆生生的苦菜……有时选择一种食物是因为它的名字或意思：例如龙虾，中文的"龙"是富贵的象征；发菜听起来像"发财"；"蚝豉"意思是"好事"；猪口条表示利润；鱼与"余"同音，所以总是最后上桌，代表来年的丰收。而次日，震耳欲聋的鞭炮声，将迎接新的一年。

第八章

宴会的原料：肉

今生和来世，属于人类的最高贵的食物是肉。

——先知穆罕默德

没有人确切地知道人类是在什么时间、因为什么原因或用什么方式开始吃肉的，但是这一现象成为了无止境的理论研究的对象。无论我们是否选择吃肉，它都让我们神魂颠倒。并且在所有关于宴会改革的讨论中，它都起关键作用。对那些在宴会上不吃肉的团体而言，对肉的排斥通常暗示着某种精神的或宗教的宣言。并不是说宴会中不可能没有肉——这是荒谬的——不过在多数文化中，肉类一直是或已经成为占统治地位的宴会食物，它代表了奢侈、享乐、富有、美味和权力。而肥肉（fat），更是一个有许多含义的词。

最近的观点是，早期人类开始吃肉是为了获得骨髓和脑组织中的特殊脂肪。这二者所含有的高水平的基本脂肪酸，是大脑发育和肢体活动必需的；海鲜和富油脂的鱼也含有丰富的脂肪酸，一种理论认为我们是从居住在海边以吃鱼为生的原始人类进化而来的。尽管有这些基本脂肪，海豹并没有发育出巨型大脑。如果能忽略这一事实，那么似乎食用海豹对人类大脑的发展起了重要作用，并使我们因此有能力继续进化。肉的获取需要人类之间的合作。一些理论提出，在杀死动物之后将肉均分是宴会和社会秩序的共同起点。由于不懂得如何保存肉类，人们不得不将它们一次全都吃掉。如果在一段时间的忍饥挨饿后，有一次成功的狩猎，过量的供应将更加有滋有味。人们通过等级找到了他们在社会中的位置，而等级则是通过在较大群体中分配肉的上等部分形成的。上等部分通常是大脑、舌头和骨髓，这可能也是由于对基本脂肪的偏好：人们注意到，一只动物吃掉另外一只动物时，头是最先被吃掉的；反刍动物有时也会吃小型哺乳动物，它们也是先吃头部。肝和心，含有丰富的矿物质，它们总是猎人额外的补品。最近一名拉脱维亚猎人向我讲述了一种流行的做法，即在杀死麇鹿后、分割尸体前，先将它的腿骨锯开，人们将生骨髓与盐、胡椒、洋葱混合，配以面包和黄油，在狩猎团队中分食，并鸣枪庆贺勇敢精神的胜利。尽管现在我们知道了吃肥肉的危害，并且许多人足够富有不再稀罕肉食了，但整体的状况却是：人们仍然因需要大量脂肪而不停地摄入各种加工的油炸食品、巧克力和快餐。如杰森·爱泼斯坦（Jason Epstein）在《纽约时报》上写的那样："麦当劳的巴甫洛夫臣民看着拱形标志①，想象着燃烧的油脂和含糖汽水，无数的胃在脑中掠过，推着它的主人走向它们。麦当劳承诺的是，油脂中足够的卡路里能够维持一整天的猛犸象狩猎，足够的糖则使你在变成猎物时可以很快逃跑。"

但是应当防止过多地油脂摄入只是新近的认识。在大部分人类历史上，肉，尤其是肥肉代表了顶极奢侈。肉类和乳类动物如牛、山羊和绵羊曾经是流通物，并且在世界上的许多地方仍然是。肥硕的小牛被杀掉来欢迎归家的浪子。对于饮食总体简单的希腊人，烤肉是众神和英雄的食物——埃阿斯②得到了一整只烤公牛。罗马人向更加农业化倾斜，并让他们的军事政权到达了更远的地方，他们是狂热的肉食者，尤其在奢靡的宴会上。事实上，意大利（Italia）这个名字

---

① 指麦当劳的 M 标志。——译者注
② 埃阿斯（Ajax）：特洛伊战争中的希腊英雄。——译者注

被认为来自希腊词etalos或拉丁词vitulus，它们的意思都是"年轻的畜兽"，罗马（Roma）起源于Rumia，意为"反刍动物之城"。罗马晚期的肉宴以特洛伊猪（整只上桌并用香肠和几十只烤鸣禽填满）和巨大的银质平底盘中的鸟舌头为典型。肥胖的动物是被欣羡的对象：瓦罗（Varro）的《关于乡间生活》，著于公元前1世纪，描写了一只阿卡狄亚的猪，胖得动都动不了。结果"一只老鼠和她的小家伙们在它的背上住了下来，它们舒服地安顿在肥肉堆上，把粗心'宿主'当作食物赖以生存"。至于是这只猪没有注意到这个寄生家庭还是它对此完全无能为力，书中未作交代。

更南和更东一些的地方禁食猪肉，羊和骆驼就成为中东和其他伊斯兰国家的宴会食品。阿拉伯好客的名声根植于一些具体实例，年轻的前伊斯兰贝多因诗人哈蒂姆·阿塔耶（Hatim al-Ta'i）据说杀了他父亲整个牧群的几百只骆驼，只为给一个陌生人办个聚会。父亲当然很生气，但是他的儿子指出（恰如其分地）他的行为为父亲增添了不朽的荣誉，并毫不迟疑地强调：如果有任何东西接近神性，那就是供养他人。大多数穆斯林宴会包括尽可能多的肉类，而对羊肉的偏爱则在所有其他肉类之上。这一现象的文化起源是亚伯拉罕用羔羊代替他的儿子献祭。哈芝节、牺牲节和古尔邦节①都是穆斯林的祭祀节日，并且仍是许多人一年中唯一有机会大块吃肉的时候——毕竟，你不能杀死少于一整只羊。但是，当没有宴会的时候，中东人吃肉很节制。17世纪的两位作家就说过，在炎热的气候下，人们并不想大量吃肉。恰科莫·凯瑟特维斯彻（Giacomo Castelvestro）给他的英国赞助人解释意大利夏季饮食时写道："在这最炎热的季节中，与肉类相比，我们食用多得多的水果和蔬菜，而在极端的炎热中，肉类看上去实在令人

---

① 这三个名称似乎是不同地方对宰牲节的不同称呼，时间均在回历每年12月10日，习俗也都是宰杀牛羊以及向圣城麦加朝觐。——译者注

作呕。"约翰·夏尔丹先生（法国人）在中东待了很多年，但他仍然坚信凉爽的欧洲气候适合大量吃肉，炎热的天气则不然："印度人认为酗酒和大量食肉毫无意义，它们很快就会被消耗掉，正因为如此，英国人在那儿才待不长久，暴食牛肉、白兰地、糖和椰枣，在很短的时间内就将他们摧垮了。很多欧洲人因食用种类繁多的肉而丧命，或者变得萎靡不振。"

这两位作者都来自气候温和的地区，在那里，肉类起到了特别重要的作用。南方文明认为凯尔特人和其他北部民族有着粗糙的食欲："野蛮人只在你可以吃掉一座山时才把你看成一个人。"阿里斯托芬（Aristophanes）如是说。换句话说，英雄般地大块大块地吃肉、大碗大碗地喝着浓烈的淡色啤酒，不仅代表吃得很开心，也是一个人证明他的优越和刚毅所必需的。如果吃得多是好，那么吃得太多就更好。在冰岛的一个传说中，罗吉（Logi）①吞噬了一大盘肉，加上所有的骨头，最后，为了挑战自我，连那只巨大的盘子也吃了。法兰克国王查理曼认为一名"孔武有力的士兵"应当是这样一个男人：他会剔掉骨头上的肉，然后把骨头折断，吸食里面的骨髓。

因此肉等于力量和健壮。但它还有更深刻的含义。"肉"这个词在中世纪可以与"食物"一词相互替换②。那时吃肉与基督教习俗结合在一起，因此肉类日（a meat day）也叫做肥肉日（a fat day）及宴会日。相反，斋戒日是瘦肉日（a lean day）、无肉日（non-meat day）。肉、脂肪、宴会，它们意味着富裕、充足、美味、愿望、欢乐，

---

① 冰岛神话中掌管风的神祇佛恩尤特（Fornjot）的三个儿子之一，掌管火。——译者注
② 因此，当提到人们吃肉，可能仅仅是指进食。这种用法持续到中世纪之后：坎特伯雷大主教在2003年的登基典礼上引用了17世纪诗人乔治·赫波特（George Herbert）的诗句——爱说："你必定会坐下，然后尝尝我的食物（meat）。"证明当时这一词义尚未改变。而且直到最近，牛肉在苏格兰仍然指的是肉类。年纪大些的人仍然会说："给我些鹿牛肉（venison beef，即鹿肉）。"

但同时还有颓废。一切都是相关联的，不只因为上帝是这样规定的，也因为人们确实非常渴望肉和脂肪（可能还有颓废）——饥荒和斋戒的食物"香草和鱼"，与"人渣和寄生虫"一起受到嘲笑。在那个时期的诗歌和绘画里非常流行的虚构的安乐乡中，充斥着永不停息的肉的、奶油的、甜滋滋的美味食物供应（叫做牛奶肉和甜点），并只因艺术作品所属国家的食物变化而变化。一种说法是安乐乡用肥肉来诱惑人，它们装满了山羊拉着的一百辆货车；另一种说法则是盖满乳酪的意大利面食堆成了一座座小山。在食物清单上——尤其是中世纪宴会的，当然也包括晚些时候的宴会的——肉和家禽占很大比重（第三章的例子可以很好地说明这一点），用于烹调它们的香料也同样重要。而所有其他选择则倾向于被精简成几行。这并不是巧合。蔬菜几乎没有被提及，直到它们出现在 16 世纪的意大利书籍中。在北欧，斋戒日是一种特殊的考验，因为肉、猪油和奶制品被鱼和植物油所替代，这通常意味着使用风干、腌制，甚至有时腐臭的产品——"油棕色"的形容让我们沮丧地看到了当时人们经常遭受的油的品质。[1]即使宗教改革运动将许多欧洲新教徒从斋戒的责难中解放了出来（这样就可以如荷兰人那样，怀着感激的心情用融化的黄油来代替植物油浇在沙拉上），很多人仍然对肥油充满渴望，因为清规戒律，或很单纯地因为贫穷。勒·热内（Le Jeune）在 1634 年的作品中引用了法国农夫的一句话："如果我是国王，除了肥油我什么都不喝。"不要啤酒，不要葡萄酒，只要肥油。

　　除了油这个要素，还有将哺乳动物的肉和禽肉区别对待的现象存在。一方面，为了基督教斋戒的目的，家禽有时被认为"不是肉"。

---

① 勃鲁盖尔（Bruegel）家族的画作展示了一些因缺乏维他命 D 而得了软骨病进而身体变形的跛子。维他命 D 在脂肪和油中存在，但是当它们腐坏时，这一成分也会变质。因此棕油遭到唾弃是很正确的。

这一区分看来已融入了西方文化，至今，鸟，无论是家养的还是野生的，都是由"鱼贩、家禽和野味经销商"，而不是屠夫出售。我总是对那些决定不吃肉，却觉得家禽在某种程度上属于不同种类因此可以接受的人感兴趣。或许因为家禽被认为不那么"高贵"，或许单纯地因为它们苍白的颜色，让它们可以作为红肉的代替品时不时地流行一阵。在贵族花费大量时间打猎的年代，红肉是人们的"宠儿"：越多、越大、越肥，越令人愉快。西班牙征服者到达南美时，受到了盛大的款待，但他们的记述中充满了由于缺少"恰当的"肉而产生的蔑视；对西班牙人而言，羊肉和野味代替中世纪的牛肉成为宴会肉类，而他们的东道主却只提供了数量庞大的家禽。可一旦这些勇武猎人的后裔离开了森林（无论如何许多森林已经被过度消耗，因此只有很少的野味可以捕猎），对市民政治或艺术及科学的兴趣多过与国王打猎时的狂奔，某些人便开始认为结实的红肉是野蛮的食物。对文化气息浓郁的文艺复兴思想而言，家禽的白肉更加文明，更适合修身养性。15 世纪有一种观点认为食物离土地越远，味道就越好。因此就肉类来说，禽肉是最好的。在乡下，饲养着一群群的鹅，这样在圣马丁节①的宴会上，就可以将它们金黄的肥肉烤得嗞嗞作响。"群鸟菜单"（包括画眉、乌鸫、夜莺、麻雀、白颊鸟、金翅雀、鹌鹑、圃鹀、山鹬、沙锥鸟，都在油中温和地烹调，是跟今天的烤鸭腿一样的美味佳肴）当时在法国非常流行。而在意大利，美味的野禽被认为是终极的美食款待。②

---

① 圣马丁节在每年的 11 月 11 日。马丁在当兵时拯救穷苦人的生命，公元 371 年出任基督教主教，去世后成为传说中的圣人和保护者。为了纪念这位主教，"圣马丁节"晚上各城市都会举行灯火游行。举灯是象征他的善行的光明和温暖，并发扬光大。按照意大利的习俗，如果你在圣马丁这一天不吃鹅的话，那么你肯定不会发财，因此节日晚餐必然是传统的烤鹅。——译者注

② 更晚些，在 1825 年出版的《味觉生理学》中，勃利亚·萨瓦兰（Brillat-Savarin）给予野禽很高的评价，但这是因为将它们悬挂起来而获得的不同寻常的额外风味。事实上，是他使得法语词 faisandage 用来表达"挂起来的肉"。

不列颠人同样享用着各种鸟类和小型野兽，并将它们纳入宴会菜单中。除了正式的宴会外，这个青草种植者的国家保持着对羊肉、野味以及最重要的牛肉——到英格兰去的游客总是对它的完美品质给予积极评价——的执着。从 17 世纪之前开始，这种产品迎来了它的重要转折点：谷类作物得到改良，而其中的芸薹使得牲畜过冬变得容易，也使得它们更适合摆上餐桌。这使公园中鹿的数量减少了——被精心饲养的牲畜出产油脂和奶，因此更受欢迎。到了 18 世纪，英国比其他任何国家都有更多的驯养动物，"旧英格兰的烤牛肉"成为了一种特产。与古希腊人一样，英国人更喜欢简单烹制的肉类，因为它们的品质相当好，所以除了做熟外几乎不需要加入任何东西来改进风味。理查德·华纳牧师 1791 年写道："在这样的气候中，几乎没有真正需要厨师做出努力的地方。本世纪农业上的巨大进步，使我们能够在任何季节养肥牲畜，并且由于气候温和，我们也能保存肉类，直到它们嫩到肠胃能够接受的程度，而不需要那些粗陋的厨房小技巧的帮助……这是溺爱好肉的艺术。"

这种气候催生了"崇高的牛排会"，它是几个牛排俱乐部中最广为人知的一个。协会的格言是"牛肉和自由"——非常 18 世纪的提法。它成立于 1735 年，二十四个"快活的老英格兰牛排爱好者"在修道院花园广场著名丑角亨利·里奇（Henry Rich）的房间中聚会，享用加工好的厚牛肉片。协会的最后一任秘书长沃尔特·阿诺德（Walter Arnold）在 1871 年写下了它的历史，并描述了协会在因火灾而不得不改变会议地点后，如何在学院剧场（Lyceum Theatre）的一个套房中安顿下来。而从修道院花园的大火中拯救出来的最初使用的烤肉架成了天花板上的装饰物。5 点整，晚餐宣告开始，烤架搭成的巨大栅栏门打开，将餐厅与厨房连通。在烤架的上方写着一句话：

如果它在做熟前被吃光，那么很好，它被很快解决掉了。

这就是崇高协会居住和吃牛排的地方。配菜很简单（烤土豆、生的或炸的西班牙洋葱、甜菜根和葱末），因为牛排是唯一真正重要的东西。"牛排！这才是食物——热气腾腾地上桌，厨师越过烤架递给侍者——你能听见它们的嗞嗞声——你能看见白衣厨师用钳子翻动它们——温热的白蜡盘子在你面前……结束时，如果你想要一份额外的刺激引诱你再吃塞得满满的一口，那么你可以帮忙消灭最后的'葱香牛排'，并加入到对仅剩的最后一口的争夺中。"

用后臀尖做成的牛排（据说潜藏着特定的"五元素"）每块约重五百克（整整一磅），传说第十一代诺福克公爵一顿饭吃了十一块；对协会成员来说，一个人一晚上吃三四块并不奇怪。诗人詹姆斯·霍格（James Hogg）描述了1833年协会的客人艾崔克·谢菲尔德（Ettrick Shepherd）的一餐：

> ……多么美妙的牛排啊！我们在苏格兰享用时，它们并没有一次全部出现——没有，甚至用了六次都不止——而是有很大间隔，厚厚的、嫩嫩的，像火一样热热的。在这些间隔中人们坐着，喝着波尔多葡萄酒，机灵地相互恶作剧。因此每次新牛排呈上来，我们都怀着最初的热情开始吃它们。这一餐，我想，可能持续了两三个小时，并且是一场纯粹的款待——没有掺水的宴会……哦，一个快乐的俱乐部！

如同这些连续出现的牛排确实令人兴奋，一只烤牛会激起人们更大的热情。烧烤整只动物的尸体会激发原始的兴奋，不仅仅因为有大量的肉，我猜测，还因为这需要控制一大堆火。近两百年后，人们仍在讨论 1812 年当泰晤士河结冰之后，在河上烤全牛的事情。而在婚礼和大型庆祝活动上，叉烤仍然是很常见的景象，尽管现在通常烧烤较小的动物。16 世纪匈牙利的乔治·朗（George Lang）精彩地描述了填充整只牛并在一堆柴火上叉烤的过程。牛被保留了头部，牛角和蹄子也留着；这些部位用湿布盖着，保护它们不接触到火，牛蹄被折起并卡在肩胛上。填充物由下面这些东西组成：一只嵌入腌肉的鹌鹑被放在一只公鸡体内，公鸡被塞在羊羔的胃里，"而羊羔则舒服地依偎在小牛的身体里。很好——让她那样待着吧！现在小牛将公牛的胃填满了。可怜的公牛从未想过有一天他会像这样怀了孕"。这听起来像一套俄罗斯套娃。点燃篝火，备好长勺，给公牛涂上猪油和"沸腾的盐"（这大概是指盐水，可以让它的皮香脆美味）。这只动物被烹调了四小时才被宣布已经熟了。[1]不知以何种方式——当然能知道的话将是很

《在火上烧烤一只牛》。19 世纪版画。厨师正用盐水或果汁涂抹肉块，并需要两个人来转动烤肉叉

---

[1] 这段说明的记述者很显然不是一个有实践经验的厨师。由于烤过整只的羊、鹿和野猪，我可以肯定四小时远远不够烤熟整只公牛，就更不用说之前还用四种其他野兽填满它的身体了。尽管这只牛可能比现代品种小一些，十八小时应该是个比较接近的数字，而火则需要长时间的管理。

神奇的——他们设法将牛整个从火上弄到了桌子上，保持着坐姿，几百只黑柄叉子戳在上面，"让它看起来像史前的刚毛野兽"。

更晚些，亚力克西斯·索亚记述了1850年1 050名英格兰皇家农业协会成员在埃克塞特（Exeter）举行周年纪念会议时，他第一次尝试用天然气为宴会烤全牛的情形。事实上，索亚只烹调了紧腰肉和鞍脊肉（也就是说，没有前身肉）而不是一整只牛。但是，这些东西已经重达240公斤（535磅）。索亚只获准在埃克塞特城堡花园烧烤这些肉，因为持怀疑态度者预言会引起一场"混乱的大火灾"。但是，

> 出乎所有人的意料，几块没有抹灰的砖和几片铁，就搭成了一个6英尺6英寸长、3英尺3英寸宽的临时棚子，里面唯一的设备，有216个非常小的喷嘴，天然气则通过直径半英寸的管子喷出。很难保证这样一个浑身接口的怪物能够正确地运转；但是，当人们看着它吱吱作响并冒出蒸汽，疑虑很快消失了；八小时的烧烤后，牛彻底做好了，烧了不到五先令的天然气。

等机器冷却下来，八个男人抬着它穿过埃克塞特的街道，一个乐队在旁边演奏着《旧英格兰的烤牛肉》，跟着是《前一天的无数怀疑》。索亚设计了一个"宏大的凯旋门"，17英尺高，装饰着天鹅、鹅、鸭子、家禽和猪，与公牛的、小牛的、公羊的和牡鹿的头一起展示，还有两只完整的、连皮毛都完好无缺的羊羔，以及大量的玉米捆、水果和蔬菜，包括了所有日常食品，从芦笋到海甘蓝，还有（维多利亚女王时代玻璃暖房的证据）"松果、圆佛手柑、樱桃、葡萄，各种瓜、桃子、杏、青梅……所有都是土产。另外有用鲜花装饰着的高档水壶，装满了凝结的奶油，在一大片牛肉上面，放着一只黑猪头，在被砍下来时重达八磅"。令人难过的是，没有关于这一可怕景象的图片。那1 050

INGREDIENTS OF THE FEAST: MEAT

《为市长大人的宴会切割牛紧腰肉》。《伦敦新闻》插图，1847年11月："11月的盛况将是城市统治者最后一次举办此类活动，时间的价值及商业和人口的增长，都使类似的宴会变得不再可行。"

名农民吃掉了索亚的"牛紧腰肉大宪章"和其他528盘丰盛的荤菜、198盘热土豆、198盘沙拉、264盘水果馅饼和33盘大概用壶里凝结的奶油来搭配的埃克塞特布丁（一种由柠檬、鸡蛋、朗姆酒、奶油、松糕、果酒饼干、西米和板油组成的肥美的混合食品）。

　　索亚的记述是那一时期的典型。农民们对大量肉食的明显嗜好，让我们想起了查尔斯·狄更斯的经典描述，尤其是在《匹克威克外传》中。并且，如狄更斯的许多作品一样，索亚革新性的烹饪方法突出了田园风味和工业化之间的对比。仅仅35年前，12名铁匠为庆祝不列颠在半岛战争①中的胜利，在以木头为燃料的铸造火上，烹制了同样

---

① 半岛战争：拿破仑战争期间，法国于1807—1814年侵略伊比利亚半岛国家西班牙和葡萄牙的战争。西班牙人称之为"独立战争"。1808年8月英国远征军加入战争，对迫使法军撤回国内起到了相当重要的作用。——译者注

　　　　　　　　查理曼大帝的桌布

大小的烤牛肉。而 1850 年，索亚正对他灵巧的天然气喷嘴狂热不已。

农业进步以维多利亚时代对进口新物种的热情为补充。[1]在以"新野味"为题的一节中，毕顿（Beeton）夫人提出了这样的问题：既然小鹿对英格兰鹿园而言是一种"适应环境的"物种，为什么不能尝试其他物种？然后她描述了一些"英勇的贵族"如何将一小群非洲大羚羊[2]引入他们的公园。1859 年豪克斯通（Hawkestone）公园的子爵山上有一只大羚羊被杀死了。"因此这高贵的野兽被记录了下来：它在死亡时重 1 176 磅；像短角牛一样巨大，但骨头还不到其一半；它活着的时候像鹿一样好动，每一步都很庄严，体形完美、颜色鲜艳，喉部有巨大的肉垂，并且有结实的有刻纹的角。"尸体"带有肥肉，像真正的短角牛一样柔顺；论质地、论滋味，它都无比出众……肥肉结实且是白色的……人们用它进行了各种尝试——炖胸肉、烧排骨、烤肉片、煎里脊、煮臀肉等等。总之，事实证明，超值的新肉类加入到了英格兰公园的产物中"。

接下来的一百年里，农民们被鼓励喂养更大更肥的牲畜，用以养活数量飞涨的人口，生活的富足使人们对肉类的需求比之前还要旺盛。由于谷类看来比牧草能更快地将牛养肥，农业对此做出了回应，直到 20 世纪 60 年代，营养学家才认识到已显现出来的严重健康问题。在对付最近已经有所改变的脂肪结构方面，人类的身体进化得不够快，因此，尽管三十年前就被告知动物油是有害的，人类的心灵仍然拒绝终结与动物油之间的风流韵事。客观地说，一些脂肪对于身体和大脑的发育仍然是必需的。用谷物喂养牲畜会高速地传递能量，它代

---

① 见第十八章结尾处的菜单。

② 毕顿夫人与其他人一样犯了个错误，认为非洲大羚羊和其他羚羊都是鹿的一种。羚羊事实上是牛科的，像家里养的牛一样。因此美味的英格兰牧场中出现一只和短角牛一样肥的非洲大羚羊的尸体，并不让人感到惊讶。

替了对不饱和脂肪的均衡吸收，使脂肪变得有害。牧草要容易消化得多（因此反刍动物有一个多胃系统），并且传递营养更慢，能使脂肪的有益比例显现出来。未改良的和野生的动物仍然具有最佳的脂肪比例，而只用牧草喂养的牲畜会回到与其野生祖先相近的水平上。因此快活的老英格兰牛排爱好者——"烤牛肉"——可能会继续享受陆地上的脂肪。

第九章

逆境中的宴会：超越平凡

如果生活除了柠檬什么都没给你，那就做柠檬汁吧。
                                                          ——犹太谚语

　　正常情况下，"宴会"一词总会让人想起大量的、过分奢侈的食物和拥挤的人群。但是有时，无关紧要的一餐仍然会出现在与宴会相关的上下文中。在为本书搜集资料时，我问了许多人，哪次宴会是他们最难忘的，令我吃惊的是，很多人回忆起了他们遭遇某种困难时的情形，这无疑使一场朴素的宴会其乐无穷、身价倍增。在我看来，这些朴实的，有时是孤独的、并不愉快的个人经历才让我们正确地认识了宴会。

　　饥饿刺激食欲，并帮助我们品味食物。文学作品中充满了对处在饥饿中的人的那种急迫的描写，有时他们很敏锐，有时，如弗吉尼亚·伍尔芙（Virginia Woolf）形容的，他们展示了"在饥饿时，食欲是不加选择地贪婪，太妃糖、牛肉、果味馅饼、醋、香槟，所有东西都一口吞下"。某些极端情况，如"二战"时期的集中营唤起了人对生存的专注，以至于除了食物，他们很少思考、谈论或梦想其他任何事情。但除了饥饿本身还有一些附加条件，一些特别的额外品质，它使某些时刻凌驾于其他时刻之上。对囚禁在奥斯威辛的意大利作家普里默·利瓦伊（Primo Levi）来说，关键事件发生在1945年集中营被德国人放弃后。那时他和几个朋友一起搜寻了空荡荡的建筑，找到了一些土豆和一个炉子，并把它们带回了小屋。当他们成功地将炉子点燃时，和他们一起的某个囚犯突然以感激的心情不动声色地提供了一些珍贵的面包片，因为在此之前，大家一直在照顾他。这看起来简单的分享食物的行为，利瓦伊称之为"我们之间的第一个人类动作"，它标志着从这个重要时刻开始，人们从纯粹的利己回归到人性和对未来的希望中。

饥饿时，人们的身体渴望着它们所缺乏的营养。这在斯考特船长的南极探险中尤为明显。团队的日志中出现了经常性、不规律的对配给的关注。他们在梦境中享用着碳水化合物："夜复一夜，"阿普斯利·切利·加拉特（Apsley Cherry-Garrard）回忆道，"我在哈特菲尔德（Hatfield）车站一个岛式月台的小摊上买大圆面包和巧克力，但我总是会在一大口吃的碰到嘴唇前醒来；那些梦里没这么兴奋的同伴要幸运得多，他们吃到了虚幻的一餐。"在荒芜的冰天雪地中，天堂就是白糖满地："我想要桃子和果汁——非常非常想。我们在小屋中吃了些，比想象中的更甜、更美味。我们已经过了一个月没有糖的日子了。是的，尤其是果汁。"而1911年的圣诞晚餐："……我们享用了极好的一餐盛宴……有小马肉和饼干渣制成的油水很足的杂烩；水、可可、糖、饼干、葡萄干制成的巧克力杂烩，因为加了一满勺竹芋粉而变浓了些（这是想象得到的最令人满意的东西了）。然后每人有2.5平方英寸的葡萄干布丁，一大杯可可，大家都一口就吞下了。除此之外，我们每人还有四块卡拉梅尔糖和四方块裹着糖的生姜。"

与此类似的是20世纪的另一端[1]，麦克·斯特劳德（Mike Stroud）描述了他和拉诺夫·费因斯[2]爵士去往北极的艰苦跋涉之旅。他们低估了所需食物的数量，因此到了最后，他们只能以一半的配给继续前

---

[1] 指20世纪末，相对于处于20世纪初的1911年而言。由于前面的故事发生在南极，而后面的故事发生在北极，此处有一语双关之意。——译者注

[2] 拉诺夫·费因斯（Ranulph Fiennes）：全球首位徒步环游世界的探险家，被《吉尼斯世界纪录》评为在世的最伟大的探险家，曾无数次地打破探险纪录。他的同伴麦克·斯特劳德著有《挑战极限》一书。——译者注

行，与出发前的预期相比，他们都瘦了更多。他们变得越渴望，食物在日志中出现的次数就越多，成为一种幻想中的满足。事实上，费因斯回到家后，开始写在想象中吃到的东西的菜单，这场宴会不断地增加，几十道菜在他的日记中占据了一页又一页。不幸的是，事实的结果总是令人极度失望——一旦身体不再习惯脂肪和糖，曾经令人渴望的幻想只会让人感到恶心。

特定的环境会使普通食物变得无比美味。想想被禁止的食物那令人兴奋的味道——孩子为秘密午夜宴会藏起来的压扁了的香肠卷和变黑的药蜀葵。想想食欲是如何化腐朽为神奇的——我永远也忘不了当一个男人谈起他最记忆犹新的宴会时，脸上那种陶醉的表情，他描述了独自徒步爬山时吃掉最后一片面包的情形。如费因斯和斯特劳德一样，他也低估了应当携带的食物数量，最后一天，只剩下了一片薄薄的、发霉的、有一股怪味的却硬得只能慢慢咀嚼的香菜籽面包，但是从香菜籽中间歇性地爆发出来的味道，肯定是刻骨铭心的，让他怀着富有感染力的愉悦记住了它。

有时情况相反，适当的环境可以帮助人们重拾失去的食欲，然后食物会引发一场饕餮。这发生在我的一位住了七周医院的朋友提姆身上，他发现癌症治疗使他吃不下任何东西。一天，他从他的消毒病房打电话给我，说可以离开医院几小时并想来拜访我。在他到达时，他看起来很高兴能又一次待在正常和熟悉的环境中，并自己坐在了厨房的桌子旁。让我吃惊的是他问的第一个问题是他是否可以喝些啤酒，跟着他卷了支烟来下酒。两个小时很快过去了。我为他妻子榨了一些新鲜橙汁，那种香味使得提姆问我他能不能也来一杯果汁，接着又一杯；然后是一碗汤，接着又一碗。我们欣喜地看着这场目中无人的个人宴会，不敢打断这可能标志着复原开始的脆弱时刻。第二天他吃了八包薯片。

匈牙利作家乔治·朗也记得一些因如释重负而增强的味道："我曾经历过的最甜美的……味道也许我仍然能回忆起来。"小时候，父母因为疏忽把他留在幼儿园好几个小时，他断定自己被抛弃了。最后他的父亲终于来了，并在回家的路上给儿子买了姜饼人和蜂蜜面包——这显然是有效的款待，朗对面包香甜味道的记忆超过了怨恨。

意外的善意也可以将平淡的食物提高到宴会的水平，并让人留下难以磨灭的印象。在《生活如我们所知》（20世纪30年代对职业女性的缅怀，主要讨论19世纪的情况）一书中，布伦斯（Burrows）夫人回忆起，一个格外寒冷的冬天，在林肯郡的沼泽地中，八岁的她刚离开学校，和一群小孩们一起每天在野外工作十四个小时，"……后面跟着位老人，手拿一支鞭子，他从来不忘用它"。他们被冻僵了，准备在树篱旁坐下吃些冷饭、喝口冷茶……

> ……我们看到谢菲尔德（Shepherd）的妻子向我们走过来，她说："带这些孩子到我屋里去，让他们在那儿吃晚餐。"于是我们走进了那个很小的两室村舍。当我们进入到最大的房间时，几乎没有地方让我们所有人都站下，于是她把桌子和不多的几把椅子拿到外面的院子里，我们就在地板上围成一个圆圈坐下。接着她在我们中间放了非常巨大的一盘煮土豆，吩咐我们自己拿。真的，尽管在那之后我参加了无数大型的聚会和宴会，但对我而言，任何一次都不及那一餐的一半好……她是我所认识的最普通的女人之一，事实上，她会被世人称作丑陋。

但布伦斯夫人判断，她肯定是一位伪装过的天使。

对劳伦斯·斯特恩（Laurence Sterne）来说，热情地欢迎也使简单的饮食格外美味。著于1744年的《伤感的旅行》，很可能是以作者在法国的亲身经历为基础。在书中，讲述者的马在石子路上掉了两个马掌，因此他走进一间农舍，找到了农夫一家人——一位长者和他的妻子儿女们：

> 这是一个快活的家族。他们坐在一起喝着扁豆汤；一条巨大的全麦面包棍放在桌子中央；在面包的两端各有一壶葡萄酒，就餐的场景预示着欢乐——这是爱的宴会。
>
> 老人起来见我，礼貌而诚恳地让我坐在桌旁……因此我立刻像家庭中的儿子一样坐下，并让自己以最快的速度进入角色。我立即借了老人的刀子，拿起面包给我自己切了中间的一块。当我这么做的时候，我在每个人的眼中看到的，不仅仅是真诚地欢迎，在欢迎中还夹杂着感激，对此我毫不怀疑。
>
> 我确信如此；否则的话，请告诉我，还有其他什么可以让这一口那么甜——我应归功于何种魔法，让我灌下的那壶酒如此香醇，并在口中回味至今。

很明显人类分享的行为以及其中包含的快乐感受对我们而言很重要，尤其是当它发生在陌生人身上时。

那些有幸经历过亲密家庭的人一定能够领会查尔斯·狄更斯在《圣诞颂歌》中对克拉特基特（Cratchit）家族简朴的圣诞晚餐的经典描写。在那种环境下这样的晚餐已经是所能做到最好的了，对此满怀爱意的理解比款待本身更重要，对晚餐的感激通过无休止地称赞表达了出来。在克拉特基特们赞不绝口地吃下一只小小的鹅之后，布丁端了进来，闻起来有一股淡淡的洗衣粉味道，因为它是在铜煮衣锅中烹制而成的。但那是一个很好的布丁。"鲍勃·克拉特基特也泰然地说这是自从他们结婚以来，克拉特基特夫人的最大成就。克拉特基特夫人却说，既然她心里的一块石头落下来了，她要坦白说出来，她曾经担心，布丁里面粉的分量是否合适。每一个人对这点都有点意见，但是却没有一个人说或者认为这根本是个小布丁，不够一个大家庭食用。谁要是这样说或者想，就是对家族的背叛。这一点，任何一位克拉特基特即使暗示一下都会难为情。"有一点令人惊讶，埃比尼泽·斯科鲁基（Ebenezer Scrooge）的吝啬之心终于融化了。

尽管非常贫穷，许多家庭还是努力假装阔气，即使那意味着他们所吃的是虚假的一餐。乔治·朗写到了一位叫做亚美利哥·陶特（Amerigo Tot）的匈牙利雕刻家，有时他的整个家族会坐在院子里的一棵大树下，让邻居们可以很清楚地看到他们。但是邻居们看不见的是，事实上他们没有将任何东西从汤锅中舀到汤盘里。如此表演是因为这样就没人会知道他们其实正处在饥饿中了。犹太作家克劳迪亚·罗敦（Claudia Roden）以相似的心情写道：她的祖父母虚张声势地在门阶上磨快刀子，即使没有需要用刀子切割的烤肉；家庭宴会只存在于邻居的想象中而已。

即将到来的贫穷也会引发奢侈的行为，尽管这可能很没有远见。当形势明显即将跌到谷底时，人们通常会立即享受最后一次疯狂，对正等着压垮他们的更高权力象征性地挥动拳头。伊莎贝尔·拉瑟福德（Isabel Rutherford）给我讲述了当她的世界开始崩溃时她举办的一场宴会。不知不觉中，她成为劳埃德的"名字"①，结果面临终身破产，

① 伦敦劳埃德（Lloyd's of London）是保险业的先驱，它的约三万四千位私人投资者被称作"名字"（Names）。在20世纪80—90年代，几次大的自然灾害和工业污染领域著名的"石棉沉滞症"集体诉讼案件的巨额赔偿使劳埃德陷入了资金危机，并导致大量"名字"破产。他们中的许多人声称，劳埃德隐瞒了已经浮出水面的"石棉案"的潜在危机，以欺骗的方式让他们成为"名字"。最后，甚至劳埃德自身也面临着破产危机。2000年，劳埃德终于通过重组和转让的方式度过了破产危机。——译者注

失去她的家庭、丈夫（他逃跑了）和其他一切，只剩下她的孩子和87英镑。意识到事情已经糟糕到了极点，她用那87英镑买了香槟，然后让她的朋友们做好准备，并给了他们一张标明集合地点的地图。那是在切维厄特山（Cheviot Hills）高处小河边一个偏僻但美丽的牧场：羊儿们优雅地咀嚼着牧草，摇晃的乒乓球台被草草地油漆过，大理石似的；一对银托盘烛台被摆了出来，溪水的叮咚声仿佛音乐一般。新鲜捕获的鲑鱼、一两只雉鸡以及满山的水果，在黄昏中，与餐具、盘子、杯子和仍在谈论这不同寻常的宴会的盛装的客人们一起，变得很真实。尽管花费了她很多年的光阴，伊莎贝尔不服输的个性还是帮助她逃脱了厄运。

那些衣食无忧的人，知道其他人不能享受他们奢侈的宴会，有时也会感到不舒服，有时则会于心不安。奥匈帝国的最后一位统治者卡尔（Karl），在1916年加冕为匈牙利国王时，体贴地为"一战"造成的贫乏做出了补偿。出于很正确的原因，他的加冕盛宴并没有像预期那样让美食在他尊贵的来宾口中留下令人回味的余韵。尽管新国王并不知道，几年之内，他的整个帝国都将不复存在，但在欧洲几个世纪真正奢侈的饮宴即将绝迹的时候，这是展示皇室高贵姿态的最后机会之一。

再回到这次宴会。经常受到邀请的高贵客人聚集在布达（Buda）装潢精美的城堡，他们列队进入宴会厅。国王和王后到达后，古代中世纪的洗手仪式开始。他们摘下手套，几滴水被小心地倒在他们手上，接着流进仪式盆。他们在精美的毛巾上轻轻将水擦掉，然后坐到贵宾席上。

一大队匈牙利最高等级的贵族为这一餐提供服务。他们总共带来了十九道菜，每一道都盛在一只华丽的金盘子中。宴会从"敬意烤肉"开始，然后是羽毛完整的雉鸡（都是中世纪宴会的残余）、鹅肝肉饼配松茸、王后鸡、各种禽肉混合的沙拉、鹿肉饼配松茸、火腿、果子冻鹌鹑、野味填烤牛腰肉、烤猪肉、叉烤鸭子、"以中世纪方法烧烤"的火鸡、烤小公鸡、红点鲑、托考伊（Tokay）酒①水果冻、各种糕点、小糖果、水果和最后一道"给皇太子的一篮敬意"。皇太子那时只有四岁，这一华丽的糖果篮子是蛋糕师特别制作的，在杏仁蛋白软糖和棉花糖里塞满了皇太子最喜欢的糖果。引人注意的是，烤肉在这个菜单中占据了支配地位，这显示出宴会的高规格。另一个很有趣的现象是，牛肉缺席了，这使这场宴会与不列颠宴会迥然不同。

将这种奢侈写在这一章中看来是不合适的，但这个故事还没有结束。华丽的菜肴队伍中的每一位贵族，在将他的金盘子向国王和王后展示时都要鞠一躬，然后便一个接一个地径直走出宴会厅。没人吃任何东西。至于皇太子是否得到了糖果篮子中的东西，历史没有记载，但我猜没有。因为当这些食物消失在门外时，新国王抬起脚，并在令人几乎晕倒的安静中举起了盛着托考伊葡萄酒的水晶酒杯，并致祝酒词："国家万岁！"一瞬间的沉默后得到了回应："国王万岁！"外面鸣枪致敬，加冕礼宴会结束了。食物一到达厨房，就被转移到了附近的医院，给在战争中负重伤的受难者享用。在那场应当是他一生中最盛大的宴会上，国王把他的食物赠与别人，自己则以斋戒代替，象征着他希望成为负责任的统治者，对他饱受折磨的臣民心怀怜爱之情。

国王服务于臣民的概念并不是全新的（另一个例子在第十一章有所叙述），但我猜想接下来的这个事件很可能培养了卡尔的这种思想。仅仅十四年前，国王爱德华七世的加冕礼因为他得了阑尾炎而被推迟了六周。这个消息在庆典的前一天晚上才宣布，那时白金汉宫厨房的工作人员已经准备好了宴会的很大一部分——因为一些菜肴要花许多

---

① 匈牙利白葡萄酒。——译者注

天来准备。工作人员安静地听完这个消息，可该怎么处理给 250 名高贵客人准备的这些食物呢?

一些东西可以被储存起来：鱼子酱和 2 500 只鹌鹑被放在冰里保存，红葡萄酒和利口酒果子冻被倒进了 250 个正好能用的大容量的香槟酒瓶①中。但仍然有大量不能保存的食物。依照惯例，宫里习惯于将坏掉的或变质的食物送给慈善机构，但是皇家厨师加百利·屈米意识到，下面这些问题更加复杂：

> ……国王加冕礼宴会的六七道菜——很难从所有那些慈善机构中选择一家，只依靠它来公平谨慎地处理食物分配的问题。最后我们将食物放在"穷姐妹"的篮子中，对为什么要施舍没做任何解释，就让她们把食物分发给白教堂 (Whitechapel) 和伦敦东区周围的贫穷家庭。
>
> 我们永远也不会知道人们是否喜欢我们辛苦劳动了两周多制作出来的食物了，这真令人难过……但在 6 月 26 日，这个宴会举行的日子，是白教堂的穷人，而不是其他国家的国王、王子和外交官们，享用了雉鸡丸子汤、苏沃诺夫鹬肋，以及其他许多由皇家厨师和雇员制作的用来装点国王加冕礼的菜肴。

---

① 原文为 magnum，意为夸脱酒瓶，容量大约为 0.4 加仑 (1.5 升)。——译者注

第十章

来自地狱的宴会

> *猪的身上都是宝。让它的名字成为辱骂是何等地忘恩负义！*
>
> *有没有哪个女人，无论她多么美丽，能够比得上……阿尔香肠？这种美味佳肴使猪的身体无价而高贵。*
>
> ——亚历山德拉—巴尔塔扎尔—劳伦·格里莫·德·拉·瑞尼耶
> (*Alexandre-Balthazar-Laurent Grimod de La Reynière*)

这些引文给人一种印象：格里莫·德·拉·瑞尼耶对猪很满意，或至少是对食品商人用猪肉做的美食很满意。这些文字写于1793年法国大革命之后不久，那时格里莫住在一个贫困省，正在参与对他已故父亲的合法财产权利的争夺，这使得他不能享受以往习惯了的高水准晚餐。亚历山德拉—巴尔塔扎尔—劳伦·格里莫·德·拉·瑞尼耶是富可敌国的国王的征税官①的儿子。不幸的是，小格里莫出生时带着变形的双手（一只是带蹼的钳形，另一只像鸟爪子，两只手都需要定做义肢）。为了平息对遗传缺陷的议论，他父母便说儿子是被一只猪弄伤的。这个故事不但缺乏可信度，而且对于让儿子喜爱他们几乎没有任何帮助，从那之后，格里莫将对父母和猪的怨恨隐藏了起来，并持续了许多年。

---

① 国王的征税官是奢侈品税的征收者，并因此而遭人憎恨。格里莫的父亲劳伦对做一个征税者并不感兴趣——无论如何，他已经足够富有了。他是一个不喜欢出风头的人，他更喜欢绘画和安静的生活，讨厌暴风雨——为了躲避暴风雨，他用浸了油的床垫把自己堵在墙角的拱顶下面。但他确实维护了家族美食家的名誉，传言他们一顿饭只吃了七只火鸡的肥肥的鸡背肉。

格里莫·德·拉·瑞尼耶有一个充满变化的古怪人生：从律师开始，他轮换着各种身份，包括孩子般毫无责任心的人、戏剧评论家、美味评判委员会①和若干晚餐俱乐部的建立者，还有《美食家年鉴》和《东道主②手册》的作者。他在法国各地特色美食方面是绝对的专家，这主要是从1786年他被父母驱逐出巴黎到1794年他父亲在恐怖时期的巅峰时刻去世的这段时间，他到各地旅行的结果。年轻时，格里莫因他的革命性观点而声名远播：他会优先邀请蜡烛制造商的儿子而不是军事贵族来吃饭；他喜欢自己买食物，那时这被认为是非常叛逆的行为。自然地，他轻视父母不劳而获的财产（尽管并不反对使用它们），也轻视他母亲的贵族血统，尤其是她无耻的通奸行为。但他的政治观点在大革命期间转变成了右派，因此他总是站在政治樊篱错误的一边，总是嘲笑掌权者，并经常遭到报复。

　　有很多因素影响格里莫的父母放逐他们那令人愤怒的儿子，其中之一便是1783年他为他的新情妇——一个叫做诺佐依（Nozoyl）夫人的兼职演员——举办的宴会（她出现在宴会上时穿得像个男人，并在他们的关系存续期间不断使格里莫家族难堪）。这场晚宴在巴黎引起了轰动，之后有许多对这场宴会的描述被谈论、润色和记载了下来，以至于真相都有一点模糊了——连晚宴的邀请函也令人非常渴望，甚至出现了许多赝品（法国皇太子③坚持说他收藏着一封邀请函，现存放在国家图书馆）。这些邀请函看上去像是参加葬礼宴会的邀请，第一个字母 V 由上有十字架的棺材装饰，侧面由蜡烛包围着。措

---

① 美味评判委员会（Jury Dégustateur）是一个俱乐部（临时成员中包括萨德侯爵），专门评判巴黎各种熟食店和餐厅的优点。他们赢得了声誉，最终又失去了。直到格里莫1813年从巴黎搬到他在乡下的家，评判委员会开会共计465次。

② 东道主（Amphitryon）：提供上等晚餐的人。

③ 皇太子（Dauphin）一词用于1349—1830年间。当时的法国皇太子是路易十七，路易十六为法国国王。但此处所指可能并非同一人。——译者注

《美食图书馆》和《美食的观众》。出自《美食家年鉴》，1803—1812年，古怪的格里莫·德·拉·瑞尼耶著

辞是这样的：

> 您受邀参加 M·亚历山德拉—巴尔塔扎尔—劳伦·格里莫·德·拉·瑞尼耶先生，最高法院的法学家、罗马拱廊学院成员、巴黎博物馆的自由合伙人、纳沙泰尔（Neuchâtel）杂志戏剧版的编辑，举办的小吃晚餐①；晚餐将于 1783 年 2 月的第一天在玛达蕾娜·德·拉·比尔·勒维克（Magdeleine de la Ville-l'Évêque）教区香榭丽舍的府邸举行。

---

① 这指那不是一场完整的晚宴，只是一系列的小菜。尽管如此，它看起来仍是以一道道菜的形式提供的，因此必然做到合理的丰盛。人们只能希望如此，因为这一活动持续了很长时间。

我们将根据您的功绩，尽一切努力款待您，不敢妄言您会完全满意，但我们向您保证，从那天起您将不再想吃油和猪肉。[在手稿中，有人在此加注："M·德·拉·瑞尼耶的祖先是食品商人，在此他想要使他父母的傲慢蒙羞。"]

我们9点半集合以便在10点开始晚餐。

请您务必不要携带狗或男仆，因为餐具将会由"特别服务"(ad hoc service) 提供。①

这封迷人的邀请函被寄给了17位主要客人及300名观众。当客人们到达时，在他们面前的是两名穿着铠甲的卫兵，检查他们的邀请函并问道："您是为了德·拉·瑞尼耶先生，人民的吸血鬼（指征税者父亲）而来，还是为了他的儿子，寡妇和孤儿的卫士而来？"在进行了澄清并卸下了武器、装饰和狗之后，他们遇见了一个打扮得像勇武的谢瓦利埃（Chevalier，一名英勇的中世纪骑士）的人，他将一个昏暗的房间指给他们看，在那里，"法官"在正式文件中记下每位客人的功绩。当所有人都到达后，格里莫穿着他的律师袍出现，把他们带进一个漆黑的房间。在令人不适的一段时间后，两扇门打开了，它们通往一个完全用黑色装饰的房间，365根燃烧的蜡烛照亮了房中的古董。房间的每个角落都站着一名唱诗班男孩。葬礼的熏香缭绕，在餐桌的中间摆着一副灵柩，由两名戟兵守卫着的栏杆将观众隔开。格里莫的父亲并不在其中，他在被告知会有一场焰火表演后，撤退到了拉·瑞尼耶乡下的家中②，但一些记载说格里莫的母亲和她的情人一起在宴会上露了面；而他的叔叔也出席了宴会，却遭到戟兵无

---

① "Servantes ad hoc"：这个短语指提供给客人的为自己服务的小桌子或手推车。
② 此处大概喻指1770年5月16日焰火表演事故。当时路易十六还是法国皇太子，在他于巴黎举行的婚礼上发生的事故，造成了八百多人死亡。——译者注

礼的对待。

格里莫非常不喜欢等待男仆上菜，因此食物被放在手推车上让客人们自取。确切的菜单并没有被记录下来，因为与主人的行为比起来它们黯然失色。这场宴会的矛头是要让他的父母，尤其是他的父亲，感到深刻的尴尬和羞辱。格里莫编造了个故事，说他的曾祖父是个有进取心的猪肉商，以为军队供货为生（事实不是这样：安托万·格里莫是里昂富有的公证人的儿子）。但为了他想要达到的目的，年轻的格里莫坚称事实就是这样。因此晚餐的第一道菜全部由猪肉组成。第一道菜吃完后，他问客人们对这些肉是否满意，并解释说它们是一位表兄提供的（其实不是），而且如果将来客人们想从他表兄的商店买猪肉，他很乐意效劳。下一道菜中所有东西都是用油烹制的，而提供者——格里莫口中的另一位表兄——也被推荐给客人。这道菜显然是对格里莫的父亲用油来保护自己远离暴风雨的古怪习惯的嘲笑。咖啡和利口酒拿到另外一间屋子里，在那里，客人们欣赏着余兴节目——一名意大利科学家的灯笼表演和电力试验展示。格里莫辱骂着自己的出身，同时对家族中的一些人做了一点粗鲁的评论，栏杆外的观众们得到了一些饮料和点心来容忍这一切。这个表演持续到次日早晨 7 点，许多客人睡着了，另一些在暴怒中想要离开，却发现自己被锁在里面了，他们威胁格里莫说要把他关进疯人院。

宴会上出现猪肉和油的原因已经解释过了，但为什么是葬礼的布置？有人认为这象征着格里莫爱慕的奎纳尔特（Quinault）小姐的死，但更有可能的是已故的菲利斯·鲍伯（Phyllis Bober）的解释：2月1日正是四旬斋前夕，打扮得像骷髅一样是文艺复兴后流行的狂欢节消遣。事实上，菲利斯·鲍伯在描绘这一传统时，回溯到了与此类似的由罗马皇帝图密善（Domitian）举办的令人不舒适的宴会。格里莫受过良好的教育，并怀着对死亡主题的迷恋，对那一历史记载他应该非常熟悉。他的宴会不是第一个也不会是最后一个由早期活动激发出灵感的宴会。类似还有佩特罗尼乌斯①在《讽刺小说》中描述的宴会，这场由同等知名的暴发户赛马奇奥（Trimalchio）举办的宴会只提供了猪肉而不是更流行的鱼类。

图密善皇帝是比较让人不愉快的罗马统治者之一，他喜欢仅仅因为一时兴起而处死人。他的宴会是为了纪念在刚刚结束的战争中死去的人们而举办的庆功宴，它与格里莫的宴会有很明显的相似点：他要求客人们在晚上抵达并且不带仆人；宴会在用黑色装饰的房间中举行；石板被刻成墓碑的形状，放在每位客人旁边，并用坟墓中的那种小灯照亮。浑身涂成黑色的赤裸男孩进入房间，在用餐者面前像鬼魂一样舞蹈，然后食物被端了上来，与葬礼上提供的相同，但全部是黑色的。②恐惧的客人们咀嚼着这些食物，主人则滔滔不绝地谈论着死亡和屠杀的主题，使他们中的多数推断自己会成为下一个牺牲品，这正符合图密善嗜血的名声。每位客人都被一名陌生的奴隶送回家里，在经受了一番折磨之后还来不及松一口气，皇帝的信使就到了。正想着缓刑只是暂时的，他们却如释重负地发现信使只不过是从宴会上带来了礼物——由银子制成的墓碑名牌、在晚餐中使用的由昂贵材料制成的盘子以及一名曾经被漆成黑色的跳舞男孩，现在他已经洗干净并准备好为他的新主人工作了。

文艺复兴时期有一些对黑色宴会和以"死亡舞蹈"为主题的狂欢节游行的记载，它们可能也利用了图密善的地狱般宴会的点子。瓦萨

---

① 佩特罗尼乌斯（Petronius）：尼禄手下的饮食圣人，《登徒子》的作者，独掌皇家的礼部，在历史中口碑向来颇好。后来他在尼禄处失宠，至最后被迫自尽，死前还不忘记砸掉自家的宝物，防止尼禄在其身后盗取。——译者注

② 格里莫宴会的一个版本是，他使用的是女仆，她们的头发被用来给油乎乎的手指当作手帕使用，"以罗马风格"。

《死亡号角之歌》。佛罗伦萨画派，16世纪。狂欢节期间的
化装舞会上经常使用骷髅的形象

里的《艺术家列传》①，在皮埃罗·迪·科西莫②的条目下，提到了一
场化装舞会，"通过它的新鲜和恐怖……让整个城市一起充满了恐惧
和惊奇……即使是苦涩的食物，有时也能给人类的味觉带来绝妙的喜
悦，余兴节目中的恐怖也一样，只要它们在实现时能带着评判和艺
术"。狂欢节的地狱宴会被布置成经典的用黑色装饰的地狱，"魔鬼
们"用火铲呈上食物，不幸的人们尖叫着，制造出舞台外的音响效果。
但食物和葡萄酒是精致的，就算考虑到它们那令人厌恶的外观也是如
此——容器看起来像蟾蜍、蝎子、蜘蛛和蜥蜴，露出由云雀和画眉制
成的美味佳肴。在1519年洛伦佐·斯特罗兹（Lorenzo Strozzi）在巴黎
举办的黑色宴会上，威尼斯大使马连诺·萨努托（Marino Sanuto）记述
了可食用的、形状像头骨、盛着烤雉鸡的餐桌装饰，装着香肠的"骨头"

---

① 《艺术家列传》：作者是吉尔吉奥·瓦萨里（Giorgio Vasari），于1550年初版，1568年再
版。书中对当时艺术家的个人天分与风格有翔实的叙述，该书被认为是此类论述中极重
要的代表作之一。——译者注
② 皮埃罗·迪·科西莫（Piero di Cosimo，1462—1527），意大利画家，属佛罗伦萨画派，
研究神话与宗教题材，在肖像画上也卓有成就。——译者注

　　　　　　　査理曼大帝的桌布

中心装饰品以及与死人骨头形状相似的、由杏仁蛋白软糖制成的甜点。

1813 年，那场声名狼藉的晚餐 30 年后，格里莫·德·拉·瑞尼耶买下了巴黎正南方维利埃叙厄日（Villiers-sur-Orge）的庄园。格里莫那时已经 55 岁，并刚刚成功迎娶了他长期的情妇，一位名叫阿德莱德·法塞阿（Adélaïde Feuchère）的女演员。他解散了美味评判委员会，然后退休了。之后不到一个月，他的朋友就沮丧地收到了他去世的消息和葬礼公告。吊唁者的数量令人欣慰，其中包括许多主厨和文学名人，他们聚集在房子里——在那里棺材被安放在两排火把中间。正当他们讨论着已故的古怪朋友的优点时，里屋的门猛地打开，一场壮观的宴会出现在他们眼前（那时正好是晚餐时间），菜肴摆满铺着黑布的餐桌，中间放着一具棺材。房间被一千支蜡烛点亮，而格里莫本人正坐在那里等待着他的客人。也有说法是，吊唁者走向餐桌，发现他们的位置已经被设定好，一个个小棺材上标记着每位用餐者的名字。这一餐持续到夜里，是一场真正的对友谊的测试。

那么猪呢？关于格里莫古怪行为的记述彼此混淆在一起。在假葬礼宴会上格里莫是否仍然在——通过在窗帘上编织猪肉店的图案，以及餐桌上摆着的象牙把手被刻成猪的形状的餐具——嘲笑他的父母？这些细节无疑能够吸引对戏剧性气氛感兴趣的人，但我们不能确定。可以肯定的是格里莫保持着对猪的迷恋。他在维利埃叙厄日养了很多头猪，他像与人交谈一样和它们说话，他提到它们时也仿佛说到某个人：在他寄给在巴黎的妻子的一封便笺——随信带去一些血肠——中写道："这是昨天被派遣来的那个年轻人的样本，早这样做我就不用再听他尖叫了。"据作家穆斯乐（Monselet）记载，格里莫有一只宠物猪，它有自己的仆人和床垫，还在特别活动中得到了餐桌上的荣誉席位。亚历山德拉—巴尔塔扎尔—劳伦·格里莫·德·拉·瑞尼耶活到了 79 岁，在喝下一杯清水后死去。

第十一章

宴会和斋戒：肥美的星期二[1]

因冲动偶尔吃一次鱼子酱的人比每天都吃 grape-nuts[2] 的人更简朴。

——G·K·切斯特顿（Chesterton）

一本关于宴会的书中包括斋戒的内容看来可能很奇怪，但斋戒仍然在宴会故事中扮演着必不可少而又与之对立的角色。许多文化将斋戒当作一种公平地分配有限资源的方法加以利用。直到最近，每个人都或多或少地认识到人类面对饥荒和疾病时的脆弱，即使国王和贵族也没有免疫力——明白"人生是靠不住的，因此必须充分享受"，庆祝活动增加了。生活在对饥饿的恐惧中的人们，总是在有机会时吞下尽可能多的食物，因此在大多数关于宴会的记载中对数量的强调超越其他一切特征，就不是那么让人吃惊了。

斋戒在宴会中扮演着重要的角色，因为遭遇过相反的情境，任何经历都弥足珍贵。想要怀念团聚必须懂得孤独；想要品味成功必须曾经失败；没有忍受过饥饿和恶劣的食物，永远也不能真正理解宴会的含义。在富裕和安定的社会中，饮食与生存的关系愈发疏远，大部分人从未遭遇过饥饿的对比，因此宗教斋戒很难得到执行。日常饮食作为一种款待出现，放纵受到鼓励，快餐取代了节奏分明的一餐，真正

---

① Mardi gras［法］：又名忏悔星期二，指四旬斋前的最后一天，即圣灰星期三节的前一天，在许多地方人们通过狂欢节、化装舞会和化装游行来庆祝这个节日。——译者注
② Grape-Nuts 是一种谷物早餐的牌子。——译者注

的饥饿不为人知，厌倦感涌了上来。①在食物过量供给的环境下，斋戒是一种抵制堕落价值观的方法，是一种净化。我发现有很多人对在像圣诞节那样的场合中过分放纵的数量感到排斥，而更倾向于用斋戒来代替；同样地，一些富有的中国人在新年期间斋戒，而那是传统的宴会时间。这些让我觉得很有趣。此外，在食物充足的社会中，素食主义也可以被看作是永久的斋戒，抵制为食物而杀生的观点是一个净化的过程。事实上教会曾经将素食主义视为异端，因为基督教教义要求人们在宗教节日吃肉（如果能够的话）。那些拒绝这样做的人被认为是在拒绝上帝的礼物，并将他们自己与同伴们正分享着的那种愉悦隔离开。

整个斋戒期间，身体得到净化，饥饿感最终减少，精神亦得以提高。在大斋期间，可以达到的精神愉悦的状态，如同偏头痛之后的轻松；身体饥饿的同时，精神得到滋养，这产生了反之是否亦然的问题。通过斋戒达到的精神愉悦状态也与性快感相似，并且有时因其他自愿接受的不适而得到强化，例如受到某些狂热的宗教信徒喜爱的刚毛衬衣和自我鞭打。和赎罪一样，慎重的斋戒要求谦恭和自制。有时这是个体的自主决定，有时是社会或宗教强加给人民的。拜伦（Byron）勋爵不加节制（"当我真的在进餐时，我像一个阿拉伯人或一条蟒蛇那样狼吞虎咽"）的狂热斋戒是个很好的例子——一个人尝试着克制，并不总能成功，然后用肉体上的放纵来赎罪："我不应该对长几斤肉那么介意——我的骨头负担得了。但糟糕的是，魔鬼总是跟它一起来，直到我把他饿出去——我不会是任何食欲的奴隶。"但他是。②

---

① 这种现象是罗马帝国晚期的再现，那时的人们为了给厌倦的用餐者留下些印象，不断寻求着更加奇异和荒谬的烹调作品。

② 1980年载于《世界医学》的论文《拜伦厌食吗?》中，威尔玛·帕特森（Wilma Paterson）提出拜伦患有神经性食欲缺乏，这一主张并未被学术界接受，直到十五年后，这篇论文通过为其他人的演讲和论文提供有价值的材料而重新受到关注。

从这一背景出发，为什么在许多宴会之前斋戒就变得再清楚不过了——最显著的回报是反差。斋月期间，一整天的斋戒后，一顿晚餐的滋味就会备受珍惜；当前一年的储备变得令人焦虑地少时，一场丰收宴会也是一样，它被用来庆祝令人担忧的阶段终于结束了。事实上在很多文化中，播种或丰收前的斋戒是在模仿大自然在匮乏和丰富间转变的韵律。18世纪美洲殖民者记述了佛罗里达的土著克里克人（Creek）庆祝"绿色谷物礼"的情况，它标志着新一年的到来。从4月起到8月的收获期之前不许吃任何谷物。一旦谷物成熟，他们就会斋戒三天，并在这期间用冬青中的一种代茶冬青，酿造一种强力黑色泻药。在这"boskita"，或称净化过程后，所有过去的罪恶都获赦免，新的一年在新鲜收获的谷物宴会中重新开始。

在基督教会最伟大的精神宴会复活节之前是四旬斋①（Lent）——基督教历法中最长的斋戒期：四十天，为了纪念耶稣在荒野中度过的时光。这个词来自古英语中的"春天"一词——lencten，因为春天是食物资源的最低潮时期（冬天腌制的肉已经不足，而新鲜的农作物尚未长成）。斋戒被强加于整个社会，凭借这种策略，权力阶层——在此是教会——确保富人和穷人能够分享可用的资源。斋戒曾被认为是一种重要的公共活动，它将整个社会绑在一起。有人指出，尽管在斋戒日富人不能吃太多东西，但仍应制作大量食物，这样穷人就能够从之后的施舍中受益——施舍也是基督徒的一项义务。事实上，15世纪时费拉拉（Ferrara）公爵曾在四旬斋结束时的耶稣受难节②举办了一场慈善晚宴，他和他的儿子们以私人名义为满屋子的当地穷人提供了一

① 四旬斋，又名大斋节，封斋期从圣灰星期三（大斋节的第一天）到复活节的这四十天，为纪念耶稣在荒野禁食，基督徒视之为禁食和为复活节作准备而忏悔的季节。——译者注
② 耶稣受难节，又名濯足星期四，英语为 Maundy Thursday 或 Holy Thursday。是基督教复活节前的星期四，用以纪念耶稣最后的晚餐。——译者注

《boskita：佛罗里达的克里克人在斋戒期的清洗仪式》。西奥多·德·布莱（Theodore de Bry）作，1592年。女人为男人酿造一种在庆祝谷物收获前的净化仪式上喝的黑色泻药

场豪华的宴会。为了模仿最后的晚餐，贵宾席由一位牧师和十二名乞丐组成；宴会之后，公爵全家仪式性地为客人们洗脚①。谦卑的公爵扮演了基督的角色。②

人们很容易忘记基督徒的生活中有多大一部分是斋戒日——在某些时期，它们甚至和宴会日一样多，如周三、周五、周六，四旬斋和基督降临节③期间的全部斋戒日。现在，即使遵守大斋也只是

---

① 依《圣经·若望福音》的记载，在逾越节庆日前，耶稣知道他离开此世归父的时辰已到，因对门徒的至爱而甘愿为他们洗脚，并说："我是你们的主，你们的夫子，尚且洗你们的脚，你们也当彼此洗脚。"给人洗脚，在犹太人眼中是一件极卑贱的事，因此当年犹太法律曾禁止，即使身为奴隶，也不可强迫他们洗主人的脚。耶稣这么做表现了极大的谦卑。——译者注
② 愤世嫉俗者会说，这其实是一种自我吹捧，公众被鼓励为这一奇观做见证，整个活动被设计为对公爵和埃斯特（d'Este）王朝的赞美。
③ 基督降临节（Advent）：从圣诞节前第四个星期日开始的一段时间，许多基督教徒在此期间祈祷、斋戒及忏悔以迎接圣诞节的到来。——译者注

世俗人的个人选择。每个个体不得不自主地做出决定，并通常独自承担约束，这取代了友善地抱怨和对强加于全体的秩序的遵守。对中世纪基督徒而言，斋戒能根据其严格程度划分成无数种类。有时它意味着在一天中的全部或部分时间禁食一切食物，但通常（尽管不绝对）只不过是数量的减少。暴食被视为一种严重的原罪，因为它不可避免地会引起性欲。与节欲相伴的斋戒，意味着切断特定种类的食物供应，这两个概念非常紧密地联系在一起，甚至对世俗人而言，斋戒日（有时指素食或不吃肥肉）仅仅是禁食特定的食物。这些特定的食物总是包括肉、鸡蛋、乳制品，某些时候还有葡萄酒。在斋戒期间，基督徒还应戒除性关系。①执行这些规定时的严格性有所动摇，因最近的风尚及教会对于能成功战胜异教或对手宗教的信心使然。很多时期，部分人能得到赦免，包括孕妇、残疾人、老人、乞丐等。

大量中世纪的思想和论述细致地探讨了是什么组成了"肉"或"非肉"。广为人知的是，许多修道院建在盛产鲑鱼的河边。人们也知道，如同永远不会灭亡的咸鱼一样，用鲑鱼做的食物枯燥乏味，用来替代"非肉"定义的充满想象力的诡计因此层出不穷。各种解释作为替代品大量涌现。黑雁和其他一些水鸟被接受了，因为它们的脚带有劣等的蹼、住在水里并据说在水中生育（似乎未经交配），因此人们认为它们不是肉也不会引起性欲。同样的原因使海狸的尾巴也可以接受。②爱德华·托普塞（Edward Topsell）于1658年写道：

　　……这种野兽的尾巴是世界上最奇怪的，它有着与鱼最接

---

① 这不仅仅是基督徒的做法，克里克人在 boskita 期间也戒除性交。
② 至少这是一种理解，但那是否也可能是一种与戒除（或更多的是允许）性关系相关的编码信息？

近的自然特征，没有毛发，皮肤像鱼鳞、像鳝鱼……它们被认为
是一种美味佳肴，剥皮后吃起来像鲌鱼；它们被罗萨琳（Lotharian）
和萨夫耶（Savoyan）当作鱼日可以食用的肉，虽然它们以尸体为
食，作为食物过于肮脏，可它们的尾巴和前爪却出奇地美味，有
谚语为证：此鱼非鱼，却又如此美味。

与之相似的是，人们辩解说完全长成的兔子胚胎不是肉——也许
子宫中的流动性使它们变成了一种液体生物。无论如何，中世纪一些
法国修道院饲养兔子，就是为了让他们的斋戒日过得有生机一些。①
一些高级教士认为所有家禽都是合法的，因为它们不是四足动物。13世
纪圣托马斯·阿奎那（St Thomas Aquinas）担心暴食会引诱节欲的
善良基督徒，即使是这样，他仍在断言了鸡的水生起源后，宣称斋戒

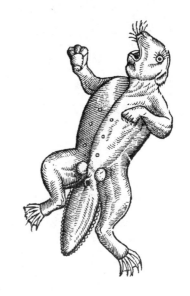

《海狸》。爱德华·托普塞，1658年。托普塞形容了
在斋戒日食用的海狸尾巴的烹饪学特性

---

① 也许他们是从罗马人那里得到的启发，罗马人在 leporaria（古罗马一种圈养兔子的场所）
中饲养野兔，以便得到其胎儿——一种与睡鼠的享用方式类似的美味佳肴。

日可以吃鸡肉。对此，他无疑相当卖力地思考了很久。一次，作为法王路易九世的客人，他全神贯注于自己的理论，无视朝臣们惊愕的表情，吃掉了为皇室餐桌准备的整只七鳃鳗。"Consummatum est。"① 吃完后，他抱歉地说。

斋戒和痛苦——如寒冷、缺觉和皮肤病——的结合，必然意味着许多中世纪僧侣注定不能成为圣徒。如同饥饿的人们迷恋想象中的食物一样，他们将太多的时间花在梦想肉体满足上。在宴会和斋戒之间永恒徘徊的结果是，只要得到允许就会过量饮食——一些本笃会②僧侣在宴会日有十六道菜。这些只能导致消化系统紊乱并使斋戒日更加令人不适。缓和胃痉挛的药物在当时很常见，这没什么可惊讶的。13世纪，艾伯特斯·马格努斯（Albertus Magnus）在他的秘密作品《密中之密》（In Secretum Secretorum）③中推荐了一种方法，将一位年轻、美丽、纯洁的女人抱在怀里以温暖胃部，这样就可以减轻疼痛。这位传教士还开玩笑地建议将一滴水银放在烤鸡中，"水银加热后自己移动起来，这使它看起来像是在跳跃和舞蹈"④——正是这种恶作剧吸引了拉伯雷，他称艾伯特斯·马格努斯为"著名的雅各宾修士"。拉伯雷除了是一名内科医师外，当时还

---

① 是耶稣临终的话，意为"完了；大功告成；完结了；一切了结了"（it is finished；it is completed）。——译者注

② 本笃会（Benedictine）是天主教隐修会之一，529年由贵族出身的意大利人本笃所创。会规规定会士不可婚娶，不可有私财，一切服从长上，称此为"发三愿"。本笃会会士每日必须按时进经堂诵经，咏唱"大日课"，余暇时从事各种劳动。祈祷不忘工作，视游手好闲为罪恶。后来该会规成为天主教修会制度的范本。该会传统尤重教会音乐，并对保存欧洲古代文化遗产起了一定作用。9世纪后，许多修院会规松弛。10世纪时，法国克吕尼修院首先发起改革运动，称"重修本笃会"。15—16世纪时，因会士到殖民地传教，该会的隐修性质逐渐消失。——译者注

③ 有趣的是，1140年传下的"炼金术圣经"也叫做Secretum Secretorum，原文为拉丁文，共十三句。据说对牛顿的万有引力理论还有不少的启发。——译者注

④ 大概它与人造跳豆的原理相同。（跳豆：墨西哥大戟属树的种子，蛾的幼虫多寄生其中，故能跳动。——译者注）

是圣方济各会①的修士和本笃会的僧侣，他在那令人痛苦的对堕落之肉的禁欲中看不到任何对人类有益的东西。在他看来，吃喝对人类的灵魂有更多帮助。

早期烹饪书籍中的菜谱总是有两种版本，教给人们如何在宴会日和斋戒日用不同的方法制作它们。对于那些能够负担的人，斋戒日版本的菜肴以杏仁代替了所需的黄油、鸡蛋或奶酪。这是一种昂贵而奢侈的做法，为了让酱汁更浓稠要把杏仁碾碎，并浸在水中制造杏仁牛奶，然后制成凝乳来模仿奶酪。这证明了人们践行斋戒时的态度：人们忍受它，因为不得不这样做，但会用一切合法的借口来减轻沉闷。因此即使从宗教上说不允许举行宴会（feast），人们仍然可以庆祝或娱乐，并摆一场筵席（banquet）②。如约翰·泰勒（John Taylor）1630 年指出的那样，"就算一个人吃鱼吃到撑破肚子，只要他吃的不是肉，那么便是在斋戒"。根据萨勒诺（Salerno）学院③——其教义在中世纪欧洲饮食中占统治地位——的观点，所有食物都有特定的属性，通过改变一个人的"体液"或性格，不是帮助就是阻碍他的幸福。这种哲学观点来自希波克拉底的教导，并与索罗亚斯德教徒和中国人对食物的态度相似，他们都认为在"热"和"冷"之间保持饮食平衡是健康的本质。希波克拉底的系统建立在火、水、风、土四要素上，这

---

① 圣方济各会（Franciscan）是天主教托钵修会之一，Franciscan 是拉丁语小兄弟会的意思，因其会士着灰色会服，故又称灰衣修士。1209 年意大利阿西西城富家子弟方济各得教皇英诺森三世的批准成立该会，1223 年教皇洪诺留三世批准其会规。方济各会提倡过清贫生活，衣麻跣足，托钵行乞，会士间互称"小兄弟"。他们效忠教皇，反对异端。初创时，会内不置产业，靠乞食为生，后会规松弛，在城市内建立住院，积聚大量钱财，内部为此意见不一，引起纷争，从而分裂为守规派、住院派、嘉布遣派三个支派。后守规派进行改革，自称方济各派，16 世纪时通过传教向外发展。方济各的同乡女子克拉拉创建的女修会，倡导隐修，称方济各第二会，又称克拉拉会，后也分裂成数派，并参加传教活动。还有为在俗教徒设立的第三会，入会者不必出家，只需在修会指导下安贫乐道或解囊布施，过清贫生活即可。——译者注
② 关于宴会和筵席的区别，见第十六章。——译者注
③ 中世纪一所著名医学校。——译者注

四者在人类身体中以体液的形式表现出抑郁质、黏液质、胆汁质、多血质。每种体液特性都结合了热、冷、湿和干，而人们应改变饮食来配合其个人性格。肉，是热的，会激发性欲和其他肉体欲望；而鱼是冷的，纯净的，对虔诚有所裨益，因此适合在斋戒日食用。这也解释了为什么怀孕的妇女在斋戒日可以不吃鱼而吃肉，因为她们被认为不能吃太多冷的和潮湿的食物（不幸的是新鲜水果也被归为此类）。

有些人相信进食大量的营养物，如鱼和杏仁，可以有效地减弱欲望，或认为这样做是恪守斋戒。我们会认为他们非常愚蠢。但是对提出这种信仰的人来说，用斋戒食物大饱口福的观点是完全合理的。是的，相当合理。不止一位作家指出，在禁止性行为的同时，强制进食某种会引起性欲的食物是很反常的。内科医师拉伯雷写道："……最有经验的内科医师提供了决定性的证据，一年中没有任何其他季节比得上人们在四旬斋期间吃掉的激发性欲的食物数量。想想那些白豆子、云豆、鹰嘴豆、洋葱、坚果、牡蛎、鲱鱼……想想数不清的完全由如芝麻菜或海甘蓝、水芹或胡椒草、龙蒿、人参、桔梗、风铃草、罂粟种子、蛇麻草芽、无花果、葡萄干和米等治疗性病的草药和水果制成的沙拉！"他认为那是教皇鼓励人类繁殖的阴谋，因为人们总是要打破强加的规则。这种观点回应了有着四旬斋宣言的托马斯·纳什（Thomas Nashe）的《假面舞会》①："孩子！我（在斋戒日）比在圣诞节和忏悔节②更多次地为人父（我不为他们的合法性辩护）。哦，牡

---

① 如同拉伯雷唾弃天主教斋戒的约束一样，纳什不喜欢清教主义并就这一主题写下了许多攻击性言论。他的《刺破赤贫》、《他对魔鬼的祈祷》对16世纪英格兰的堕落提出了很有趣的见解，并包括了对不同类型的酒鬼和醉态的冗长描述，如他的男主人公所说，它们成为"一种应当被引以为荣的罪过，从那时起我们将自己同低地国家（Low-Countries：指荷兰、比利时、卢森堡三个国家。——译者注）混为一谈"。

② 忏悔节（Shrovetide）：大斋首日前的三天，即大斋首日前的星期天、星期一和星期二。——译者注

蛎、龙虾、鲟鱼、凤尾鱼和鱼子酱的功劳！"

但我并不是很有资格指出中世纪仪式的缺陷，因为若干年前，当我们举办一场野猪宴时，我做了一盘很好的素菜，蔬菜条看起来就像在水晶般清澈的美味蔬菜果子冻"池塘"中游泳的鱼。稍后就有人问，我使用的胶凝剂是否由动物凝胶制成。唉，我没注意到这一点，但它确实是。不过，那个伪造的鱼塘在中世纪会受到赞扬，因为人们喜欢将菜肴伪装成其他东西。在制造仿荤菜肴方面有天分的主厨总是很抢手。杰出的调味技术，确实对将食物伪装成不同味道有所帮助。许多菜谱书中引用的一种流行的烹饪技巧是，用鲑鱼制成"火腿"，而白鱼被切成片并轧模，使它看起来像是肥肥的咸肉。为了做到这一点，人们很可能用盐腌并用烟熏两种鱼，因为所有熏过的食物吃起来都差不多。在那之后把它们用水煮过，并将粉色的鱼肉染成深红色。为食物染色是中世纪烹调的第二个特征，他们会使用朱草（紫朱草的根部）或檀木（红檀香）①来夸大鲑鱼的红色。他们会用通常在咸肉中使用的草药和香料（如鼠尾草和丁香）来掩饰鱼的味道，并且很可能加入一些油将白鱼捣烂，使它具有柔软而多油的质地。"肉"和它那伪造的肥油可以被放在一起，做成猪手的形状。完成的作品会被浇汁或配上通常用来搭配火腿的调味酱。②

斋戒日只是日常生活的一部分，人们很少会认为它们值得记录下来，只有些偶然的、片断性的生动讲述。约翰·傅华萨爵士描写了1382年的根特之围，并表达了进一步的担忧："当四旬斋到来时，他们陷入

---

① 红檀香与熏香和香水中用的不是同一种，它无嗅，并且当碎片浸泡在液体中时，水会变成鲜艳的橘红色。

② 伪装的传统仍然存在：许多现代"熏咸肉"小吃是由用混合调味料加工过的土豆或小麦淀粉制成，与真正的咸肉几乎没有任何联系。中世纪时代流传至今的遗物是 dulces，西班牙、葡萄牙和巴西的女修道院中仍然在制作。Dulces 是一种颜色过分鲜艳的甜点，由鸡蛋、糖、杏仁制成，组成了各种暗示性的形状，并在需要时使用葡萄干来制作"天使的胸部"、"女士的大腿"、"梦中的渴望"以及 tochino de cielo（天堂的咸肉）。

巨大的苦恼中，因为他们没有大斋节食物的原料。"我们听说在都铎王朝，年轻的詹姆斯·巴斯特（James Basset）并不怎么喜欢吃鱼。他的家庭教师纪尧姆·勒·格拉斯（Guillaume le Gras）在1537年3月给詹姆斯的母亲莱尔（Lisle）女士的一封信中写道："……我们收到了鲱鱼，为此，女士，我忠心地感谢您。我会为了您的儿子善用它们。他不能让自己习惯吃鱼，但是，感谢上帝，他在今年的四旬斋期间很健康。"另一方面，法国作家蒙田（Montaigne）格外喜欢鱼。1588年他在散文《经历》中写道："我非常喜欢鱼，我让我的肥肉日过得像瘦肉日，让我的宴会日过得像斋戒日。"近两个半世纪后，终生受到食物困扰的拜伦勋爵，即使在斋戒日，也不想与人分享一场特别的款待。1821年他在拉文纳（Ravenna）之旅的摘录中写道："刚下车，就发现E上尉刚刚到达法恩莎（Faenza）。邀请他明天和我一起用餐。没有邀请他今天来，因为只有一条小比目鱼（周五，循例是宗教上的斋戒日），我自己就能把它全吃掉。我吃掉了。"

　　为斋戒做得太多了，那么宴会上有什么？狂欢节（为了解决掉肉）和Mardi Gras（肥美的星期二）发生在四旬斋的开端——圣灰星期三①之前。尽管我已经指出斋戒通常在宴会之前，肥美的星期二是一个伟大的例外，因为它是斋戒前的宴会，一种颠倒的狂欢节类型。它有双重功能：允许人们释放精力；以及提供一个机会用尽所有受禁止的食物——如果它们不能保存六周的话。自然，每个人都充分利用了这一机会，并总是以额外的奢侈大宗买进。狂欢节宴会的那种奇异气氛是对民间饮食传说的缅怀，如神秘的安乐乡，在那里一盘盘的奶油冻、小山一样的意大利面食以及其他美味的食物堆在周围，并且永远也吃不完；尽可能多的食物在尽可能短的时间内被塞进身体。在16、17世

---

① 圣灰星期三（Ash Wednesday）：大斋首日复活节前第七个星期三和大斋期的第一天，在这一天很多基督徒都用灰在前额画一标记以作忏悔和必死的标志。——译者注

纪纽伦堡（Nuremberg）狂欢节期间，巨型香肠被几十个男人扛着穿过街道。夸张和暗示都是典型的狂欢节景象，"俗人有饭吃"，人们这样说。在不列颠，狂欢节从未真正以与世界其他地方相似的心情得到庆祝；游戏、假面舞会、足球、逗熊①和斗鸡更加常见。其他过激行为，如忏悔节的喧闹举止——学徒们狂暴地猛攻妓院和戏院（这两处在四旬斋期间会关门），有时几乎毁了它们。对忏悔节宴会和狂欢的记述说明，它们所耗费的有时同圣诞节庆典一样昂贵。托马斯·德克（Thomas Dekker）在《鞋匠的假期》（1600）中描述了一个场景：在薄烤饼的铃声中，所有人匆忙来到餐桌边，发现食物摆出一副等着被狼吞虎咽的样子，对米斯如领主②自己也一样。"……人们为丰收而欢呼，滚烫的鹿肉馅饼像士兵一样走来走去，牛肉和 brewesse③在干肥肉中行进，面包屑和烤薄饼被用带轮子的手推车拖进来，母鸡和橘子在搬运工的篮子里跳跃，肉片和鸡蛋急急忙忙，果味馅饼和奶油冻在铁铲中颤抖着"。

与暴食和酒神节般的狂欢相伴的是欢乐的、喧闹的无秩序状态，这是对教会和象征着秩序的其他任何人或事的讽刺。即使不受赞许，这些行为还是被宽恕了，这样做的理论基础是允许人们在限定的时期内行为不端会使他们在四旬斋期间更顺从。④无论结果如何，人们抓住了机会，可以恣意放纵，可以嘲笑任何东西，可以用破坏来发泄并惹出尽可能多的麻烦。在狂欢节，和在农神节以及其他狂妄的异教节

---

① 一种游戏，让狗与用链条锁住的熊相斗。——译者注
② Lord of Misrule，小说中的主人公。Misrule 意为暴政，是一种暗喻。——译者注
③ 泡在牛肉汤中的面包。——译者注
④ 这并不总是有效。15世纪，一些在比利时小镇斯塔维洛特（Stavelot）附近的僧侣因为懒惰和不检点被禁止参加庆典狂欢。他们发现六周的四旬斋长得令人无法忍受，所以他们在四旬斋中间，披着床单、戴着胡萝卜做的假鼻子，伪装着从修道院逃了出来。在四旬斋的第四个星期天仍会有白衣狂欢，着白衣者蹦跳着张贴各种不敬的海报。下午时，他们会乘彩车向人们撒糖果，另有一部分人用猪膀胱拍打人群。

日中一样，谬论来自理性，无政府取代了秩序，角色倒错。身份被隐藏在面具的骚动和古怪的服装里，放荡在醉舞和吼叫的噪声中爆发。

狂欢节的滑稽表演永恒而古老。它那嘈杂的幽默是个庞大的主题，充满了粪石学①的谬论并有大量的性比喻，证明了教会不敢否认的对人类欲望的普遍诉求。下流的话语随处可见。仔细观察中世纪唱诗班的席位，凳子下方的横木②上刻着异教僧侣恶作剧的奇异场景。在外面，怪兽滴水嘴做着奇怪的鬼脸，吐出雨水。看看泥金手稿边缘，你会发现人们在跳舞和搞怪、做爱和演奏。在鹿特丹波尼肯（Beuningen）对中世纪狂欢徽章的收藏中，有很多朝圣者佩戴的美妙的仿制品。它们已经不再是单纯的圣地纪念品了，而是让男人和女人的性器官做出滑稽可笑的动作来。比如，踩着高跷的阴道，或与阴道一起奔逃的阴茎。在意大利普契尼罗（Pulchinello）③，这种伪装是一个自己有脚的鸡蛋。托马斯·罗兰森（Thomas Rowlandson）18世纪的漫画表现了醉鬼呕吐

---

① 粪石学：在医药、古生物学或生物学中对粪便等的排泄物的研究，热衷于排泄物和排泄物的功能。——译者注

② 横木（Misericords）是唱诗班席位下的小横挡。当长时间的礼拜过程中，人们站着并将一半屁股倚在横挡上时，这些椅子会翘起来。这个词来自拉丁词 misericordia，意思是"可怜"。它在中世纪教堂很常见，并且由于它们不是真正属于那里的，因此经常表现一些世俗图景，奇形怪状。

③ 普契尼罗——小鸡——是潘趣先生（Mr. Punch：英国木偶戏《潘趣和朱蒂》中的主角。——译者注）的祖先：城市中的好色之徒，穿着白色睡衣裤、戴着圆锥帽，鸟喙一样的鼻子突出了他们的鸟类起源。孵化的鸡蛋是布鲁日和希尔罗尼玛斯·博施（Hieronymus Bosch）经常使用的狂欢节符号，将鸡蛋和白痴联系在一起是要提醒我们鸡蛋很快就要被禁止，尽管四旬斋很可能是母鸡的最佳繁殖期。人们在狂欢节抛掷鸡蛋，整个的；在更文雅一些的社会中，鸡蛋里装满了玫瑰露。

《地狱——暴食》。圣吉米尼亚诺
(San Gimignano) 壁画局部，塔
迪奥·迪·巴尔托罗 (Tadeo di
Bartolo) 作，1396年。一个常见
的主题：暴食、贪婪和诅咒之间
的联系

《维尔森 (Wilson) 博士，鲍沃斯 (Bowers) 上尉和彻里·盖拉德 (Cherry-Garrard) 自克罗齐耶
海角 (Cape Crozier) 归来》。赫伯特·庞汀 (Herbert Ponting) 摄，1910—1913年。不列颠南
极探险队。果酱三明治和缺口的搪瓷缸子里的热巧克力构成了世界上最糟糕的旅行之后的宴会

《狩猎前的一餐》和《猎物》。出自加斯顿·菲波斯（Gaston Phoebus）的《狩猎书》，法国，15世纪。追踪者将鹿的足迹指给领主看，希望他们指示的方向能被采纳。狩猎后有一场为猎狗举办的宴会，它们正吃着兽皮

《Apparato di convivo》。弗朗西丝·莱塔（Francesco Ratta），1693年。为宴会菜肴精心制作"凯旋"的绝佳例证：令人难以忘怀的巨型可食用糖制雕刻，中心装饰物由一盘盘"宴会物质"充当

《屠宰：杀猪》。瓷盘，葡萄牙，1998年。屠宰之后通常会有一场宴会，来答谢帮手的辛勤工作

《三只在猪圈外①的一流的猪》。英国画派，19世纪。真是理想的家猪，它们那么胖，以至于四只脚几乎支撑不住身体

① 原文为：Three prize pigs outside a sty，但从图中看应为 inside，可能系作者笔误。——译者注

《禽龙模型中的晚餐》。《伦敦新闻》插图，1854年。环境适应协会就职晚宴的先驱，这次是在世界博览会的会场——水晶宫举办

《浴中宴会》。勃艮第的安东尼大师。15世纪瓦勒里乌斯·马克西姆斯（Valerius Maximus）作品译本中的微缩插图；这本书非常流行，有超过六十份手稿保存至今。见第二十章

并暴露肿胀裸体的丑陋嘴脸。有心的话，我们可以找到很多类似的例子。

在利摩日（Limoges）附近的莫尔塔马尔（Mortemart）有一座很小的中世纪女修道院，那里有木质的唱诗班席位，每排的末端都刻着美丽的图案，从走廊看过去，图案像是普通人在遭受当时普遍存在的所有不幸（其中一种肯定是牙疼）的同时，正着手日常营生。但是从后面看，那些人物提起了他们的长袍，露出了下体。无论如何，唱诗班席位面对入口的那端刻着异教的"绿人"①，他正从嘴里吐出迷人的藤蔓，预先警告人们一切都与看起来的样子不同。

弗朗索瓦·拉伯雷在16世纪早期写下了卡冈都亚（Gargantua）和庞大固埃（Pantagruel）的夸张故事②，那是一个剧变的时期。新世界刚被发现，中世纪态度被文艺复兴和人文主义摒弃；但同时，清教主义似乎想要提出一种与罗马教廷不同的约束措施。拉伯雷没时间浪费在令人不悦的任何一种形式的教条上。尽管仍然以自己的方式修道，他还是认识到人类的先天需要是好色、释放能量、举止恶劣、过量吃喝。如果这些不可能得到，至少需要幻想它们。作为内科医师和亚里士多德的好学生，他也很清楚欢乐的神圣起源——人类所特有③并且有益健康。他的哲学和作品（当然，立即受到权力集团的责难）可以被复杂地分析和描绘；但它们在本质上很简单，可以翻译成不懂世故的人践行了几个世纪的格言。每个人都想过得快乐，最好是永远快乐，拉伯雷按下了和谐的琴键，至今仍余韵不绝。

在教会不占统治地位的自由主义社会，一些人也许会奇怪叛逆者

---

① 见本书第41页注释①。——译者注

② 指《巨人传》。——译者注

③ "书写欢笑胜过书写泪水，因为欢笑是人性的本质。"拉伯雷写道。但是，仿佛在嘲笑自己的理论一般，他又写道："我们认为人类与众不同的特质不是欢笑而是饮酒。我们因酒成神。"

究竟在反对什么。但是总有一些事情可以嘲弄，肥美的星期二仍然被看作是对社会正确性的反叛——如果你能吓人，那更好。最近，狂欢节常作为同性恋和易装癖文化的庆典出现。到任何地方旅行——科隆或新奥尔良，戴着面具去威尼斯或踩着桑巴鼓点去里约热内卢，或去许多不那么著名的狂欢节中的一个——你会遭遇音乐和舞蹈的咆哮以及川流不息的超级花车——在新奥尔良即使是狗也有一个。今天，这些活动更加有组织和商业化，但狂欢节的个人表情也更多，有时是抗议，有时是恶意，有时只是愚蠢，并继续在后巷或凌晨秘密行动。粗暴、亢奋以及毋庸置疑的各色醉态都还存在，但有一点是确定的：很少有参与者会在那之后斋戒。因此狂欢节的初衷已经不存在了，狂欢节的一些真正精髓也随之而去。也许我们得回到严酷的斋戒中才能对这一活动更加珍惜。多半，每个人都只是继续欢笑，毕竟，欢笑是最好的良药。如贺瑞斯（Horace）所说，"Dulce est desipere in loco"——"在那时节，愚蠢是甜"。

```
F  A S T
F  E  S T
   E  A    T
F  E  A S T
F     A    T
```

　　　　　　　　　　查理曼大帝的桌布

第十二章

圣休伯特的宴会：狩猎，以及
九道菜的鹿肉宴

没人会为了松鼠肉扔掉鹿肉。

——尼日利亚谚语

"见到我的爱人缺席，我至少得给她送去一些肉，以我的名义，那是给亨利的雄鹿肉，这预示着，如果情况允许的话，你必然与我一同享用……现在没有更多的可以给予你，我亲爱的，但我愿为我们共度良宵而许愿。你的 H.R.亲笔。"亨利八世在追求安妮·博林（Anne Boleyn）——他六位妻子中的第二位时写下了这张便条。他的礼物——雄鹿肉，是野味的一种，这种高档的红肉象征着坚不可摧的爱情。但他的便条可不止这些。在都铎王朝时期，双关语是有教养的人的语言：莎士比亚在《第十二夜》中，让饱受相思之苦的奥西诺（Orsino）公爵，在"心"（heart）和"雄鹿"（hart）、"贞洁的"（chaste）和"被追击"（chased）上玩文字游戏，他将自己描绘为被捕猎的雄鹿，欲望的猎犬正追赶着他。奥西诺将这一隐喻应用到维奥拉（Viola，伪装成一位少年，但是暗恋着奥西诺）身上，并无意地将"他"同狩猎女神黛安娜（Diana）相比。所以，不难想象终于和安妮"共度良宵"的亨利脑中在想些什么。

亨利的文字反映了与鹿和鹿肉相关的信仰，它渗透于无数个世纪和无数种文化中，其中一些至今仍然存在。在某些文化中，鹿在不同情况下代表着忠诚、羞怯、复活、重建；在另一些文化中，则代表力量、男性生殖力和无法控制的性欲。它们以家族预言的咒语和凯尔特人的牡鹿神色纳诺斯（Cernunnos）的身份存在；它们出现在祈求丰收的仪式上和早期中国神话中；它们是许多塞西亚（Scythia）艺术场景中信徒祭拜的对象；它们在日本神道信仰中仍然举足轻重。一些人将鹿肉看作社会等级的分界线：约翰·曼伍德（John Manwood）在1665年所著的《论丛林法则》中提到：尽管鹿肉是贵族的特权，"那些既不美味也不适合精英食用的……鹿肉应当送给穷人和残疾人，它的头和皮应当送给邻镇的穷人。"这么说来，有一点令人惊讶，这与今天人们对鹿和鹿肉的感觉是矛盾的。它们究竟是森林的精神主人，还是洗劫我们的花园并传播莱姆病（Lyme）的有害动物？鹿肉，是否因其天然的低脂肪和健康的基本脂肪酸比例，而成为现代人梦寐以求的佳肴，还是幸亏沃尔特·迪斯尼的小鹿斑比，它才通过少有的多愁善感而与其他动物的肉相异，并因此遭到忌食？无论采纳何种态度，没人会否认，尽管都市化的步伐在加快，人们对猎鹿的渴望仍是西方文化的一部分。就算将当今世界十大军事力量的全部人员集合起来，人数总计还是会比每年独自离家追击白尾鹿的美国人少。①在多数人用枪武装自己的同时，仍有一些顽固的少数派——大约四分之一——只带着弓和箭溜进森林，这种刻意制造的原始状态成为狩猎活动的主要吸引力。

这种渴望从何而来？在原始社会，狩猎的重要性和其强烈的偶然性因素，会不可避免地导致迷信和仪式——那是神话开始的时候。鹿的力量和敏捷为它们赢得了尊重，鹿茸生长的奇妙年度周期，在繁殖季节雄鹿的放纵行为中达到高潮，成为生生不息和雄性力量等自然奇

---

① 这一几乎令人难以置信的统计引自不列颠鹿协会的刊物，它则转引自《华尔街杂志》。我曾测试过许多美国猎人，他们都能够描绘出自己州的轮廓，并延伸到整个国家。

迹的缩影。西班牙哲学家何塞·奥尔特加·伊·加塞特（José Ortegay Gasset）所作的充满思辨的沉思录，传达了男人与狩猎间热情似火的关系，包括猎人、猎狗和猎物在追赶中合而为一的瞬间所经历的那种狄奥尼索斯（Dionysus）般的迷狂，并解释了那一刻男人灵魂中的某种渴望。①今天我们经常可以遇到没有任何合理原因，一想到驯鹿就变得极度不安的猎人。人们感到他们不能忍受未驯化的牡鹿——雄性生殖力的精华——愉快地接受驯化。仿佛猎人们可以重拾或至少片刻感受野生动物内心的某些东西，而这些在城市文明中已经不存在了。如果你将牡鹿体内的野性除去，你便剥夺了一个男人的梦想。

尽管这些感情起源于原始社会，中世纪对鹿、宗教、狩猎和骑士精神的态度则使之更加高雅。一只白色雄鹿（牡鹿）频繁出现在亚瑟王传奇中，它总是将骑士引到秘密地点去面对他的"成年仪式"。在贵族社会，它是勇敢或典雅之爱②，"猎人变成了猎物"是那个时代常见的隐喻。但狩猎是有益的，因为男人可以因此被训练得能够去参加战争，并使他们远离懒惰这可怕的原罪。③雄鹿有着长寿的美誉（从100岁到1 400岁，这取决于你相信谁）。常见的神话涉及多位欧洲统治者，包括查理曼、英格兰的亨利三世、法国的查理六世，甚至还有拿破仑。据说他们都捉住过一头牡鹿，它的项圈隐藏在皮肤的褶皱中，上面写

---

① 这本书在一次晚餐会谈中被带到我家。在交谈的过程中，某人描述了在他还是一个战争中的小男孩时，杀死一只兔子的愉快经历。六年后，他仍然对当时手中的鲜血所传达的那种充满力量的感觉惊奇不已，并且说，这种兴奋远远超过了吃掉兔子的口腹之欲，尽管当时他其实很饿。

② "典雅之爱"来自《特里斯坦（Tristram）和伊索尔德（Iseult）》，可能受经典的狄多（Dido）与埃涅阿斯（Aeneas）的传说影响。若干中世纪阿拉伯诗人使用了同样构思，但在他们的比喻中，瞪羚代替了雌鹿。（《特里斯坦和伊索尔德》：中世纪最著名的爱情史诗之一。——译者注）

③ 《高文爵士和绿衣骑士》有许多内涵，其中之一是对年轻骑士的警告，他们最好在家到处闲逛，而不要加入到打猎中。

着："Caesaris sum, noli me tangere。"①这只牡鹿不能受到伤害，任何伤害它的人都受到了严厉的惩罚，这种戴项圈的鹿被认为是统治王朝正统性和不朽的象征。普鲁塔克②的一首诗将牡鹿变成了雌鹿并用它来比喻"得不到的爱"。据说牡鹿还能够重生为纯白的雄鹿，并能通过摆脱俗世的财富和洗刷毒蛇的邪恶而达到不朽。因此它被用来象征基督自身。人们相信它真的能够吃掉蛇；之后它显然通过小圆石，也就是毛粪石——价格昂贵的珍宝，据说可以有效解毒③——将毒素排出去。在整个中世纪时期，一只正在喝水的牡鹿是代表再生的图案，不仅因为牡鹿吃蛇，还因为诗篇第42篇中的典故："上帝啊，我的心切慕你，如鹿切慕溪水。"

类似的比喻出现在若干传说中：一位贵族或国王，在与一只鹿角间显现耶稣受难像的牡鹿交谈后，不是改变了信仰就是热衷于建立宗教秩序。圣尤斯塔斯（St Eustace）是最早的例子，而猎鹿人的守护神圣休伯特（St Hubert）则可能是最广为人知的一个。他生活在8世纪，在与牡鹿交谈后成为了列日（Liège）主教；人们认为他的遗物可以治愈狂犬病④以及常见的牙痛。11月3日，人们在比利时的圣休伯特村庆祝他的纪念日，整个场面仿佛是勃鲁盖尔⑤的绘画变成了现实。11月初，人们可以欣赏到阿登（Ardennes）最美的季节。连绵起

---

① 拉丁语，意思是："别碰我，我属于恺撒。"——译者注

② 普鲁塔克（Plutarch，约46—125）：生活于罗马时代的希腊作家，以《希腊罗马名人传》一书留名后世。他的作品在文艺复兴时期大受欢迎，蒙田对他推崇备至，莎士比亚不少剧作都取材于他的记载。——译者注

③ 一些人认为毛粪石肯定是鹿的胆结石，但是由于鹿没有胆囊，看来这只是又一例赝品，如同那个时期频繁出现的圣徒遗物（圣徒遗物：在宗教上受到敬仰的物件，尤指圣人的身体或者其个人物品。——译者注）。

④ 中世纪猎人对狂犬病极度忧惧，因为猎狗非常重要。

⑤ 勃鲁盖尔（Pieter Bruegel，约1525—1569）：尼德兰画家。其作品以寓意画为主，创作题材多从民间谚语和传说中选取，主题严肃，且富讽刺性，尤其善于表现尼德兰农民的生活，有"农民的勃鲁盖尔"之称。代表作有《雪中猎人》、《农民婚礼》等。——译者注

《牧鹿吃蛇》。圣阿伯（St. Alban）诗篇中的大写 Q，约 1120 年。这一神话信仰从普林尼（Pliny）的著作开始一直流传到 17 世纪。在基督教寓言中，蛇代表原罪，牡鹿吃蛇则毁灭了原罪，并用真理之水浇熄了燃烧的欲望

伏的山脉上覆盖着山毛榉、白桦和松树混交林，棕色中交错着薄薄的黄色和厚厚的深绿色。清晨的薄雾水汽从结霜的草地上升起，预示着鸡油菌、牛肝菌和温度骤降后钻出的许多其他蘑菇的大爆发。森林中有一种鼓舞人心的芳香菌类的味道，你还可以想象——如果不能真的听见——来自森林深处野猪的混战声和发情牡鹿遥远的吼叫声。这世上不可能有比这更完美的狩猎乡村了。在圣休伯特村，穿着绿斗篷的"圣休伯特的伙伴"组成盛大队伍，准备好向长方形教堂进发。他们后面跟着带着猎犬的猎人、狩猎随从、扛着巨大圆形狩猎号角的号手、扔旗①人以及比利时独有的来自啤酒制造者行会的强壮小分队。

在大弥撒的过程中，猎犬站在教堂里穿着猩红色大衣的猎人身

---

① 扔旗：庆典游行中的一种娱乐活动。——译者注

边，友善地摇着尾巴，每当狩猎号角的反复乐段打断了无论何种仪式，它们就把头歪向一边。号角那令人焦躁的和音在教堂的圆柱间回荡。像古lur①的声音，它们搅动起听者心中的某些原始情愫，让人们几乎理解了难以捕捉的狄奥尼索斯般的迷狂。弥撒后，猎狗受到圣水的祝福；教堂外，一群人举着他们的宠物，希望能被洒上一些圣水。如果说猎人的猎物是俗世的肉类，那面包就象征着大地的果实，所以一大堆面包卷受到了祝福。人们带来自己的面包卷，买的或自己做的。假如一名饥饿的朝圣者耐心地等在教堂外，但留给他的只有最后一块面包壳，它还是会被庄严、快乐地行宣福礼②。最后，围在方形教堂后面的猎马受到了祝福。（我在那里时，一群从法国到圣休伯特来的朝圣者已经在马上骑了四天，他们唱着赞颂狩猎和其自然灵性的歌，踢踢踏踏地走进了结满冰霜的阳光中。）回到广场上，少量浓烈的荷式琴酒被用来温暖肠胃，无数瓶特别酿造的圣休伯特啤酒打开了，薯片和蛋黄酱、调味的蜗牛以及介于煎蛋和炒蛋之间的matoufé在货摊上搭配在一起。那些颇有远见地提前预订了的人，此时就享受着传说中的比利时烹饪风格。行会会员唱的歌越来越欢快，两个村姑打扮的女人沿着公路摇摇晃晃地蹒跚而行，号手的号角四乐段对话在建筑物间回荡。每样东西都被兴高采烈地洒上了圣水。每个人都受到保护，远离狂犬病和牙痛，并确保接下来十二个月的狩猎活动能够顺利进行。

今天，圣休伯特的追随者们仍维持着那些自中世纪以来几乎没有任何改变的狩猎传统。尽管最具挑战性的是在森林中使用猎狗狩猎，但中世纪还是建造了很多鹿园，它提供了更优雅的方式——有时女人

---

① Lur是青铜时代的一种长而弯的喇叭。直到现在，在斯堪的纳维亚的某些地区，它仍被用于唤回牲畜。
② 天主教中宣布死者已升入天堂的仪式。此处作者对天主教繁琐的仪式带有一种半开玩笑的语气。——译者注

也会参加——以及更可靠的娱乐。这种狩猎需要适当控制，因为鹿可以很容易地跳过庄园的墙，因此要花费不知多久的时间来奋力追捕它们。中世纪的不列颠有大约两千个鹿园，其中很多非常之小。对于那时的人口（大约四百万）来说，这是个很不寻常的数字。人们享受着作为运动的狩猎，但是为富人食用的肉类提供可靠来源才是这些庄园的主要功能。普通人没有合法权利捕猎庄园中的鹿，但显然曾有许多人试图偷猎。比如，人们猜测1586年莎士比亚曾在沃里克郡（Warwickshire）的查勒科特庄园（Charlecote Park）被人捉住正偷猎鹿；这座鹿园至今仍然存在。

无论所捕猎的鹿是野生的还是驯养的，鹿都是骑士生活的一部分，甚至它们被"摧毁"或其后被切碎的方式也具有很强的仪式性。每个人都知道自己的等级、肢解动物尸体必须遵从的顺序以及谁会得到哪个部分。[1]这甚至殃及了在屠宰后得到猎物（curée）[2]或仪式奖赏的猎狗。这些来自《高文爵士与绿衣骑士》中的记录著于大约1385年：

> 土地主人前进时策马扬鞭，
> 穿过森林和树丛，捕猎年幼的雌鹿，
> 日落时分已猎杀无数雌鹿和其他种类，
> 至今忆起仍觉惊叹。

在那个时代，肥肉是一种令人垂涎的款待，因此：

> 那些受命检验肥肉者

---

[1] 《特里斯坦和伊索尔德》的许多版本中冗长地描述了特里斯坦杀死牡鹿的技能，并被当作这位勇武猎人所具威力的例证。

[2] 尽管这个词与中世纪食物准备的术语 curee 或 cury 类似（见第三章），但 curée 一词起源于 cuir，法语意为"毛皮"，因为狗会将鹿皮全部吃掉。

发现即使瘦肉上也有整整两指宽。

接下来是动物尸体如何被"摧毁"的冗长描述，它对今日的屠夫非常有意义。之后，将肉分给"每个人其应得的部分，分配绝大多数是正确的和适当的"。下面是猎狗如何得到它的猎物：

> 他们喂饱猎狗，用雌鹿的毛皮、
> 肝脏、肺脏以及腹部的皮肤，
> 面包在鹿的血液中浸透。
> 他们用号角吹奏死亡，并致狗吠，
> 此后将肉包好，开心地归家。

猎狗的行动受到限制，它们的链子被拉住，直到号手的号角声结束，这样它们总能将狩猎号角和奖赏联系在一起。许多插图和织锦反映了猎狗享用这种内脏宴会的景象。

马鹿和野猪（被归类为"较重要的野味"）是国王和勇士[1]的食物，并且作为中世纪餐桌的一种基本元素出现在盛大宴会的记录中，这种特征在北部和东部欧洲的宴会上比在南欧或甚至不列颠爱尔兰的宴会上更加明显——不列颠爱尔兰的宴会更专注于牛肉的品质，并在这一点上更加著名（见第八章）。查理曼大帝最喜欢的食物显然是大型野味，它们被捕杀、在火上叉烤并由他的贵族切割。当这些动物被坚果和肥美的夏季牧草喂养得肥硕无比的时候，"油脂季节"到来了，这是捕猎它们的最佳时期。鹿肉（venison）一词（来自 venari，狩猎）的意思是捕猎到的任何肉类，最初它并不是专指鹿肉；在那个时代，

---

[1] 同样的阶级差异也存在于日本。当全国大部分人是素食主义或严格素食主义时，武士阶级狩猎并食用鹿、野猪和野鸟。

野猪甚至野兔都可以被称作 venison。英文单词 venison 何时变成"鹿肉"的并不是很清楚；①在现代英语中，用于形容捕猎到的肉的词是"game"，与德语词"wild"意义相同，它自中世纪以来从未改变。但是，venison 被看作属于贵族的肉类是没有疑问的。约翰·罗素约 1460 年写道："与热乎乎的牛奶麦粥一起食用的肥美肉类（venesoun），在适当季节被恭敬地提供给陛下，是令人愉快的享受。"还有："我很肯定这是上帝的菜肴……是给伟人的肉。"安德鲁·布尔德② 1542 年写道。

我们不难推断中世纪贵族热衷的骑士狩猎行为是如何地高度仪式化，这些是由他们祖先的原始捕猎和迷信发展而来。我们也不难理解合作狩猎的行为如何帮助建筑了早期社会结构，它需要计划性以及一种保证，即带回家的肉类应当数量充足到需要分配。17 世纪初塞缪尔·德·尚普兰③在加拿大建立了一个狩猎和宴会俱乐部，最初是为了鼓舞驻军的士气，但他碰巧发现他的法国军队与加拿大原住民米克麦克（Micmac）部落缔结了一个永久契约，他们共同狩猎。在经过一段身患败血病和抑郁症的艰辛岁月后，德·尚普兰写作的《康坦普斯（Bontemps）的秩序》提供了有价值的说明：

> 我们非常愉快地度过了这个冬天，通过我建立的"快乐菜单"我们吃到了丰盛的食物。每个人都认为这些食物的疗效比药都好。我们轮流为某个人举行简单的仪式，让他负责这一天的狩猎。第二天，它被授予另一个人，依此类推。所有人都与其他人

---

① 罗伯特·梅（Robert May）在 1685 年写道："野兔的后腿肉，或者其他野味（venison）。"
② 安德鲁·布尔德（Andrew Boorde）：16 世纪英格兰医生及作家，著有《各类病痛康复摘要》。——译者注
③ 塞缪尔·德·尚普兰（Samuel de Champlain）：法国探险家。1608 年，尚普兰在加拿大魁北克建立了第一个法国人居住区。——译者注

竞争，看谁做得最好，带回最上等的野味。我们的表现并不坏，和我们在一起的印第安人也不错。

在猎人聚集的社会，猎人们带回的新鲜肉类数量庞大，必须在坏掉之前将它们迅速地分配好并吃掉。暴食是不可避免的，人们愉快地吃着——也许这就是宴会的起源。打猎得来的肉是特别的，有很高的地位并极富营养，通常由有统治权的男性提供。在烤过之后，它们是绝对适合宴会的食物。

在北部国家，肉的颜色越深，制作工艺越复杂，其地位也就越高。因此，牛肉比羔羊肉更受欢迎，而羔羊肉的等级则比猪肉高。这甚至扩展到了家禽，孔雀、天鹅、鹅、火鸡①——都是红肉——比鸡肉更优越。鹿肉，颜色与天鹅肉一样深，因此深受好评，它出现在烧烤时代的宴会上，并变成了美味的馅饼。鹿肉宴在都铎王朝的伦敦非常流行，多到伊丽莎白一世女王让市长大人下了禁止令，以消除"在市政大厅内对鹿肉和其他食物储备的过分消耗，以及我们认为冒犯陛下的行为"。此处采用双重标准似乎更合适，因为伊丽莎白和她父亲一样有猎鹿癖，而都铎王朝也因他们到访的鹿园会变得寸草不生而声名狼藉。尽管她直到六十多岁还在狩猎，但伊丽莎白的劫掠比起亨利来，实在是优雅的轶事。1591 年她到达苏塞克斯郡（Sussex）的考德雷庄园（Cowdray Park），"那里准备了非常精巧的凉亭，殿下的乐师在那下面演奏着；一位唱着甜美歌曲的美丽姑娘，将一张射鹿的弩交到她手中；大约三十只鹿被放进围场中，而她只杀死了三四只"。

在 18 世纪，要想加入某些绅士俱乐部，有时需要捐赠值得赞赏的礼物。皇家俱乐部最初的章程规定"任何用鹿——不少于一只鹿

---

① 火鸡最初是红肉，只是相当晚近的精心培育使它的肉变得苍白、枯燥而滑稽，这样似乎能更为现代消费者所接受。

腿——向本团体致敬的贵族或绅士，应当……被视作荣誉成员"。到了 19 世纪，许多鹿园被用于放牧牲畜。在仅剩的几个鹿园中，有的曾经将幼小的雄鹿阉割掉，并在畜栏中将它们喂养大，好让它们更加肥硕。在里士满（Richmond）庄园，这意味着他们还可以凭皇家鹿肉执照[①]合法地供应反季鹿肉。亚历克西斯·索亚，改革俱乐部和塞瓦斯托波尔的杰出主厨，依然将鹿肉置于乌龟旁边当作宴会的顶梁柱，并称其为"歌革和玛格"（the Gog and Magog）[②]。尽管索亚提倡供应烤鹿肉，"这样血就会沿着割刀流下来"，但是另一种方法还是很快流行开来。那时维多利亚女王和艾伯特王子使得苏格兰高地以险峻的浪漫之地而闻名，在这里人们可以克服艰难，以运动家的风范徜徉在群山峻岭之中，追逐高贵的牡鹿。艾伯特的传统德国技巧被采纳了，并成为处理这肥美的、有时强韧的高贵肉类的公认方法。在长时间浸泡后是加入浓郁香料的漫长烹制，同时提供的香甜水果是可以追溯到中世纪欧洲风格的最后残余。

同狩猎传统一样，烹饪仪式也是不朽的，其中一些直到最近才被食鹿肉者精挑细选出来。烹饪仪式太多了，以至于鹿肉在最近几十年才得以复兴。小鹿脂肪很少，如果气候温暖且烹调迅速，它的肉会新鲜得令人惊讶；而在寒冷的冬日，鹿肉总能制成味道丰富的怀旧食物。这两种方法导致了一种结果：同样美味——这点其他肉类也许也能提供，可它们的营养价值却是不同的。

---

① 皇家鹿肉执照（Royal Venison Warrant）可以追溯到 15 世纪，可能更早。作为让市民们放弃权利——在伦敦市内和周边的皇家鹿园中狩猎——的补偿，他们（或不如说是他们的代表，市长、治安官、镇政会委员等等）被授予了得到特定数量的鹿的权利（但必须要为此而付钱），以及特殊情况下自己取走鹿的权利。这一惯例在共和国时期以及 1918—1920 年和 1940—1949 年期间中断了。当它 1950 年恢复的时候，那些接受者——现在包括一些内阁大臣——只得到了一条价值十先令的鹿腿。1997 年皇家鹿肉执照终于被终止了。

② 从古希伯来的神秘传说到《圣经》再到伊斯兰的《古兰经》，都有 Gog 和 Magog 的存在，他们是预言中将反对上帝／真主的未来敌人。——译者注

若干年前，我应邀为鹿肉专家国际大会制作一场鹿肉宴。我想要纠正一些错误观点，更重要的是，要在一顿饭的菜肴中，向他们证明鹿的历史意义，并表明在全世界范围内人类利用它们的各种方式的差异性。我总共呈上了九道菜，每一道里面都有鹿肉。其中一些是烹饪领域的新鲜事物，甚至还有素食选择。

作为宴会的开始，我用小牡鹿制作了清澈透明的鹿肉汤，并让块根芹细条在碗中翻腾。浮在表面的小片金叶，增加了视觉上的光彩。

下一道菜是一平底盘的鹿肉熟食：熏鹿腿片、意大利鹿肉腊肠和与帕尔马火腿相当类似的干腌鹿肉，配以新鲜的混合香草沙拉。我还考虑了替换物：滑腻的肝肉饼或粗糙的乡村鹿肉沙锅，或甚至巨型发酵鹿肉馅饼切片，它的油酥皮像中世纪一样镀了金，一只面做的牡鹿立在顶端。

然后是鞑靼鹿排①。鹿肉很瘦并且很大，是理想的鞑靼肉排。由于肉排是用一整块未切割的瘦肉经卫生加工而成，并立即上桌，因此吃起来应当很安全。放在"鞑靼"旁边一起呈上的是生蛋黄和一些鱼子酱，还有辣根沙司、蒜泥蛋黄酱和腌马槟榔。

第四道菜从肉类中稍事休整，用绿色和白色的宽鸡蛋面编织而成的小袋中塞满了新鲜的驯鹿奶酪。这种奶酪是从芬兰空运来的，那里正在为现代超市做驯鹿奶酪的调查研究。放牧驯鹿的游牧部落仍然居住在广袤的大地上，遍及整个欧洲和俄罗斯遥远的北部；他们的生活方式几千年来几乎没有改变，他们的祖先可能是所知最早的为获得食物和饮料而管理动物的人。驯鹿奶酪传统上并不是为出售制作，而是被储藏在雪中或高于地面的贮藏处中，以供将来使用。我制作的柔软

---

① 这里采用的是内地通行的译法。所谓的"鞑靼"，是 tartare 的意译，它在香港被直接音译为"它它汁"，是一种由蛋黄、芥末、酸黄瓜、橄榄油及洋芋等制成的酱汁，常用来搭配鱼、嫩牛肉或薯仔等食用。——译者注

奶酪上，插着在温和的蜜醋中稍加烹调的脆生生的胡萝卜条。编织袋被蒸熟，并与蔬菜泥一起提供。

主菜由柔软的嫩鹿腰肉制成，经过短时间烧烤半熟着上桌。它的旁边是一大块炖髓骨肉①，在葡萄酒和蔬菜中慢慢地煨熟，直到肉和腱子融合到一起。烧烤和炖肉过程中产生的肉汁经过融合、过滤和稀释，变成了油脂丰富的深色酱汁，它结合了用两种方式烹调的鹿肉的不同风味，捣碎的土豆、韭菜泥和菠菜制成的新鲜蔬菜蛋糕与之相伴。

甜点包括一些中世纪宴会上流行的珍馐美味，由鹿角和Hindberry果冻制成。Hindberry是北部国家对覆盆子的古老称呼，大概因为hind（雌性赤鹿）在经过斑驳的树丛时喜欢咬它们几口。鹿角是古菜谱书中常见的材料，把坚硬的薄鹿角片长时间熬煮直至其呈现胶质，这很容易做到。我发现，磨碎的鹿角只能制成很松软的果冻，所以我加入了鹿的关节骨以使它更加稳固。去除液体中的杂质是一个漫长的过程，但一旦用白葡萄酒稀释，并以汤、柠檬、柔和的香料和覆盆子汁调味，它就会变得清澈而美味。与此同时还有一盘真正的果味甜馅饼：在面糊做的容器中填入丰富的五香碎肉，有切碎的葡萄干、黑醋栗、洋李干、杏仁和新鲜的苹果，混合了碎鹿板油、柑橘类果脯和一些白兰地——让水果更加饱满并起到防腐剂的作用。

驯鹿奶油脂丰富，质地很像糖浆，并有很高的营养价值。它有一种美妙的味道，让人想起新鲜的大榛子。因此，一道简单的奶酪菜肴由经过轻轻按压的新鲜驯鹿奶酪制成，并与香喷喷的榛子饼干一起提供。

作为结束的是一道补汤，由磨成粉的鹿茸（中国使用了至少两千

---

① 炖髓骨肉主要由小牛的胫骨肉制成，但很显然，在我的宴会上我使用的是鹿肉。

年的补品）与匈牙利药草茶混合而成。与它一起端上的是两种酒，一种叫做"牡鹿的呼吸"，是以苏格兰威士忌为基础的酒；另一种叫做"皇家天鹅绒"①，是来自新西兰的烈性姜味酒，内含鹿茸精华，磨成细碎粉末的金叶迷人地闪耀着。至此，当金叶带来一个完整的循环时，宴会结束了。我希望，在实用主义倾向相当严重的代表们经历了这些变化万千的风味之后，伴随着对鹿在许多文化中具有广泛重要性的一点增长的认识，他们中的一些人能够受到鼓励，更深入地钻研其专业领域的历史背景。也许他们会意识到，他们的个人成就仅仅是人与鹿漫长伙伴关系的最新篇章。

---

① 鹿茸的英语为 velet antler，直译是天鹅绒般的角，作者用这种酒别有深意。——译者注

第十三章

宴会中的蜉蝣：香熏和鲜花

一团团的葱翠新绿中，是青紫粉白，
像是宝石、珍珠和昂贵的刺绣。

　　　　　　——莎士比亚，《温莎的风流娘儿们》

　　想要将美好的一餐提升到宴会的高度，就必须有一个额外的维度。尽管这一章不会描述某一场具体的宴会，但将看不见摸不着的格调遗漏仍是一种疏忽。许多宴会通过视觉冲击来抬高自己。如我们看到的，有时可以通过将昂贵的织锦铺在墙壁和地板上来达到目的；比较之下，鲜花和熏香则代表着不太持久的财富。但是，它们有着和音乐一样的作用，那就是提升精神、增强演出效果并让客人们感觉与众不同。园丁鸟用鲜花和亮晶晶的东西奢侈地装饰它们的巢以吸引异性，美丽的环境同样会令客人们感到愉快。尽管鲜花的生物作用很容易吸引注意力，但是它们的颜色、气味、易逝的特性以及与神秘语言①的结合使得它们出现在多数文化的宴会上。

　　许多节日活动中包括游行，为此，街道被撒上鲜花和芬芳的香草。这最初是为了掩盖街道的味道并隔离瘟疫，但是鲜花也可以纯粹用于装饰。1830 年汉斯·克里斯蒂安·安徒生（Hans Christian

---

① 19 世纪有大量关于花语（language of flowers）的书籍。不幸的是，同一种花在不同的书中经常被总结出不同的品质。例如毛地黄的意思可以是"我只对你充满渴望"，也可以是"伪善"；大丽花的意思可以是"永远属于你"，也可以是"反复无常"——这必然引起困惑，如果没让人心碎的话。

Andersen）描述了他所参加的一个意大利节日的景象："长长的微微向上倾斜的街道铺满了鲜花，大地是蓝色的；在这些鲜花上覆盖着绿色的条纹织物，绿色（叶子）与玫瑰色相间，然后深红色为整条'地毯'镶边。在它们中间，大量黄色的、圆的和星形的鲜花组成了太阳和星星的图案。整个就是一条活生生的鲜花地毯覆盖在地面上。如果不是看到那些鲜花随风呼吸，简直就像是珍贵的宝石，沉重而牢固。"

鲜花也被用来表示欢迎。如同太平洋岛屿的游客被赠与花环，泰国的客人得到兰花，从古罗马时代到中世纪欧洲及其后，花冠和花环也成为宴会的特征。约著于1393年的《巴黎的一家之主》是最早的宴请书籍之一，它提醒读者，在准备一场宴会时，树枝、绿色植物、紫罗兰和花冠（花环）必须在合适的时间从巴黎城门口的卖花人那里运来。1560年伊丽莎白女王一世在格林尼治公园（Greenwich Park）建造了一座"短暂的宴会屋"来欢迎法国大使的随从。它听起来挺有趣，似乎与园丁鸟的巢相似，用杉木柱搭成，"装饰着白桦树枝和各式各样的鲜花，既有农田中的也有花园中的，比如玫瑰、七月花、熏衣草、金盏草，并点缀着各种香草和灯芯草"。伊丽莎白非常喜欢吃甜食，因此这芬芳的凉亭中摆着她的"宴会原料"：甜甜的香料葡萄酒和最讲究的甜食——其美丽可以与凉亭自身相媲美。如果说伊丽莎白的乡村凉亭是个迷人的季节性雕塑，那么超越时令的鲜花则可能作为地位的象征成为宴会餐桌上的独特之处。1680年，在路易十四的一个私生女的婚礼上，《水银爱情》①（在法国等同于《伦敦新闻插图版》）对54英尺长的、中间布满装饰的餐桌评论道："一种完全创新的方式，文雅、华丽以及——考

①《水银爱情》（*Le Mercure Galant*）是在法国出版发行的以闲谈和诗歌为主要内容的杂志。——译者注

虑到季节——超自然的。有19个镂空的镀金篮子——银器在整个餐桌上占统治地位，镀金甚至与银器一样多。篮子中装满银莲花、风信子、西班牙茉莉、郁金香和橘子叶，只有很少的花环围在上面。没有什么比这更自然的了，看到这些篮子便很难想起当天是1月16日。"

乔治亚王宴会的桌布边垂挂着无数鲜花。与此相称的是，桌面上装饰着设计精巧的人造花，有时是纸的，有时是瓷的，有时是糖面团，它们的美丽能在时髦的手绘瓷盘上反射出来。在维多利亚女王的宴会上，植物的生命力有时相当旺盛，枝叶茂盛得甚至很难透过它们看到桌子对面。加热的玻璃温室生产出异国的花、葡萄和菠萝（它们中的一些被人为地设计成从桌子中心向外生长），后者被用来庆贺这个殖民国家的辉煌成就。到1913年，第一次世界大战终结欧洲的大规模奢侈以前，上流社会主妇露茜·希顿·阿姆斯特朗（Lucie Heaton Armstrong）夫人很受欢迎，因为她减轻了这些宏伟展示品的终结给人们造成的痛苦。她在《礼节和款待》一书中写道："讨厌的分隔饰盘①再也不会出现在现代餐桌上了……对随意的重视超过了一切……对那一时刻，人们最喜欢的想象是，沿着餐桌摆放着长长的玫瑰枝、根以及其他一切。这些玫瑰的茎被缠绕起来，根被小心地清洁，然后有一部分隐藏在芦笋蕨中。而将玫瑰树不经意地连根拔起然后放在餐桌上的想法，在那个'人造'的年代被公认为是极端迷人的。"

鲜花也用来给节日食品——腌制的、结晶的以及粉状的——染色。鲜花在中世纪和文艺复兴时期被广泛使用。奶油冻和奶油、果味馅饼和果冻闪耀着斑斓的色彩；杰拉德（Gerard）在《植物史》中描述了从牛舌草中获得的饱满红色："它们的根被用来为糖浆、水、凝胶剂染色，那些染色巴豆似的染色剂……如传说中的那样，法国贵妇人

---

① 餐桌中央用以放鲜花、水果、糕点的有许多分隔的饰盘。——译者注

用它们的根来涂抹脸颊。"紫罗兰产生蓝色，碾碎的叶子则是绿的。而所有这些中最珍贵的要属藏红花，它能提供一种香气浓郁的金色；不过，如杰拉德指出的那样，金盏花作为一种较便宜的替代品被广泛使用着："在荷兰各地，为了放在肉汤中以及各种其他用途，黄色的花瓣被风干并保存起来以度过严冬。它们数量庞大，在一些杂货店或香料店中被一桶一桶装得满满的，一桶的零售价是一便士左右。可以说，没有干金盏花就做不出好肉汤。"金盏花也是流行的沙拉配料，用来搭配季节性鲜花，像樱草花和立金花、紫罗兰和熏衣草、牛舌草和琉璃苣。所有这些，在没有新鲜菜叶做沙拉的漫长一冬后都必然会涨价。

除了用作装饰和烹调，植物具有更重要的作用——熏香。而这已经在很大程度上从西方宴会上消失了。对熏香的做法，某些食物和葡萄酒肯定要皱眉头，因为这会遮盖它们"真正"的香味和酒香。这一观念最早出现在19世纪的不列颠，那时人们正苦于既要摆脱自身18世纪的各种恶劣习惯，又要与那些喜爱熏香的低层次外国人区分开来。1869年的《饕餮年鉴》报道了一场勒阿弗尔国际俱乐部举办的"品尝宴会"，并以可预料的反应回应了一名成员的投稿："睫毛膏蒸发出来的香水味令人不悦地打扰了品尝者；不可能找到比香气刺鼻的餐桌更粗野的东西。在这种充满理发师味道的环境里，怎么能品尝巧克力糖或捕捉葡萄酒的香味！"现在通行的卫生习惯消除了人生中几乎所有的自然味道，让人很容易忘记用在皮肤和头发、衣服和地板上的香水和香油那令人愉快的作用。但是熏香在宴请中的角色有一段漫长而高贵的历史，很可能开始于人们第一次趴在被称作芬芳草地的阳光地毯上的时候。经常被雇来参加古希腊宴会的妓女，将浓烈的紫罗兰香用在她们的呼吸中，还有身体上。古罗马皇帝喜欢玫瑰：卢修斯·维鲁斯（Lucius Verus）将玫瑰和百合花瓣塞满了他的宴会沙发；尼禄的餐厅中有一排活动的象牙树叶，让整个房间都飘荡着甜甜的香味，并在他的客人头上撒下花瓣雨；埃拉伽巴卢斯（Elagabalus）的客人们在等待宴会开始时曾经差点因玫瑰花瓣窒息。①贯穿欧洲中世纪的昂贵的芬芳香料——龙涎香、麝香、玫瑰露及橙花露②——在庆典菜肴中被广泛使用，就连洗手用的水通常也会加入香草。意大利文艺复兴时期，如果在餐桌上没有一小瓶准备用来洒在手帕和衣服上的香水，任何宴会都无法完成。

这种习惯是作为十字军东征的一种结果到达欧洲的。中东和亚洲仍有一些地方会在招待和烹饪中熏香：在波斯有精致的玫瑰花瓣果酱，在土耳其玫瑰露被滴在浓浓的咖啡中，杏仁做的甜食用玫瑰露或橙花露浸湿，客人们的脚和头发被涂上了香膏和香精。耶稣在伯达

《希腊妓女为狄奥尼索斯跳舞》。黑色雅典花瓶绘画，约公元前430年

---

① 玫瑰在古代宴会餐桌上有一种不那么轻佻的意义，即机密性。如果一朵玫瑰被悬挂在餐桌上方，那意味着用餐期间在"玫瑰花下"（sub rosa，意译为"秘密"。——译者注）进行的私人谈话应当保密。

② 其象征意义对于基督徒和穆斯林而言是不同的。玫瑰对穆斯林来说是令人敬畏的，因为他们相信它起源于先知的糖果。与此同时，对基督徒而言，它们象征着高尚（圣母马利亚被认为是 Rosa Mystica，玫瑰圣母）；而橙花则意味着童贞，因此在婚礼上很普遍。

尼①得到了好客的名声，"有一个女人，拿着一玉瓶极贵的香膏来，趁耶稣坐席的时候，浇在他的头上"。②直到 17 世纪，约翰·夏尔丹先生记录一场波斯婚礼时，情况仍没有太多改变："他们将一瓶玫瑰露倒在身上，大约有半品脱；另外一大瓶水用藏红花染色，于是汗衫被它弄脏了；然后他们在胳膊和身体上涂抹劳丹脂和龙涎香香水，并在他的脖子上洒上一大片茉莉香水……这种爱抚和致敬的方式对女人而言是世界性的，她们将大把的银子挥霍在这上面。"也许当下芳香疗法的复苏，会带领西方人再一次体验香熏给宴会带来的愉悦。

---

① 伯达尼（Bethany）：村庄名，意为"穷人之家"。《圣经》中这里是拉匝禄、马利亚、玛尔大的家乡，也是癫病西满的家，同时也是约翰给人施洗的地方。——译者注
② 《圣经·马太福音》26：7。——译者注

第十四章

圣安东尼的宴会：猪——农夫们的宴会

显然，大自然赐予我们猪这一种族，来阐释宴会的含义。
——马库斯·特林提阿斯·瓦罗（*Marcus Terentius Varro*）

在多数宴会上，较尊贵的肉类是牛肉、天鹅肉、孔雀肉和鹿肉，在另一些社会则是羊肉和骆驼肉。而猪肉，尽管毫无疑问它会出现在宴会上，却没有摆在贵宾席的资格，因为人们认为它太普通了。[①]即使是在今天，厨师们也知道，每卖掉十盘牛肉，才能卖掉一盘猪肉——多数人不认为那是一种特别的款待。出现在大学学院宴会仪式上的野猪头也许与这一观点相矛盾，但是野猪更多地被归为野味，事实上，在对野味最早的通称中包含野猪肉，"野味"的意思是狩猎之肉。在欧洲和亚洲，狩猎者认为野猪是无畏的，所以也是危险的；而驯养的猪与野兽则处在完全不同的等级。农夫们把这些早期的猪赶进树木繁茂的乡下，以行使他们在林地放养猪（让它们吃橡树果）[②]的封建权利。这些家伙骨瘦如柴、长腿、多毛，以我们迟钝的眼睛看来，它们与野猪非常相似——事实上，1658年爱德华·托普赛尔在他的《四足兽历史》中使用了同一幅版画来描述这两种动物。

---

① 例外之一是乳猪。在中国的烹饪习俗中也是一样：尽管猪肉是中国最广泛食用的肉类之一，但却很少出现在宴会中。

② 在撒克逊时代（指6世纪西日耳曼人征服英国部分地区后的那段时间。——译者注），用于放牧的土地以及猪本身有时在遗嘱中被赠与他人，如："我将林地中的七只猪留给农民Wolferdinlegh。"

《猪》。爱德华·托普赛尔，1658年。在他的《四足兽历史》中，托普赛尔的野猪插图与家猪的是同一幅

随着时间的流逝，封建社会逐渐瓦解，即使体力劳动者也可以自己豢养动物，无论在城镇还是农村。那些毅然开始从事这项劳动的人启发了更贫穷的阶层——如17世纪的乔维斯·马卡姆（Gervase Markham）、约翰·沃里奇（John Worlidge）和19世纪的威廉·科贝特（William Cobbett）那样的作家，让他们开始赞美家猪的美德，因为它们以一种节约的方式为家庭提供食物。猪的杂食性、其肉的营养性以及最难吃的边角料部分所含有的价值丰富的油脂，都使得人们对这种野兽不加选择地贪婪索取①，这激发了某种担忧。这也许能解释为什么在贵族的宴会餐桌上它不那么受尊敬，却被认为更适合为下等人的欢宴增添光彩。毕顿夫人（她本人是勤勉的拾人牙慧者）在1868年的《家庭管理》一书中描写猪时声称：

> ……它在任何地方都因其贪食、懒惰及对食物特性和质量的漠不关心而著称。尽管它偶尔会对多汁的植物或美味的胡萝卜展现出美食家的品位，热切地品尝它们；但下一秒中，它会将同样的趣味转向腐烂的泔水。这可能会刺激肆无忌惮的贪婪者的忍耐力。这种粗糙和令人厌恶的饲养模式，让它在所有国家和

---

① 在佛教思想中，猪也是贪婪的象征。

语言中都获得了"不洁动物"的坏名声。

在一些地方，养猪既不是传统也不是习惯，比如苏格兰的绝大部分以及法国南部的某些区域。这可以回溯到人民非常贫穷、土地非常贫瘠的时代，那时庄稼歉收是很常见的。而由于猪是杂食动物，它们便与自身需要食物的人类形成了直接竞争。他们养不起出产乳清的奶牛，而给猪吃谷物或土豆又太昂贵；在法国的一些地方，人们甚至不能省下栗子给它们——如古老的传统菜谱所表明的，这些都是人类饮食的一部分。因此，在生活水平提高之前，只有富裕的人才有能力养猪。绵羊、山羊或鹅，这些吃的是草但却产出羊毛、奶或油脂的动物深受宠爱。在法国西南部和中部，对那些养不起猪的人而言，鹅是一种替代品。只要不是无比硕大，单是在草地上就可以把这种鸟吃光，这离享用肥猪肝的舒适生活只有一步之遥。即使那些地区的人们现在养得起猪了，与这个国家的其他地方相比，你仍然很少能见到猪肉产品出现在当地的市场和咖啡馆中。

在苏格兰，即使是今天猪肉仍不是很普遍，[①]例外能反证这一点。该国西南的艾尔夏郡（Ayrshire）和非常靠北的奥克尼郡群岛（Isles of Orkney）都有着肥沃的土地，农业气候也因墨西哥湾暖流而无比温和。这两个地方都是乳牛产区，有很深的奶酪制作传统，而这意味着有无数的乳清可以喂猪。于是，该国唯有这两个地区制作着传统的熏肉和猪肉。在奥克尼（Orkney，这一名称的意思是"猪之岛"，来自 ork，猪，以及 en eye，岛屿），叫做 planticrues 的小型菜园的墙壁以在石墙中夯实泥土的方法建成，这可以保护植物不受狂风吹袭。这些菜园在冬天即将结束的时候变成了临时猪舍，猪被关在里面清理

---

① 羊肉馅饼而非猪肉馅饼，羊杂而非肉丸，美味的安格斯牛肉而非猪肉脆皮，是苏格兰人的最爱。

所有遗留的根和蔬菜残余，并同时为土地施肥。"猪肉、kail 和 knockit corn"①是最终的美味。

曾有人提出，对于猪会抢夺匮乏的食物资源的担忧也许能解释犹太人和穆斯林禁食猪肉的原因，尽管整个故事显然要比这复杂得多。毕顿夫人略微谈到了次要原因，在炎热环境中因吃猪肉而感染疾病或寄生虫的显著风险是另一个原因。因此，非常多的人并不会将猪肉和宴会联系到一起。但是在世界的另一端，猪给了其他许多人机会，让他们能拥有狼吞虎咽地享用肉类和过量油脂带来的乐趣，而这使猪肉变得不那么充足，并因此而备受珍惜。这一观点的具体事例是中国人为庆祝新年而杀猪的习惯，而新年也是穷人罕有的可以吃到肉的时候。

因此，当贵族阶层享用着镀金孔雀、甲鱼汤、凶猛的野兽和肥美的牛侧腰肉时，农民阶层则运用自己的独创性，调制出源自畸形肥胖的猪之尸体的、更家常的喜悦；②关于这些膨胀生物的稚拙的绘画证明了绘画者自身的渴望和满足。许多家庭宴会中最重要的时刻是将猪杀掉之后的那天。举办这一重大活动的最明智的时间是秋天，厨房废弃、菜园荒芜、泔水桶的其他经济来源也走到了尽头；而此时，猪正处在它们最肥胖的时期，凉爽的天气也能阻止肉的腐坏。整个冬天屠夫都在不停地工作，不仅提供珍贵的新鲜猪肉和各种必须立即吃掉的美味器官，还有各种贮藏产品，因为猪肉已经准备好经腌制后被保存起来。即使这种较节俭的宴会被贵族所不齿，下层社会的热切期望却一点也不会减少。

---

① 那是一种绝佳的农家菜，由上等肥猪肉制成。Knockit corn 是珍珠麦，亦即脱了壳的麦粒。在 knockit 中的 K 是发音的，可能因为这是一个拟声词。Kail，意思是羽衣甘蓝，也是苏格兰语统称词汇，用来形容芸薹的叶子，而苏格兰语中用来形容菜园或 planticrue 的词是 kailyard。

② 见第八章，瓦罗对一只过度肥胖的猪的描写。

在整个欧洲，屠宰以及保存猪肉的辛苦工作代表一些特别日子的来临：在瑞士，传统的屠宰会引发一场叫做 die Metzgete 的香肠宴会，它有时与 11 月 11 日的圣马丁节重合。11 月 11 日也是酒神巴克斯的节日，这增添了许多欢乐。许多人将圣马丁节与鹅联系在一起，但 11 月明显是个可以宰杀任何家畜的时节，"他的圣马丁节将要来临，对每只公猪也是一样"是一句古老的谚语。①许多瑞士乡村餐厅仍然提供"马丁"，在菜单上它被称作"全猪"——毫无顾忌的大量香肠和猪蹄、烤猪肉和泡菜、腌猪肉和血肠。漫长而寒冷的冬季也鼓励了家庭蒸馏，并且如同美食作家苏·斯黛尔（Sue Style）所写：

> 蒸馏程序的最佳瑞士副产品之一是叫做 Treberwurstfrass ②的香肠宴会，它于 11 月至次年 2 月在贝尔（Biel）湖滨举行。葡萄种植者在冰冻的冬日里很少工作。在他们可以开始修枝前，一些人以蒸馏为业。这种宴会的主角，是在抛光铜蒸馏器上部、拱形盖的下面蒸出的最好的巨大马蹄形熏猪肉肠。一两个小时后，香肠开始散发出浓烈的味道，几乎可以自己出锅了。你坐在葡萄种植人墓地的巨大搁板桌旁，享用着它们，就着大量土豆沙拉，以及必不可少的葡萄酒和蒸馏工具中的残渣。美妙的东西！

在匈牙利，猪在 11 月 19 日的圣伊丽莎白节上被宰杀，之后，被辣椒染红的、辛辣的意大利腊肠和 gyulai ③被挂起来风干。在意大利，

---

① 7 世纪，圣比德称 11 月为"血腥之月"，即喻指屠宰和腌制肉类。

② Treberwurstfrass 翻译过来就是"对去皮葡萄香肠的狼吞虎咽"，这是一种非常不错的形容。

③ gyulai 是一种香肠。——译者注

猪变成了崇高的意大利香肠、咸肉、生熏摩泰台拉香肚、杯形香肠和腌猪腿，他们将猪蹄皮灌肠中塞满猪蹄然后保存起来，到新年庆典再配着小扁豆吃；从德国引进了熏板肉、法兰克福熏红肠以及更多各式各样的香肠，比你想象的还要多；在比利时，有 bloedpens①、肉饼和猪肉；在斯堪的纳维亚半岛，有 leverpostej②、polse③和萨拉米香肠。在英国，从前的传统是在圣诞节前杀猪以提供新鲜的烤猪肉，因此人们总是选择 12 月 21 日的圣托马斯节，来宣告两周假期的开始。"如果你现在有一只猪，宰了它，如果你没有，偷一只，圣托马斯会原谅你的"成为一句谚语。每个人都享受着圣诞烤肉餐会上的油炸食物和猪肠、猪肝和肥肉、布丁和馅饼、卤水猪头和熏肉、撒满丁香的巨大火腿以及脆猪皮。在西班牙，杀猪被称为 la matanza，是家庭日程表中的一项主要活动，它提供了香喷喷的山地火腿、扎布勾（Jabugo）火腿以及麻辣的蒜味辣肠、灌肠、腊肠和猪血肠，最后是美味的涂在烤面包上的橙色油脂。在基督徒从摩尔人④八个世纪的占领中夺取西班牙后，食用猪肉呈现出一种明确的宗教意义。穆斯林和犹太人都曾遭受西班牙宗教裁判所的迫害，惹人注意地食用猪肉可以避免异教徒的危险指责。

　　牧者和猪的守护神是埃及的圣安东尼，他的纪念日是 1 月 17 日。在法国，这一天猪不会被宰杀，还有一部分原因是人们认识到它们在猎松露时所起的不可或缺的作用。莱切兰切斯（Richerenches）村会举办松露弥撒。参加弥撒的每个人都必须带来一块松露，它们将在弥

---

① bloedpens 是一种肉肠。——译者注
② leverpostej 是一种猪肝酱，通常抹在面包片上吃。——译者注
③ polse 是一种快餐食品，类似热狗（hot dog）。——译者注
④ 摩尔人（Moor）是一群由柏柏尔人和阿拉伯人后裔混合组成的穆斯林，现在主要居住于非洲西北部。在公元 8 世纪曾占领西班牙，直到 15 世纪晚期才在安达卢西亚建立文明社会。——译者注

撒后被慈善拍卖。一旦圣安东尼节结束，"松露猪"便回到森林工作，普通的猪则变成肉饼和火鸡肉火腿、腌野猪肉和肉冻、粗红肠、熏香肠、猪肚肠①和血肠、猪耳朵、猪头肉和猪蹄，所有这些都证明了农村老百姓的独创性，他们不会浪费珍贵的猪身上的任何部分；每一片肉都进了嘴里或派上其他用场：猪蹄、猪头肉、猪鬃、猪耳朵、猪油、猪肉、猪鼻、猪皮——除了猪的尖叫声，什么也不浪费。然后这些产品会受到珍惜。在法国南部，吃血肠和吃香肠的节日和比赛仍然是项严肃的事业，由合适的同事或兄弟监督，他们穿着礼服，带领欢呼着的观众，像参赛者一样加入到吃喝的队伍当中，很有男子气概地再吞下一片高贵的黑血肠。"Il fera venir l'eau à la bouche de tous les touristes gloutons"（它会让每一位来访的美食家馋涎欲滴），一张旅游传单上这样吹嘘着。

在安道尔，圣安东尼节曾以猪的慈善拍卖为标志。富有的农民会捐赠一两只猪，不那么富有的会捐赠一片猪肉，也可能是一些猪蹄、猪耳朵或猪头肉，或甚至仅仅是一个coca——大片形状像猪耳朵的糕饼，上面撒着糖和坚果。更新近的习惯是免费的Escudella②午餐。饮食作家同业工会的成员玛格丽特·谢塔（Margaret Shaida），写下了如下说明：

> 今天是圣安东尼节。我几乎忘记了，直到今天早上开车到镇上，看见五个冒着蒸汽的大锅沿街排成一排，来款待地方教区的人们。它们由戴着猩红色帽子、冬衣外面穿围裙的男人照管着。每年的1月17日，安道尔的教区都会组织筹备Escudella——加泰罗尼亚炖肉——的纪念日，为每位路过的人提供免费的一餐。早年

---

① "可口的小袋秘密"，安德烈·西蒙（André Simon）这样叫它们。
② 这是个加泰罗尼亚语词汇，本意是"碗"。——译者注

间，你必须带着自己的碗和勺子来，但现在，纪念碗在附近就可以买到。而你也可以回来再多要一些，多少次都可以。如果你走到镇中心广场，便可以坐在一张桌子旁边吃掉它们，如果你足够聪明，你就会选择一张放着一壶葡萄酒的桌子，它也是免费的。

Escudella在圣诞节和主显节①庆典之后很快到来，看起来它很可能是吃光所有剩饭的一种方便途径，同时还能获得一些乐趣。

杀猪必然是一种公共活动，因为需要相当多的劳动力来清洁和切碎猪的尸体、准备做香肠皮用的猪肠、收集做血肠用的猪血、提取脂肪、剁碎猪肉、腌制咸肉等等，还不算屠宰这项最基本的技术活。猪的所有者不得不预先进行大量准备，将大量清洁所必需的水煮沸，好将猪毛煺掉。他们还需要准备一大堆食物，款待来帮忙的邻居们。分担任务是田园生活的一部分；在需要时每个人都参与其中，对这一点的认可推动了共同利益。过去，在屠宰之后，英国的孩子们会被打发出去，带着"猪的欢呼"在邻居间四处奔跑。热腾腾的猪肉油炸食品，或更精致的碎猪肉、发酵馅饼、一壶杂碎也许会作为礼物赠送给那些付出了劳动或对进料槽中的碎肉有所贡献的人。在那一年其他时间的特别庆祝活动上，人们会自豪地将猪身上最好的部分提供出来。洗里脊肉便是一例：从盐水盆中拿出来后，猪脊肉被划开，新鲜的绿欧芹被塞进深深的缝隙中。这样，当肉被切开的时候，喜庆的外观——生气勃勃的红肉、清晰的白色脂肪和明亮的绿色欧芹——便加入到盛大场面中。猪肉，这种比其他肉都要便宜的肉类，也是在欧洲各地的乡村广场中举行的公社宴会的重要备用品。

---

① 主显节（Epiphany），基督教节日，每年的1月6日，纪念耶稣向以东方三圣为代表的基督徒和异教人民显圣。——译者注

公社猪制度一直持续到 12 世纪。我最近听传奇足球明星鲍比·查尔顿（Bobby Charlton）回忆起他在"二战"时期度过的童年时光，以及他所居住的街道分享一只猪的情景："……每次一只猪被杀掉，都是一场重要庆典；人们从四面八方赶来，分到一小块。"他还记得，他不得不等到家里分得的那块腌制好，才被允许吃第一口，这让他很不耐烦。在欧洲的大多数地方，在镇子里养猪的做法在"二战"后卫生检查员的禁令下绝迹了，尽管家猪在乡下仍然很兴旺。后来的欧洲共同体（European Community，EC）规则宣布，即使是在小农场里，私自杀猪也是不合法的，但历史悠久的习惯不是那么容易被根除的。

1997 年，我的一个女儿在吉伦特（Gironde）的小村子里住了一年。除了鸭子和母鸡，她的房东在花园尽头还养了一头猪。新年后几周，宰猪的日子到了。校车上传来的嗡嗡声证明，就连小学生也会因这种乡巴佬行为而感到窘迫，但它仍是他们生活中的鲜活部分。村子里的每个人，即使彼此其实没有亲戚关系，也会相互合作，多数小学生会加入进去，或至少认识会这么做的人。"猪肉杀手"是当地大户人家的一员，也是剩下的寥寥无几的有"特殊额外技能"的屠夫之一；事实上，他不仅能完成这项工作，还准备好愚弄 EC 规则来增加兴奋感。狗、孩子、朋友、祖辈和其他亲戚都来到这里工作或吃或吠或找乐儿。但是之后一切照旧：

> 当那一刻到来时，我感到有些紧张，因为所有女孩都坚持猪会逃脱。屠夫进去抓它的鼻子，他抓住它的瞬间我听到了它唯一一声尖叫——非常大声。一旦被抓住，它看起来变得相当平静。当屠夫把猪牵向一张低矮长凳时，有一瞬间，有一种寂静的压力。四五个人把它压在下面；他们大笑着卖弄一番，也许他们也

很紧张。我被屠夫迅速而干净地切断动脉的动作迷住了，猪则安静而顺从地死了，我可以听见它有规律的呼吸直到生命结束。我很吃惊，竟有那么多血，在寒冷的空气中冒着白汽。它们都会被收集起来，然后在大锅里搅拌制作成黑血肠。然后有许多活动：用沸腾的水烫掉猪毛，然后剥下它的皮，弄干净猪肠以便第二天制作香肠，有弹性的猪肉块被放进一个上面有咒语的大得骇人的壶里咕嘟咕嘟地煮开。我不是很喜欢看这些。一天的工作完成后，每件东西都是安静、干净和整齐的。唯一不同的是两片粉色的猪，还有它的肝被挂了起来，在盖伊（Guy）闪着微光的摩托车旁的车库里冒着热汽。

下午，是整个程序中最温馨的部分：夜幕降临，快活的一餐慷慨地摆开，提供给辛苦工作的每一个人。人们跺着脚进来，用力呼吸着冷风和锅中冒出的蒸汽，他们在家人的欢迎中放松下来。狗也在桌子下面平静下来，渴望地将目光投向刚懂事的孩子。有些东西，像黑血肠，来自近期的另一次杀猪活动，而今天制作的长长的血肠会很快在邻居家被端出来，因为之后不久，斯特拉（Stella）和她的家人就要帮助其他人宰杀他们的猪。有一大盘深红色的火腿，非常咸，并且切得很厚，它是被杀掉后在车库里加工的上一只猪。来自玛蒂（Martine）花园的脆生生的腌小黄瓜，与她的猪油沙锅形成鲜明对比。为了感谢所有的辛苦劳动，餐桌上有几罐玛蒂自制的肥猪肝——令人垂涎的款待，只有在非常特别的场合才端出来。桃子奶油布丁由从前一年夏天的阳光中汲取了芬芳气息的瓶装桃子制成；还有一些新鲜的山羊奶奶酪，另一些则由绵羊奶制成，饱满圆润，从盘子边缘滴落，然后被舀起，并用本地合作社的几壶葡萄酒冲洗干净。晚餐中一直保持着聚会的气氛。

一顿感恩的丰收晚餐，为了猪，也为了犒劳每个人的努力工作。但是一旦宴会结束，生活立刻回到平常，因为第二天有大量辛苦的工作等着去完成：剁碎肥肉，消毒玻璃罐好储藏肉类和陶罐食品，制作香肠、布丁和陶罐食品，以及喂养其他动物。使我印象深刻的是，这一活动在那里完全是生活的自然部分——努力工作，获得丰盛的饮食，然后再努力工作。我正是因为这一点而接受它。

第十五章

野兽般的宴会

*人居尊贵中不能长久，如同死亡的畜类一样，这即是他们
的道。*

——《圣经·诗篇》49篇

历史学家认为1870年普法战争期间发生的"巴黎之围"为第一次
世界大战埋下了伏笔。而后来发生的公民起义和1871年对巴黎公社①
的血腥镇压为俄罗斯1917年的布尔什维克革命上了重要一课。但吸引
大众化想象的围困景象似乎反映了社会中贫富分化所造成的不平等，
尤其是在他们创造性地解决食物匮乏的方式上。

在战争前夕，路易—拿破仑第二帝国统治下的巴黎是欧洲最耀眼
的城市，是权力的中心。"欧洲感到跳动的心脏就在巴黎。"维克多·
雨果（Victor Hugo）写道。奥斯曼壮观的新城市规划将混乱的老城
区一扫而空，代之以宽阔街道和高雅建筑的重建。戴着面具、穿着奇
装异服的舞会轻佻而又神采奕奕，这种景象自路易十五以来就再没见
到。时尚巴黎的每一个角落都专注于对爱情的追逐，真正的"男妓和
寄生虫、皮条客和荡妇的埃尔多拉多②"，通讯记者亨利·拉保契尔

---

① 一周时间内，在那里有超过两万名巴黎人被杀死，当时信仰社会主义的公社社员曾经控
制巴黎，但最后还是被法国凡尔赛政府派来的军队无情地剿灭了。

② 埃尔多拉多（El Dorado）：西班牙语，定义模糊的历史地区和城市，位于西半球，通常
被认为在南美北部。传说有大量黄金珠宝，16和17世纪的探险家们曾极力搜寻。后用来
比喻想象中极为富庶或机会极多的地方。——译者注

（Henry Labouchere）后来写道。上流社会的餐厅正处在它们的全盛时期，巴黎最著名的餐厅之一瓦赞（Voisin）餐厅，刚刚雇用了一名叫做恺撒·里兹（César Ritz）的干劲十足的年轻实习生。

围困即将迫近的形势越发明朗，人们便迅速着手准备。手推车上，来自巴黎周边商业菜园的蔬菜堆得高高的，谷仓中塞满了粮食，周围森林中的野味被捕捉或轰走，这样它们就不会被用来喂饱俾斯麦的军队。商务部长 M·迪韦尔努瓦（Duvernois）准备了近二十五万只绵羊和四万头牛①，让它们聚拢在布洛涅森林（Bois de Boulogne）中和巴黎一个较小的广场上。但显然，这看似巨大的食物储藏室仍是不够的，部分是由于一些简单的计算错误。秋天慢慢过去，当局开始意识到所面临的麻烦。马肉早在 1866 年就已经由巴黎的屠夫引进，作为给穷人的替代肉类，但法国人对马肉的爱好是从围困中培养出来的。1870 年 10 月，作为其他可敬的巴黎人中的榜样，中央健康卫生委员会为自己举办了一场声势浩大的"马宴"。在宴会上，马肉被制成一系列菜肴，从马肉汤开始，然后是马肉烩圆白菜。臀部被制成了馅饼，肋部炖，腰部烤，还有各种形式的马肉熟食。流行很快席卷开来，骡子和驴都被拿来与小牛作对比，就连英国人也赞美着马肉的优点，"我无法想象人们怎么还能继续吃猪肉"，第一次品尝后，记者汤米·鲍尔斯（Tommy Bowles）激动地写道。

到 11 月中旬，新鲜肉类已经消耗殆尽，人们将饥饿的目光转向了更不平常的生物。9 月，《每日新闻》"被围困的居民"亨利·拉保契尔给他的报纸写信说："我猜如果围困持续得足够长，狗、老鼠、猫都会感到害怕。"两个月后，他的诙谐应验了，狗、猫甚至老鼠都被"猫科和犬科屠夫"围捕，而它们在烹饪学上的价值与此不相上下。这

---

① 不幸的是，他忘记将奶牛算在家畜中，此后证明，这对孩子来说是灾难性的。

自然为报纸的通讯记者提供了完美的新闻材料，尽管知道他们的不列颠读者看到文章后会怀着毛骨悚然的厌恶摇摇头，但他还是立刻进行了报道。根据美洲代表团的说法，浅灰色马的肉味明显好于黑色马的肉，老鼠据说吃起来像鸟，而猫肉则像灰松鼠肉。一位法国人宣称，狗肉是"细腻的、新鲜的、玫瑰色的"，覆盖着白色肥肉。到了12月中旬，即使是拉保契尔也承认自己吃了一小片狗肉，这让他觉得自己像食人族一样。日子直逼圣诞节，猫肉要六法郎一磅，还经常用它冒充兔肉（值四十法郎）。老鼠肉售价半法郎一磅，这导致了一种流行的活动——猎耗子，也产生了各种特色菜单，包括五香炖老鼠、老鼠馅饼、猫肉配老鼠（或"像香肠"的老鼠，这取决于你看到的是哪个版本）。

随着冬天变得越来越潮湿，越来越寒冷，动物园的转折点到来了，珍稀观赏动物变成了新趣味的目标。除了大型猫科动物[①]和猴子（还有河马，它太大了），动物园中的所有"居民"都被处决并出售给那时在万人之上的屠夫。两只小象卡斯特（Castor）和波吕丢刻斯（Pollux）被射杀，大块的肉被自豪地放在英格兰肉店的驼峰、骆驼肾和熊、狼以及各种叫不上名字的动物尸体碎块旁展览。因此对于那些有钱人，没有发生真正严重的营养不良；而穷人，如平时一样，遭受着最严重的剥削。顺便提一句：相同的事情发生在1596年，那时的巴黎也被饥荒打败。那个时代的作家皮埃尔·德·莱斯图瓦勒（Pierre de I'Estoile）在他赖以成名的日记中写道："在这个时期，巴黎爆发了穷人游行，参与者的数量是前所未见的。他们大喊饥饿。与此同时，富人正在他们的豪宅中饕餮着宴会和奢侈品。无论有什么样的借口，这都是对上帝令人憎恶的冒犯。"

---

① 2003年美军人侵巴格达的抢掠过后，食肉动物是巴格达动物园中仅剩的活着的动物。

1870年冬天，巴黎最好的餐厅和咖啡馆都在各自的菜单上增加了珍稀动物。羚羊和驯鹿得到了普遍赞许。尽管事实上从10月份开始，它们就接到命令说只能为每位客人提供一盘这样的肉菜，拉保契尔还是记录下："在林荫大道旁昂贵的咖啡馆里，卢库勒斯般的盛宴摆了上来。"因其食客的富有而著名的瓦赞餐厅所提供的圣诞节宴会菜单成为当时菜单的典型代表。也许记录者为能报道整个特殊时期而感到兴奋，对菜单的说明显得有些混乱，一些本属于这次宴会的菜肴出现在了其他的菜单上，但这一由主厨科隆（Choron）掌勺的野兽般的宴会显然包括：

填馅的驴头

大象肉汤

英格兰烤骆驼

袋鼠麝香

烤熊肋，胡椒辣酱

狼腿，狍子酱

猫肉配老鼠

羚羊松茸沙锅

这些东西被就着1846年的穆顿·罗特席尔德(Mouton-Rothschild)、1858年的罗马内伊·孔蒂（Romanée-Conti）、1864年的帕梅尔堡（Château Palmer）①和1827年的波尔多吞下。这是瓦赞的最后一场盛宴，由于食物和能源的双重匮乏，在那之后它便歇业了。而那聪明的年

---

① 穆顿·罗特席尔德、罗马内伊·孔蒂和帕梅尔堡都是著名的出产葡萄酒的酒庄，此处指这三个酒庄出产的特定年份的葡萄酒。——译者注

轻实习生还将继续为未来奋斗，他在辉煌酒店（Hotel Splendide）做餐厅领班，在那里学会了如何满足富有的美国人的口味，并最终建立了与之齐名的自己的公司。①

---

① 1898年6月里兹在巴黎开了第一家里兹饭店。此后带他的名字的饭店就被看作是"时髦"与"豪华"的象征，他被爱德华七世誉为"饭店业的国王"以及"为国王服务的饭店老板"。——译者注

　　　　　　　　　　查理曼大帝的桌布

第十六章

文艺复兴：欧洲宴会改革

……美味糖果的永恒宴会。

——*约翰·弥尔顿*（*John Milton*）

第三章中描述了中世纪宴会上的食物，并提到它们在几百年间都没有多少改变。当然，有一场改革，在大约六百年前加速推进。总的说来，饮食风格穿过欧洲向北部流动，因此当改变发生在不同国家和不同时期时，人们很容易被搞糊涂。例如，尽管1491年美第奇家族的洛伦索①就拥有了一整套银叉子，但近二百年后，不列颠贵族才开始在日常生活中使用餐叉，那时它们仍被认为是不必要的外国小玩意儿。

这些变化是什么？15、16世纪的意大利人是否认识到他们正在陷入一场欧洲"复兴"？科学的魅力和重新学习古典精粹的兴趣显现出来，并且所有这一切都促成了一种人文气氛，宗教教义在其中受到质疑甚至改革。印刷机使得欧洲各地的思想传播通过书籍而加速；多才多艺的艺术家运用透视法和数学，努力将其描绘的对象表现得更自然；程式化的中世纪肖像画消失了。向西的美洲大发现以及向东的对香料群岛殖民带来了其他变化，而不仅仅是食物和宴会——巧克力、

---

① 洛伦索·美第奇(Lorenzo de'Medici, 1449—1492)：被称作"高贵的"("the Magnificent")洛伦索，杰出的学者与艺术家赞助人，受其赞助的包括米开朗基罗和波提切利。意大利贵族家庭美第奇家族出了三个教皇——利奥十世、克莱蒙七世及利奥十一世及两个法国皇后——凯瑟琳·美第奇（本章后面会提到她）和玛丽·美第奇。科西莫（1389—1464）是这个家庭中第一个统治佛罗伦萨的人。——译者注

土豆、火鸡、西红柿和红辣椒，所有这些都做出了相应的贡献。与新原料相伴而至的是对食物的新态度，这一点在1474年的《关于正确的快乐与良好的健康》中具体显现出来。其作者巴托洛米奥·萨基（被人称为普拉庭那）①，是人道主义哲学家和罗马天主教会图书管理员；他的书标志着饮食著作的转折，因为他的论著并未将享用食物看作是通向暴食这种原罪的道路而将之弃绝，取而代之的是，我们可以在适当的情况下为之自豪。②

自中世纪以来，宴会的第一道菜几乎没有改变。甜辣原料与开胃原料的混合仍然很受欢迎，羽翼丰满的烤孔雀继续作为聚会的一部分喷吐着火焰，但餐桌摆设的变化正在发生。又长又细的长凳风格支架（即"宴会"一词的起源banchetta）为更宽的餐桌让位，这样就可以将更多的菜肴全部对称地摆在桌上；许多较晚的书中增加了解释菜肴应如何排列的图表，而每道菜的成分则被删除或替代。精致的餐桌装饰——银、糖、意大利锡釉陶器甚至编织成装满鲜花的篮子的釉彩面团——也让额外的尺寸变得必不可少。切割肉类的仪式变得更加精彩，而绅士切肉人——进行称为"空中切割"艺术表演的"切开人"——甚至在意大利皇室圈中赢得了一席之地，与scalco③或总管形成竞争。中世纪的热情很难灭亡，对象包括作为展示的一部分的活物：凯鲁碧诺·吉拉达西（Cherubino Ghirardacci）描写了1487年在博洛尼亚为安尼贝尔·本蒂沃利奥（Annibale Bentivoglio）举办的婚礼宴

---

① Bartolomeo Sacchi da Platina，1421—1481，学者，西方第一本大量发行的食谱作者。——译者注
② 所有食谱（以迥异的实用风格写成）后来都被看作是主厨——科摩（Como）的马丁大师（Maestro Martino）的作品，他创作了《烹饪艺术之书》。普拉庭那将书中近一半的内容吸收进了《正直》，并自顾自地写道："噢，不朽的神，哪位厨师可以与我的朋友——科摩的马丁相比？那博大的起源在这里写下。"
③ 切熟食（肉食）者，或厨房管理者。——译者注

会[1]，宴会包括一座糖城堡，里面装满了活鸟（接下来是烤野鸟）；一座面城堡，装满在客人间蹦跳的活兔子（接下来是兔肉面饼）；以及一座"巧妙的城堡"，圈住了一只在城垛内呼噜呼噜的大猪（接下来是烤乳猪）。镀金让食物闪闪发光，尤其是在婚礼上，因为金子寓意长久。木头、金属以及发展到最后的瓷盘代替了面包食盘；玻璃器皿——特别是在意大利——在餐桌上晶莹剔透地露面；叉子和刀子开始出现；胡乱折叠的手帕自始至终装饰着餐桌。两本17世纪的著作（安东尼奥·拉梯尼 [Antonio Latini] 的《现代炊事员》和马蒂亚·基吉尔 [Mattia Giegher] 的《旅程》）展现了此种艺术的巅峰：一大堆餐布被叠成轮船、城堡、鲸鱼、孔雀、螃蟹、狮身鹰首兽、狗和令人惊讶的抽象图案。这些复杂的造型通常需要缝合一两针来固定住；客人们使用的则是洒上玫瑰露香水的较朴素的手帕。1570年，教皇庇护五世[2]的主厨巴托洛米奥·斯卡皮（Bartolomeo Scappi）将鸣禽隐藏在为甜点准备的手帕中，当鸟儿试图逃脱时，鸟鸣的爆发和小翅膀的鼓动声让客人深深陶醉。这些作品非常受欢迎，一些工匠甚至靠每天挨家挨户地叠手帕谋生。到了17世纪，这种风格渗透到英格兰中产阶级，塞缪尔·佩皮斯[3]凭借其对价格的习惯性关注，记录下了为次日的晚餐创作了"造型各异，美丽非凡"的手帕装饰的人"赚了很多钱"。

现在，厨师和编年史作者像斯卡皮一样写下他们的宴会菜单，这样我们就能获得更多菜品的细节。当时欧洲烹饪风格的分化今天

---

① 按照他们的习惯，婚礼确实趋向保守，尤其是在餐桌上。

② 尽管斯卡皮将其奢华的"歌剧"献给了他，庇护五世其人仍是出了名的极端节制；因此不是教皇的节俭观念与我们的层次不同，就是他只喜欢招待别人。（庇护五世：Pius V，1566年1月7日—1572年5月1日在位任罗马教皇。他曾发起组成了反穆斯林的"神圣同盟"，并于1570年2月25日革除了信仰新教的伊丽莎白女皇的教籍，迫使其放弃了宗教宽容政策。——译者注）

③ 塞缪尔·佩皮斯（Samuel Pepys，1633—1703）：英国公务员，他的日记包括对伦敦大火（1665）和大瘟疫（1666）的详细描述，是宝贵的历史资料。——译者注

仍然能识别出来。在意大利，当餐桌装饰和服务变得更加精致时，食物本身却变得比中世纪的"份"更简单、更清淡并较少调味。蔬菜在诱人的附加菜中更加突显，像油和香草拌法国菠菜①、韭菜蘑菇或洒上黄油橘汁的炖球茎茴香。肉类特征则没有遥远的北方国家那么明显，尽管意大利腊肠和有名的博洛尼亚香肠经常出现，禽类也很受欢迎——鹌鹑和其他小型鸟类经常出现，它们可能与加了糖的橄榄油和葡萄或柠檬一起呈上。对古代遗物的兴趣导致了松茸、鱼子酱和生物的奇异部分——如鸡冠、鱼肝、脑子、猪耳朵、牛羊乳房和古罗马就餐者享用过的其他东西——的复兴。法式烹饪变得更加复杂，每盘菜都有几十种原料，出现了过油肉，人们对腊肠也充满热情。不列颠、德国和其他北部国家仍保有对简单、大量的红肉的迷恋。但当时的记载已经开始称赞宴会食物的质量或稀有性，而不仅仅是数量；反季的水果和蔬菜很受欢迎，在1月，新鲜的豌豆或芦笋是顶级奢侈品。

但在欧洲，这一时期对宴会和筵席影响最大的是糖。从中东进口的糖在中世纪时期非常昂贵，因此它最初是被当作药物而非食物使用的；它保存水果和肉类并同时为之调味的能力，激发了人们的兴趣。很自然的，当糖变得越来越便宜，它便越来越多地在餐桌上遭人无度地挥霍。最初由面团制成的Sotelties②，现在由软糖制成。在15世纪的一场罗马婚礼上，在用糖制成的尖顶城堡中，真人大小的糖赫拉克勒斯③与一只狮子、一只野猪和一头公牛在搏斗；在宴会之后，这些糖块被敲碎，扔给了热切等待在院子中的观众们。④另一处记载提到，

---

① 原始菠菜，也被称作 arroche。

② 详细内容见第三章。

③ 赫拉克勒斯（Hercules）：希腊和罗马神话中的半人半神，宙斯与阿尔克墨涅之子，力大无比的英雄，因完成赫拉要求的十二项任务而获得永生。——译者注

④ 从11世纪开始，埃及就在制造这种巨大的糖制建筑。

1475年在彼萨罗（Pesaro）举行的一场婚礼上，所有餐桌用具都是由糖制成的——盘子、餐具，甚至在宴会期间一直保持着滴水不漏的透明酒杯，作为装饰的仿真水果、坚果、浆果也是一样。女士们戴着糖饰物——戒指、串珠别针或念珠——回了家。当法国的亨利三世国王1574年到访威尼斯时，尼科洛·德拉·卡瓦利拉（Nicolo delle Cavalliera）用糖制作了1 286种东西，包括手帕和桌布。16、17世纪的许多烹饪书籍中介绍了糖盘的制作方法。将黄蓍胶（现在使用胶质能达到相同的效果）溶解在玫瑰露和柠檬汁中，加入蛋白和细糖捣烂，制成一种光滑可塑的软糖，然后将它擀成薄片。它们被塑造成盘子、透明酒杯和装饰品。干软糖不是晶莹剔透的，而更像是半透明的陶瓷，其缺乏透明度的特性掩盖不了它的甜美：托马斯·道森（Thomas Dawson）1597年的《贤伉俪的宝石》以"宴会结束时，它们会被全部吃掉——大浅盘、碟子、酒杯、茶杯以及其他所有一切都被打碎，因为这些软糖非常精致和美味"为结尾。

每个人都爱糖。不仅因为它是甜的，还因为它提供了无穷无尽的展示空间。中世纪的viodee，即最后一道菜，变得无比精致，其自身甚至发展成为一种现象。尽管"宴会"（feast）和"筵席"（banquet）两个词曾经代表同一件东西，但现在，"宴会"意味着肉菜和海鲜，而"筵席"则仅指甜食。事实上，通常一天中，除了正餐外的任何时间都有筵席供应。迷人而昂贵，它是最完美的款待。因此我们读到，1535年考文垂（Coventry）市长以街上的筵席接待了里士满和诺福克的公爵们。

在英格兰，荒唐地出现了一种特殊的建筑形式，人们建造很小的宴会房屋，让客人们可以离开餐桌稍事休息，在非正式的环境中一边散步一边咀嚼他们的最后一道菜。有时，宴会房屋被建造成人造洞穴的样子，但更常见的是建造在较高的地方（在朗里特 [Longleat] 的极端例子中，它被建在屋顶），这样客人们就能够俯视花园——在文艺复兴思想中，花园的全部目的是提升感官和刺激智力。到了宴会的这个阶段，极少有客人仍感到饥饿，所以此时，宴会的目的仅仅是愉悦视觉并挑逗厌倦的味蕾。

在这种环境中提供的"宴会物质"由香料葡萄酒和提神饮料组成，搭配着水果干和数量不等的甜点：芳香的种子和坚果包裹着彩色糖衣，制成形状各异、大大小小的香脆糖果；奶油、果冻、leaches（类似土耳其软糖）和又滑又黏的柑橘酱；杏仁蛋白软糖被染色、擀平、切开并塑造成各种形状，这让糖果商不得不努力发挥想象力；冰淇淋和奶油葡萄酒装在小玻璃杯或瓷杯中，在客人们闲庭信步地欣赏风景时被消灭掉；精致的薄饼、小甜饼和五香饼干被制成五彩斑斓的样式。还有干 suckets（蜜饯水果）和湿 suckets（在黏糖浆中保存的水果），食用后者时须使用勺子或甜点叉，或像奶油葡萄酒，被人们在闲逛时从小碟子中吸吮出来。Sucket 一词来自蜜饯（succade），本义不是指这些东西的食用方式，而是指用糖保存的方法。一如既往，一些壮观的可食用中心装饰物展现了主厨的技艺和主人的慷慨。它可能是古典式样，或动物、花卉形状的巨大雕塑。有时，这些装饰品有一点淫秽，反映了某些"宴会物质"只可意会不可言传的催情特性。姜饼公牛或公羊（都是性欲的象征，而辛辣的生姜据说会"激怒维纳斯"），或也许糖盘上的题词，可以被传达给其他能够理解其含义的人。从"启蒙"的 18 世纪回望这个年代，理查德·华纳（Richard Warner）牧师满怀厌恶地在《古代烹调术》中写下："式样特别的装饰物，在相当长的时期内，被英国人和法国人使用着。譬如由软糖或糖制成的阴茎的象征物，它们让女人们脸红，并在余兴节目时被放在客人面前，这无疑是出于恶作剧及刺激交谈的目的。"

奢侈的本性是它会变得越来越极端，直到进一步的改进已经不可能了为止，到了这一步，不是发生政治革命就是风格彻底转变——这是发生在筵席和宴会菜肴上的情况。经过16世纪进入17世纪，国王、皇后、大公、教皇和贵族接连上演奢侈的宴会，以展示他们的财富和权力。到了17世纪，宴会菜肴变成了重大的建筑学事件，通常被称作"茶点"。[①]巨大的餐桌上，蜜饯和新鲜水果被精心地摆成漩涡状，点缀着一盘盘彩色甜食，堆叠成高高的圆柱或金字塔。其形式与描绘古典寓言场景的高耸的中心装饰物遥相呼应，而中心装饰物通常也是可食用的。一些意大利户外活动的记载中，提到了咸香肠和甜食制成的整条小径和花圃使人们产生的自豪之情。法国的泡芙塔——今天有时在婚礼上提供的小圆甜饼焦糖金字塔，是这一建筑风格的遗迹。不可避免地，这些巨型堆砌物有时会倒塌。曾有一座十八英尺高的作品由于太过高大，甚至不能塞进屋子里，愤怒的主厨始终不能理解为什么他的雇主不能把屋顶抬高。

在前面提到的有三座城堡的博洛尼亚婚礼上没发生什么意外。作为权力的象征，城堡是宴会建筑的普遍主题。以凯旋的队伍或一场假装的战役为核心的余兴节目，将奇观和寓言戏剧性地结合在一起，每样东西都象征着主人或他杰出客人的高尚和智慧。慷慨也惠及旁观者——大把大把的糖果或硬币被抛向人群；没资格参加宴会的旁观者站在边缘，准备好冲向食物，好在主宾起身离开时将宴会菜肴全部消灭。约翰·伊夫林（John Evelyn）1685年的日记记录了国王在伦敦为威尼斯大使泽诺阁下（Signors Zenno）和贾斯特里尼（Justerini）举办的宴会。它包括：

---

① 茶点（collation）的意思是较简单的一餐（尽管这些活动通常很充实），包括肉和野味菜肴以及自我炫耀的甜食。冷点心经常意味着开胃菜（佩皮斯提到了一种"腌猪腿和凤尾鱼点心"）。这一用以称呼正餐之间的饮食的术语的使用被认为来自修道院提供的清淡饮食，那时圣约翰·卡西安（St. John Cassian）的《茶点》正广为流传。

十二匹巨大的战马堆得高高的,人们几乎看不到那些坐在马背上的人;这些甜食,无疑花费了几天的时间才被以这种精巧的方式堆叠起来,大使们碰都没碰,就将它们留给了那些好奇地来欣赏晚餐的观众,并无比高兴地看着所有这些新奇的作品倒塌、果酱等四处溅落、餐桌被清理干净的一幕幕。就这样,陛下款待了他们三天,而这些(仅仅是餐桌上的东西)花费了他六百镑,绿衣办事员①W·伯曼(Boreman)向我确证了这一数字。

每一场名副其实的后文艺复兴宴会都有一种机械装置承载着某个政治信号——祝贺、恐吓、感激、自我吹捧。很难相信人们没有对无休止的海螺、提坦、赫拉克勒斯、黛安娜、朱诺和萨梯②感到有点厌倦,但编年史作者对它们的壮观、创造力和不可思议的品质表现出持续的震惊——其实,他们因为收了钱才这么做,并且很多时候,正是他们打造了这些奇观。但这些装置确实很出众。孀居的匈牙利王后玛丽1549年在比利时的班什(Binche)为西班牙未来的菲利普二世举办的欢宴,成为其他庆典争相比较的基准。狂欢持续了几天,其中一场宴会上有一张奇异的餐桌,其巨大的华盖一直顶到天花板,三道菜从上面的层层叠叠中被吊着降下来。稍后,野人们(由骑士装扮)出现,把女士们抢走,并把她们关在一座魔法城堡中,等着别的客人将她们救出去。就算这些在今天看来有一点荒唐,但没人能不钦佩筹备这一活动的技

---

① 绿衣办事员(clerk of the green cloth)是英国皇室家族中的一个职位,专门负责为皇室筹备旅行。——译者注

② 提坦(Titan):来自希腊神话,一个巨人家族的一位成员,这个家族是乌拉诺斯和盖亚的子女,他们试图统治天国,但被宙斯家族推翻并取代。黛安娜(Diana):罗马神话中的处女守护神、狩猎女神和月亮女神,相当于希腊神话中的阿耳忒弥斯(Artemis)。朱诺(Juno):罗马万神庙里最主要的女神,朱庇特的妻子,亦是其姐姐,主司婚姻和妇女的安康。萨梯(Satyr):希腊和罗马神话中具有人形却有山羊尖耳、腿和短角、半人半羊的森林之神,性喜无节制地寻欢作乐。——译者注

巧。它所传达的信息对主人来说非常重要，并通常是以可口的方式阐述客人们不那么认同的论点。

　　班什的宴会和另一场由美第奇的凯瑟琳在巴奥尼（Bayonne）举办的宴会，催生了许多描绘其华宴的绘画和织锦——它们经常被提到。一个名声不大但是绝对经典的事例1594年在斯特灵（Stirling）城堡的大厅里发生。它被1603年出版了《真实报道》的庆典大师威廉·福勒（William Fowler）分秒不落地记录了下来。这一活动是苏格兰国王詹姆斯六世的儿子亨利的洗礼仪式，后来他成为英格兰的詹姆斯一世。詹姆斯自己的洗礼仪式则建立在二十八年前他母亲——苏格兰女王玛丽提供的范本之上，后者从法国引进了形式新颖的寓言性消遣，目的是赞扬斯图尔特家族（Stewart）的血统。玛丽身负一项棘手的任务，即调和她信仰的天主教与新教——不仅是苏格兰，英格兰也信仰，以及适度地仿效美第奇的凯瑟琳——一年前她在巴奥尼举办的一系列华宴，也试图调和与天主教之间的分歧。玛丽的活动险些在灾难中结束，因为英格兰大使和他的随从不太能领会欧洲大陆宫廷的寓言信息，错误地将一些摇着尾巴的"假魔鬼"（本想代表很快就会被击败的邪恶势力）当作了反对其党派的污秽形象，并爆发了一场小冲突。

　　詹姆斯无疑知道这一切，因此很小心地让他的信息不被误解。无论如何，所有客人——除了他的苏格兰贵族外，还包括来自法国、丹麦、荷兰和泽兰的低地国家的大使，当然还有英格兰大使——都理解了这场欢宴中的寓言。苏格兰和英格兰之间的关系至少可以说很有趣。英格兰的伊丽莎白终身未婚，苏格兰的詹姆斯那时是血缘最近的王位继承人。亲戚们是友好的，只是偶尔显得矫揉造作，因为伊丽莎白砍了詹姆斯母亲的头。无论如何，伊丽莎白现在是年幼的亨利王子的教母，詹姆斯希望能统治两个国家。因此整个活动被设计成恭维英格兰大使的聚会，并竭力证明王子是一位合适的未来君主。

之前几个月，准备活动就已开始了，从拆除老皇室礼拜堂开始，因为它对于詹姆斯脑中设想的盛大场面而言太小了。这比想象的花费了更长时间，因此，英格兰大使生病变成了幸运的事，他不得不派艾塞克斯（Essex）伯爵作为代表，这方便地耽搁了活动。其他大使由国王出钱，"无比荣耀地"受到了"magniffique①宴会、狂欢和每日狩猎"的款待。宴会开始前是一系列的比赛，詹姆斯伪装成一位马耳他（Malta）骑士参加进去。尽管苏格兰长老会认为他看起来墨守成规，但事实上是他付钱举办了流行的英格兰活动——登基日锦标赛，伊丽莎白钟爱的一年一度的庆典，作为对她的称赞。紧接着的第二天就是亨利的洗礼，那之后"城堡的大炮吼叫着，伴随着大地的颤抖，其他小炮弹弹奏和弦"，还有"大量不同种类的黄金和钱币，被扔向人群"。

在大厅里有一场"订购了大量食物的……精美宴会"。又一次，詹姆斯国王希望能以让客人们按英格兰风格就座的方式来表白自己，亦即在餐桌上让领主和女士们交替而坐，而不是像苏格兰风格那样将他们隔开。在几道荤菜和附加菜后是机械装置——"凯旋"。双簧管的声音宣布它的到来，一名摩尔人拉着一驾十二英尺长七英尺宽的巨大战车进入大厅。庆典大师最初的想法是使用狮子②（四百年来一直是苏格兰国王的象征）来拉战车，但"由于它的出现可能会给附近的人带来一些恐惧，灯光和火把也可能会扰乱它的温顺，用摩尔人来替代应

① 这个表示"华丽"的法语词是苏格兰和法国之间紧密联系的结果。今天在苏格兰词汇中仍可以找到许多古盟约（Auld Alliance：指11世纪苏格兰和法国签订的军事联盟。——译者注）的残余。
② 挪威国王刚刚赠送给詹姆斯国王一只狮子。几百年来，活物的运输距离远得令人惊讶，而且显然是成功的，这使之成为流行的皇室礼物。

当说是恰当的"。机器被隐藏了起来，使战车"看上去像是仅凭衣着华丽的摩尔人的力量拉动的，他巨大的足迹是一连串纯金……在战车上，是人工制造的精巧装置，一张布置豪华的餐桌，装饰着各种精致的美味佳肴和迷人的法式蛋糕、水果和糖果"。桌子周围是六位"英勇的夫人"：生殖力、忠诚、和睦、宽容、坚贞和刻瑞斯①——她们的首领，右手拿着一把镰刀，"在她大腿的最外面写着'Fundent uberes omnia campi'，意思是'富饶的土地能够提供一切'"。这种观点与莎士比亚使用的影射完全属于同一时代。摩尔人适时地将装着珍贵货物的战车拖向国王的餐桌，在那里，女神们正将糖果递给侍者让他们分发给客人。

战车退出后，进来了最奢侈的并非常匀称的人造轮船：

> 它的龙骨长十八英尺，船幅是八英尺……它通过内部的人工装置移动，以至于没人知道是什么把它带进来的……这艘轮船的表面被涂上了古怪的颜色……桅杆是红色的，滑轮和绳索是同样颜色的丝绸，还有金色的缆绳。它的装备由三十六片黄铜组成，镶嵌华丽，所有的帆都是双层白色平纹皱丝……它的桅楼上武装着象征王权颜色的平纹绸、金子和珠宝，所有的旗子和飘带都与水手相配……在它下面的海是栩栩如生的倒影，绚丽多彩；船头上站着尼普顿②，手中拿着三叉戟，头上戴着皇冠，服饰都是印第安银布和丝绸，上面铭刻着"我结合，我取得"——其重要含义是，当他加入到他们中间，王权都会黯然失色。

---

① 刻瑞斯（Ceres）：罗马神话中的谷类的女神，主管农业、结婚、丰饶的女神，如同希腊神话中的得墨忒耳（Demeter）。——译者注
② 尼普顿（Neptune）：罗马神话中的海神。——译者注

几年之前詹姆斯穿越北海到达挪威，将他的皇后接到苏格兰，正是这场航行最终导致了这场洗礼。那艘轮船无比巨大，以至于为了让它能够出入，需要拓宽大厅的入口。这永久性地削弱了大厅的结构，苏格兰的历史学家大约四百年后发现了其代价。

　　轮船，像城堡一样，是这些寓言中流行的主题。轮船代表国家，在困难重重的海洋上平稳地航行，并载着大量货物安全到达。这艘船的水手衣着华丽，而它的舵手穿着金色的衣服。"现在，它受保佑的航程，带来了大海的恩赐，水晶杯被涂上了诡异的金色和天蓝色，各种鱼，像鲱鱼、鳕鱼、比目鱼、牡蛎、海螺、花斑濑鱼、蟹、龙虾、墨鱼、蛤蜊和由糖制成的无数其他东西，多数栩栩如生地以其自身形象出现。"这一华宴神秘地消失在真的大炮在甲板上制造出的烟雾中。然后，仿佛在这场"喜悦的一餐"中没有足够甜食似的，一些客人离开，到另一个大厅"去吃茶点，一种最珍贵的、最奢侈的并且与王子最相称的甜点准备好了"，他们一直享用到次日凌晨 3 点左右。在这些比赛、狩猎和昂贵的食物中，詹姆斯国王的款待传达了不会令人误解的信息——他的儿子是英格兰王位合适的继承人。在活动中受尽宠爱的亨利王子于 1612 年去世，他的弟弟变成了英格兰的查尔斯一世。

　　在接下来的一百五十年中，这种活动在整个欧洲数不胜数。用甜食装饰的机械装置"凯旋"被一点点地赠送给了音乐会、剧院、露天假面舞会和最初的芭蕾舞剧。"奢侈并且与王子相称"的茶点发展成巨大的几何建筑，它们以 17 世纪在凡尔赛举办的巴洛克节日上的那些为代表，以同时代的雕版为证。但是，在法国和不列颠，它们都随着专制主义的衰落而减少。在法国大革命之前，奢侈的展览已经准备好让位给理性时代更克制的风格。海峡对面也是一样，尽管王朝在 1660 年复辟，但很可能是由于持续的清教主义影响，娱乐款待似乎变得更加适度。

文艺复兴风格的最后一场不列颠款待是乔治五世国王 1821 年的加冕礼宴会，他坚持要把它办成詹姆斯二世宴会的翻版。在国王到达威斯敏斯特宫之前，女花童进入大厅，将花瓣撒在地板上。摄政时期是男性衣着华丽的时代，参加者都穿着都铎王朝的服装出现，这让人们能够恣意妄为。沃尔特·斯科特（Walter Scott）先生写道："我实在不能不提到外国人，他们总认为我们是一个没有卓越的定期盛装庆典的国家，现在他们无比惊讶，并很高兴看到封建服饰和封建高贵的杰出复兴……他们断言，在欧洲，他们从未见过任何能与之相媲美的东西。"每样东西都闪闪发光：埃斯特哈吉（Esterhazy）王子的钻石"像银河般闪耀"，价值八万英镑；伦敦德里（Londonderry）侯爵是授勋的两位骑士之一，他"以其优美而文雅的出场，备受瞩目地加入到这盛大场面的辉煌中……他的帽子上镶着一圈钻石，在整个场景的光芒中……达到了一种最灿烂的效果，就我而言，根本不可能为您描绘这胜景中哪怕最微不足道的景象"，登比（Denbigh）领主这样写给他的母亲。

人们花了两个小时，在餐桌上摆放 336 个银盘子，每个盘子旁边都放着两把银勺子，还有一个餐具柜里展示着纯金的盘子。①

这场闪闪发光的展览用了近两千支蜡烛增强效果。

如果宴会在日落后举行，就会考虑将人工照明的盛大展示大量加入这一场景的辉煌中；但如果天空万里无云，阳光普照，光线能透过每一扇窗，此时无论多少灯光，都不能令人称心。与前一种情况相反，它们会被从壮观的场景中转移出去……对那

---

① 这种习惯很难消亡。在 1952 年伊丽莎白女王的加冕礼上，她身后的长椅上展示着许多相同的内容。

些座位碰巧在枝形吊灯下方的绅士来说，温度的骤然升高——也是相当可观的——不是唯一的不便之处，偶尔，大块的蜡油滴落，不分三六九等地落在能碰到的所有人身上。没什么比女士们的卷发被高温的蜡油破坏更糟糕的事情了，这对美发师在仪式前就早早精心设计好的发型来说简直是灾难。

落座的客人们享用着鹿肉、牛肉、鹅肉、龙虾、大比目鱼、鲑鱼、馅饼和火腿，搭配着甲鱼汤、菠萝和无数附加菜——新国王是出了名的好胃口。在走廊中，一群数量相当的饥饿观众看着他们；一个男人可怜他的妻子，将一只冷公鸡用手帕包着，扔给了她。

一旦陛下和他的随从站起来，观众们就将他们的注意力从食物上转移到餐具上，在大厅中有一条通道，站满了参观者。

《詹姆斯二世国王的加冕礼宴会》，1685 年。1821 年，乔治四世自己的加冕礼宴会就建立在这一活动的基础之上，并制作了一个几乎一模一样的雕版

挤在一起的掠夺人群，同时奔跑起来，一瞬间便围住了皇家餐桌。有几秒钟，美味佳肴，或首先是对抢夺场面的厌恶，延缓了计划中的攻击，但最后，一只野蛮的手穿过了第一排，一只金叉子被攥住了，这就像是给所有人的信号，紧接着是全体的攫取……大管家成功地将大盘子拯救了出来，因此抢夺被限制在了小东西以及不值钱的盘子和别的东西上……这种如今很少见的场景在现代时期并不新鲜。

乔治四世野心勃勃的加冕礼是最后一场文艺复兴风格的宴会。尽管在官方记录中它得到了颂扬，但真实情况是，在19世纪20年代，这种华丽被认为是非常糟的品位，此后的加冕礼都以私人晚宴的形式庆祝。

第十七章

感恩：赞美救难

有人拥有美食却食之无味
有人暴殄珍馐之生存所需
我们拥有食物也细细享用
同时心系上帝及感恩戴德
　　　　——罗伯特·彭斯（*Robert Burns*），《塞尔寇克颂歌》

　　感恩的心情是许多宴会的诱因，也是其他宴会的组成部分——浪子回头、战争结束、金榜题名、婴儿降生、生命逝去、使命完成、圆满丰收——所有这些都是感恩的对象。有些庆祝是一年一度的，另外一些则偶尔发生或是一时冲动。例如，在阿富汗，有一种迷人的习惯，是用赠送食物的方式表达感恩的心情。任何事件都可以引发一种叫做Nazer的宗教行为，从完成朝圣①到大病痊愈。②供品可能是一些很基本的东西，像刚烤出来的面包，更精心制作的"哈瓦"（halwa）——微甜并以豆蔻、杏仁、阿月浑子和玫瑰露精心调味——也是很流行的选择。新鲜而温热的"哈瓦"被舀到一片南面包上，然后盛在碟子里，拿到外面，放到街上，给那些过路人和穷人吃——自发地与陌生人分享食物和快乐。

　　感恩宴会的两个最重要的起因是乔迁和收获农作物，而前者比较

---

① 根据伊斯兰教义，只要有能力，每个教徒一生至少去圣地麦加朝圣一次。——译者注
② 根据海伦·萨比里（Helen Saberi）的观点，Nazer并没有因最近的战争而有所减少，也没有退化。

晚近些。收获是乡村生活最重要的部分。当人们认识到不用再忧虑一年的作物，从潜在的或真实的——如果前一年的存粮已经耗尽——饥饿中解脱出来，便会上演真挚的庆贺。在富饶的国度，丰收与否不再招致生死之别，农民不再经历因收割玉米和捆扎麦秆等高强度体力劳动导致的饥饿，也不再经历最后一捆麦秆被堆得仿佛要弹开来时的兴高采烈；但在乔治·艾略特（George Eliot）的《亚当·比德》或托马斯·哈代（Thomas Hardy）的《远离尘嚣》中描写的丰收晚餐的气氛并没有完全退色。

尽管我们中的大多数人已经远离了与粮食生长的亲近，但在看到架子上的一罐罐果酱，或被农产品塞得满满的、随时可能会被挤爆的冷藏柜时，很多人仍能感受到那种熟悉的安心感觉。聚敛和储藏的渴望非常基本——谁能穿过嵌满饱满黑莓的灌木篱墙，而忍得住不去摘？更多的人发现了另一种超越所有营养学逻辑的作物——菌类。意大利的松露猎人和佩里哥（Périgord）①可能很有名，但其他许多人也涌入森林去采摘牛肝菌、鸡油菌、假面状木口蘑、野生蘑菇、马勃菌、"律师的假发"以及其他菌类。在遥远的北欧，萨米人（Saami）甚至为他们的驯鹿采集菌类，牛肝菌和松露的独特气味是令人愉快的、放松的、刺激的。香气与动物的信息

---

① 松露（truffe）是一种生长在地底下的蕈菇，旧传单、蒜头、麝香，甚至连精液都曾被用来形容松露的味道。这种让欧洲人神魂颠倒的"香气"，也就是松露魅力所在。人类食用松露已有千年的历史了，据说具有催情的效果，因此在欧洲，松露一直被视为如春药般的珍馐。法国人对松露尤其痴迷，19世纪巴黎著名的交际花欧里妮更留下"我爱男人，因为我爱松露"的名言。过去它是法国贵族饮酒作乐不可或缺的顶级食材，因而让松露带有奢靡的神秘意象。要吃松露，就得先去猎松露。所谓的猎松露，是带着猎狗，去橡树林寻找生长在地底下的松露，而采松露的人就叫松露猎人（Caveur）。每年圣诞节期间，法国都会推出一种"松露巧克力"——chocolat Truffe，这种法国人称之为"黑黄金"的松露，盛产于法国南部，是一种很害羞的菌类，躲在土里不敢露面，要用狗或猪灵敏的鼻子去把它找出来，每公斤的价格高达五百欧元以上，是欧洲最贵的食材之一。法国西南部的佩里哥是黑松露的主要产区，甚至成为黑松露的代名词。——译者注

素①显然有关，这也许可以解释为什么每年有那么多人被引诱着，在确定他们所采集的菌类无毒之前，就吃下收获的果实。②除了松露猎人，寻找菌类的热情深深根植于东欧人和俄罗斯人心中，在那里，菌类可能有毒的事实绝对限制不了乡下人。③从镇子到森林，搜集林地财宝的年度旅行并不比异教徒给树神献祭的朝圣少，真菌的食用方法也不比圣餐仪式少。在沉溺于这些近乎神秘的芬芳生物后，剩下的收获物像宝藏一样经过干燥处理后储存起来，以便在特别活动中赠送或使用它们。

感恩与收获有一种直接的联系，而它与移民的关系要更加复杂：毕竟流放并不总是一个选项。作为与家乡的一种有形联系，多数移民者会带着食物和宴会习俗一起迁徙。通常的结果是，他们把习俗保存了下来，但某些奢侈的习俗在其祖国却可能正在逐渐减少甚至消亡。这是世界范围内散居的中国人的情况，同样地，还有几千年来根本没有祖国的犹太人。与中国人一样，犹太人坚持并培养他们的烹饪传统，那些仪式唤醒了古老的共同记忆。这种兴奋的心情产生于很少被提及的家庭烹饪，那是一种图解式的示范，展现了家庭饮食传统与犹太文化特征是如何密不可分。烹饪和紧密结合的家庭概括了犹太的民族特性，这在很大程度上是因为他们的饮食律法曾经使犹太人不可能与本土社会自由混合；因此尽管世界各地的犹太人努力让他们的烹饪风格与当地的环境相适应，但它仍能保持犹太特征。如同克劳迪亚·柔丹（Claudia Roden）指出的，"这种烹饪是国中之国、文

---

① 信息素，亦称外激素，是一种由动物分泌的化学物质，会影响同族其他成员的行为或成长。——译者注

② 因此，法国和瑞士所有的药剂师都要具备识别菌类的资质，这样每个人都能够依据该资格提供免费鉴定。

③ 移民到不列颠的人无法理解我们对伞菌的猜疑，尽管他们欢迎我们不与他们争食，因为在他们家乡，这些带斑点的菌类极隐蔽且只为少数人所知。我曾询问问在奥齐特玛契提（Auchtermuchty）找到最好的蘑菇的小窍门，但我不得不说，得到的答案总是含混不清的。

化中的文化"——与法国家庭烹调正好相反，后者以土地为其坚实基础。

在多数文化中，重要的节日以食物为象征符号，犹太人的逾越节宴会——逾越节家宴①——也不例外。逾越节家宴的仪式是将犹太人联系到一起的纽带的一部分，因为逾越节是庆祝他们从埃及的奴役中被解放出来的节日。首先是净化整个房子的仪式②并将厨房中被许可和被禁止的东西隔离开来。当所有东西不仅仅在事实上，更在仪式上一尘不染时，特别的逾越节器具才能拿出来并开始准备做饭。逾越节家宴盘子里的六种食物代表着希伯来人在埃及的生活以及走出埃及：浸泡在盐水中的绿色蔬菜代表新生和奴隶的眼泪；苦草代表奴隶身份的痛苦；一种叫做甜酱③的面糊，其颜色代表着希伯来人用以建造法老王金碧辉煌的城市的灰泥；一个烤鸡蛋代表了寺庙中烧焦的动物祭品；一只羊腿骨代替了出埃及前夕用于祭祀的羔羊；还有逾越节薄饼（matzo）④，代表以色列人逃走时来不及发酵的面包。

即使移民是出于自愿，在陌生国家努力建立家庭生活仍然是令人畏惧的，因此感恩庆典被用来纪念这些重要的幸存者就没什么可令人惊讶的了。⑤但"感恩"一词，对于一个美国人来说只有一个意思——橄榄球宴会，一种消耗掉大量食物的家庭聚会，还有一双双发红的眼

---

① 逾越节家宴（the seder）：纪念犹太人逃出埃及的节日宴会，在逾越节前的两个晚上，即犹太教历尼散月的15、16日举行。——译者注
② 在很多文化中，某些特别日子举行的宴会前会有清洁仪式，新年是个常见的清洁时间。
③ 甜酱（Haroset），用水果、果仁、葡萄酒和香料调制而成。——译者注
④ 由特别纯净的大麦制成的未发酵的逾越节面包。
⑤ 其中之一是一种意大利宴会，安格洛·劳伦乍托（Angelo Lorenzato）家族至今仍然在举办这种宴会，以纪念他们1888年从意大利到巴西来经营咖啡种植园。每次举办这一宴会时，遍布各地的家庭成员便在里贝郎普雷图（Ribeirao Preto）集合，伴随着音乐和舞蹈，参加一场盛大的家庭午餐。最近一次是2000年1月，来自加拿大、美国和意大利的2 350位亲戚加入到他们的巴西族人中。这场野外集会由家族中的八位牧师主持。时过境迁，不久之前在这种规模的群体中，还有比这多得多的牧师呢。

睛盯着橄榄球赛。不用担心礼物和装饰，这是最简单的户外餐会。现在这种庆典是更世俗的活动。如同逃离宗教独裁的清教徒祖先①，他们的后代可能感到信仰过于千差万别，于是渐渐将它淘汰了。

1621年，第一批移民过了第一个感恩节，庆祝他们在美洲幸存下来的第一年——这是一种非凡的成就，与他们在钓鱼方面的笨手笨脚和繁琐的饮食习惯比起来，更是如此。为了能够在新世界中自由地祈祷，第一批一百名移民乘着"五月花"号扬帆起航，在前一年秋季离开了英格兰。这些中产商人想要过的是一种传闻中的舒适生活——以大量鱼类食材为生。不幸的是，他们选择了一年中最糟糕的时间启航并于12月到达。那时几乎没有什么捕鱼工具留下，更不用说学会如何使用它们了。他们既不熟悉种植也不了解狩猎，因此在那个冬天，这群人几乎饿死了一半，幸存下来的五十八个人在次年秋天过了第一个感恩节。这些人能够活下来，仅仅是因为他们偶然发现了美洲土著万帕诺亚格人（Wampanoag）储藏的玉米、豆子和干肉饼（与蔓越橘一起捣烂的干肉）。一段时间后，慷慨的土著人暂停了对身处困境的早期移民的热情款待，并开始教他们如何种植玉米、如何用鱼来施肥；教他们如何猎杀鹿和野生火鸡；向他们解释如何收集海岸上丰富的贝类。②但是"新来的"认为蛤蜊、沙海螂和蚌类是令人厌恶的，他们像新手一样把它们扔掉，只勉强吃一些龙虾作为最后的充饥物——他们中的一多半能活下来实在是个奇迹。决心和信念是有力的化合物，我们可以想象，第一次收获后，这些早期移民是多么喜悦。下面对1621年

① 原文为Pilgrim Fathers。Pilgrim意为原始定居者，专指1620年移居美洲的首批英国清教徒。——译者注

② 阿尔特·布赫瓦尔德（Art Buchwald）提供的一种市井版本，这样向法国人解释Jour de Merci Donnant（感恩）道："红皮肤（Peaux-Rouges）帮助朝圣者的唯一情形是教他们种植玉米（mais）。他们这样做的目的是他们喜欢和朝圣者一起吃玉米……又一个歉收的年头之后，朝圣者的庄稼长得那么好，以至于他们决定庆祝一下并表达感谢，因为比被红皮肤杀死的朝圣者更多的玉米已经被朝圣者培育起来。"

宴会的记录来自"五月花"号的乘客爱德华·温斯洛(Edward Winslow):

> ……我们的收获到来了。总督派了四个人去捕猎野禽,这样,在采集了我们种植的水果后,我们就可以以更加特别的方式来一起享受欢乐了。他们四个人在一天之内杀死了尽可能多的野禽,而只借助了一点点额外的帮助。这些野禽让大伙吃了近一周。在这段时间的其他娱乐中,我们练习使用武器,许多印第安人加入到我们当中,他们最伟大的玛萨索特 (Massasoyt) 国王和约九十个人参加到其他活动中。我们宴请、款待了他们三天。而他们出去杀了五只鹿,并带到种植园送给总督、船长和其他人。尽管食物并不总像这次这么丰富,但拜仁慈的上帝所赐,我们从食物短缺中活了下来,我们盼望您能加入到我们的丰收中。

尽管温斯洛的记录并不详细,但野禽中很可能包括野生火鸡,而它们被驯养的后代,则与蔓越橘一起被端上饭桌,紧跟着是一道南瓜派——现在这些成了全美宴会的主干。感恩节晚餐是在所有家庭聚会和美味庆典之上的,它必然令你想起家的本质——一位美洲同僚马克·米隆(Marc Millon)令人怜爱地向食品作者同业工会形容道:

> 要知道:这不是美食家盘中的食物……它是家庭食品。这是你从孩提时代就记住的味道,并会传递给你的孩子。事实上,我想有时很难让不列颠朋友明白,感恩究竟是关于什么:围绕着基本的及普遍的原始饮食欲望的这个世俗假日——是的,残暴、粗俗地吃掉大量食物是这种经历的一部分——产生于困苦的年代;庆祝生存,只要活着就好,一直地吃,直到你实在吃不下了为止,因为谁知道明天会带来什么?真的,谁知道。

因此我们享用着一年中其他时间想都不敢想的食物，并带着自己的家庭传统和食谱：填塞料（没什么比家庭与家庭间填塞料的差异更大；没什么比这顿大餐中必不可少的中心装饰更重要；毫无疑问，在一个家族中，填塞料比火鸡本身重要得多）；奇怪的食物，如在大量黄油和红糖中浸泡过的甜山药；土豆泥和蔓越橘调味酱以及苹果调味酱；肉汤，一大堆，用面粉及禽类内脏原汁让它更浓稠些；莳萝、黄油和醋中的胡萝卜；奶油洋葱。但它们并不是一下子在眼前冒出来的。毫无疑问，还有南瓜馅饼和山核桃馅饼（甜得发腻，但是必不可少）；在我们家里，还有柠檬蛋白馅饼。

也许因为我是一名旅居外国的人，每年这个时候，仅仅在这个时候，我们强烈渴望着——确实需要——所要吞下的食物的滋味，像是在刚出生时吮吸着的、伴随我们成长的母亲的奶水。这成为我们生命中特别的部分，决定了我们是谁及是什么。

一场简单的宴会意味着一切，无以复加。

第十八章

维多利亚宴会：大不列颠
环境适应协会的晚餐

生物的种类无数，迄今为止却几乎没有多少被人类利用，每当想到这一点……不可能不希望运用财富、独创性以及文明人的各种资源，在这一领域获得更多新的、精彩的并且有用的结论。

——伦敦动物学协会的简述

　　本章结尾处再现的菜单，是充斥着各种社团的维多利亚时代魅力的缩影。环境适应协会便是这些社团之一，它将各种珍品从帝国辽阔疆土的边缘运来，目的是增加祖国可用于烹饪的原料种类。在这首年年会晚餐菜单中，协会成员尝试了"许多不经常出现在餐桌上的自然产品，其中一些也许能方便地被引进这个国家"。世界上许多地区后来为过于热忱地引进外国物种而懊悔万分——新西兰引进了马鹿、负鼠、荆豆，澳大利亚引进了兔子，苏格兰西海岸引进了杜鹃花，它们后来都被证明是一场环境灾难。但在1860年，这些引进的物种被看作是一种进步。1851年的世界博览会自豪地展示了世界各地的科学发现。当时在科学和技术领域发生了一场成就大爆炸，包括查尔斯·达尔文（Charles Darwin）的进化论、威廉·史密斯的"地图"①、戴

---

① 威廉·史密斯（William Smith）：英国的土地测量师。他发现可以通过地层中所含的化石来鉴定地层。1815年他出版了英格兰和威尔士地层地图。——译者注

维·利文斯通①的探险以及寻找植物和动物物种的无数远征。②像亚历克西斯·索亚那样时髦的大厨也对科技极其迷恋。

当时著名的地点和人物经常会出现在菜单中，这种习惯一直延续到第二次世界大战时期。通览这些菜单，那些棘手的菜名令我们泄气，例如"显赫的布列塔尼艾尔伯特乳酪"、"巴勒斯坦牛肉饭"、"塔列朗酥盒"。它们听起来华而不实且毫无意义，以至于一点也不能刺激胃酸分泌。但是，当我们发现这些菜肴的原料和做法——例如，为1902年爱德华七世的加冕礼宴会制作的"苏沃诺夫丘鹬柯特莱特"，事实上是分成两半的带骨头的鹬，填塞着猪肝及美味膨松的五香碎肉，然后切成小片，再在黄油中煎脆，并搭配简单柔滑的酱汁——那么菜的味道和质地便可想而知了。同时也能让人意识到，事实上这些菜肴最精彩的部分是其"极端丰富的味道，每一片都在客人口中融化"。

部分可食用的餐桌装饰体现出精致的新古典主义风格，它们曾在18世纪退出了流行舞台，但又复仇般地在维多利亚时代重新出现了。像前面提到的菜单，它们的菜名几乎没有透露它们看起来或吃起来是怎样的，除非这些名字碰巧既有画面性又有描述性。例如1850年在大不列颠和爱尔兰的市长们为伦敦市长举办的宴会上，亚历克西斯·索亚创造的"市政委员的烹饪奢侈品"。筵席摆在约克郡（York），目的是为艾尔伯特王子（Prince Albert）将在次年举办的世界博览会筹集资金。这场宴会有一张给248名客人准备的奢侈菜单，以及给皇室餐

---

① 戴维·利文斯通（David Livingstone，1813—1873）：苏格兰传教士及非洲探险家。他发现了赞比西河（1851）和维多利亚瀑布（1855）。亨利·M·史坦利在坦桑尼亚找到他，然后二人试图共同寻找尼罗河的源头。——译者注

② 这在很大程度上归功于世界博览会越洋而来的参展者的合作。在展览会上，一排排引人惊叹的菜肴是风干的、罐头装的、瓶装的、腌制的，还有为了协会的纪念晚餐从进口材料加工而来的。

桌的一个更豪华的版本。"为皇室餐桌制造一些烹饪学现象的机会……是不可阻挡的，因此，下面这道'上等的几口'是从菜单提及的所有鸟类中精挑细选出来的，其美味与高贵的殿下和围绕着他的贵族客人正相配。"上文中所谓的"现象"，包括五个乌龟头、一部分鳍状物以及它们的绿油脂（乌龟身上最受珍视的部分）。它们被六只完整的鸻鸟、填馅的六打云雀、一些比利时圃鹀以及24只两侧背上各有两枚小坚果（有时是牡蛎）的公鸡、18只火鸡、18只小母鸡、16只柴鸡、10只松鸡、20只雉鸡、45只鹌鹑、100只沙锥鸟、40只丘鹬和三打鸽子装饰着。有时，可以看到乌龟的喉咙里被塞进了穿在银制烤肉签上的牡蛎；另外一些牡蛎则被放在华丽的银盘子中，旁边摆着鸡冠花、松露、蘑菇、小龙虾、橄榄、美洲芦笋、脆皮点心（它支撑起了主体结构）、绿芒果，以及"一种新酱汁"。索亚精通名著，知道古罗马传说中用鸟类身体上一百处叫不出名字的部分制作的菜肴，这种构

《奢侈的烹饪作品》。索亚在其1853年的《全面营养》中描写的"百元①菜肴"

---

① 原文为畿尼（Guinea），货币单位，约合一镑一便士。——译者注

思看起来好像是由"密涅瓦之盾"①激发的灵感。

环境适应协会的第一次年度晚餐于1862年7月12日在圣詹姆斯（St James）的威利斯会所（Willis's Rooms）②举行。会所以复原的动物、鸟类以及巨大兽角的标本为装饰。在煲汤课上，一个箱子被拿了出来，里面装着能做燕窝的鸟，"使协会通常以彩图讲解的烹饪课变得有趣起来"。1868年刊登在《美食家年鉴》上的菜单，在当时是很不寻常的，因为我们可以很容易地弄明白那些菜是什么，这大概是因为辨别各个国家的产品是很必要的。菜单中胡乱混合的英语和法语是那个时期的典型现象。看起来那是丰富的一餐，并且在烹制和供应之前需要一番周全的计划。由于有太多不同的菜肴需要品尝，这顿晚餐可能以古老的方式供应——法国式，一种几乎未加修改地使用了几百年的餐桌供应类型，但它在1868年被一种新方式取代了——俄国式用餐。

《美食家年鉴》中描述了这两种基本类型，法国版象征着对陈旧的中世纪方式的最后一次修正。很显然，作者还没有习惯新方式："以法国方式供应的晚餐被分为三大类。第一阶段包括汤、餐前点心、relevés③和头盘；第二阶段包含烤肉、蔬菜等各种美味；第三阶段是

---

① 在绥通纽斯（Suetonius）看来，韦特利乌斯（Vitellius）皇帝的菜肴取名叫"城市的守护者，密涅瓦之盾"是因为它那巨大的尺寸（韦特利乌斯出了名的贪食）。它由各种昂贵的珍品——包括梭鱼的肝、孔雀和雉鸡的大脑、七鳃鳗的卵和火烈鸟的舌头——杂而成，以至于不得不从罗马帝国的各个角落收集这些材料。（盖尤斯·绥通纽斯·特朗奎鲁斯：公元2世纪前半叶的传记作家，著有《名人传》，已散佚或残缺；《十二恺撒传》是他的主要作品，包括从恺撒起到图密善十二个皇帝的传记。密涅瓦：古罗马神话中掌管智慧、工艺和战争的女神，即希腊神话中的雅典娜女神。——译者注）

② 威利斯会所1765年在圣詹姆斯的国王街建造，作为阿尔马克俱乐部（Almack's Club）的一个分部。威利斯开始时是十畿尼会费的饮食和游戏俱乐部，但后来会所被出租给舞会和公共晚餐，比如这里说到的这次。

③ 意为"移开"。那个年代，Relevés在汤和餐前点心之后上桌，因此要将前面的汤碗撤掉，故称之为Relevés。但现在即使是在最精致优雅的宴会上，我们也很难看到Relevés了，它们现在成了宴会的启动菜肴，而在汤和餐前点心之后是鱼。Relevés是大块的鱼和肉（红肉、禽肉和野味），加入酱汁调味并精美装饰。现在它们不再像以前那样将肉整块地抬上桌了，而是在上桌前就切割成适宜食用的大小。——译者注

《法国式布置的餐桌》。1685 年詹姆斯二世加冕礼的雕刻细部。摆放的菜盘盖住了整个餐桌，而人们自己的盘子却很小

甜点。所有菜肴都被摆在餐桌上。这种方式对美食家来说再好不过。"但是，这给了主人更多的工作，他不得不自己雕花，因为中世纪时期的雕花已经消失很久了。每道菜都由一大堆精心排布的菜肴组成，它们完全盖住了餐桌，并且很快会被移动——也就是说，会被下道菜的盘子代替。对就餐者来说，好处是他可以自己选择想吃的菜以及每种多少。当然也有缺点：谈话会在别人请求把盘子递过去时被打断，热菜会冷掉，以及不可避免地，食物会掉在桌布上。尽管 19 世纪的匿名美食家喜欢这种法国方式，但它仍不能让每个人都满意。1588 年米歇尔·德·蒙田（Michel de Montaigne）写道："在餐桌上我几乎从不选择菜肴，而是只吃就在手边的菜，并且不想换我的盘子。杂乱的肉类、混乱的菜肴和其他任何东西一样令我不悦。毫无疑问，寥寥几盘菜就可以令我满意。我反对法沃里努斯（Favorinus）的观点，他认为在一场宴会中，人们必须从你手中抢走你喜欢的肉，将另一盘别的菜

放到你面前；并且如果你不用好几种禽类的臀部让客人充分满足，那将是一顿不像样的晚餐；而比卡丝莺（一种在意大利被作为美味佳肴而受珍视的鸣禽）必须被全部吃掉。"

1913 年，法国式进餐成为回忆，露茜·希顿·阿姆斯特朗夫人相当轻蔑地在《礼节和款待》中写道："在主人雕花的时代出去吃饭肯定非常可怕，强迫人们吃东西曾经是一种风尚。祖父时代的礼貌要求在将菜品先递给邻座之前，没人可以接受任何东西，晚餐的进行必然受到这些奇怪的手臂通道的频繁打扰……俄国式用餐的确更好些，等待是纯粹的，食物会在你的肘边出现……"1868 年的美食家描述了用餐的"新"方法："俄国式供应的晚餐意味着极有品位地装饰着鲜花和水果的餐桌，以及糕点商艺术的成功；事实上，这是所有凉菜的成功。热菜被切成一块一块地提供给客人。当举办一场仪式宴会时，便采用这种形式。"厨房负责雕刻的工作，桌布也不会被弄脏。菜肴按合理的顺序分成一道一道的，至今我们还多多少少保留着这种做法。一开始，数量庞大的菜肴就没给用餐者多少选择的机会，因为每盘菜都作为川

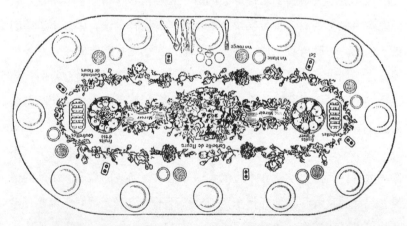

《俄国式摆放的餐桌》。来自尤贝恩·杜布瓦（Urbain Dubois）的《厨房和现代餐桌》1900 年版。个人的餐位餐具（只画了一个）变得非常精致，为社交上的失仪制造了大量机会，现在大部分桌面被装饰而不是被一盘盘的食物所占据

流不息的一个浪花出现，因此俄国式服务意味着没有更多食物可吃。幸运的是，维多利亚时代的食欲看来是异常的，人们无论属于哪个等级，都确实吃下了大量的食物，并以令人惊讶的速度吞噬掉了这些规模庞大的宴会。也许这就是为什么作者喜欢令他感觉更悠闲、较随意的旧风格。但是单从环境适应协会的菜单上看，不能确切地知道他们采用了哪种形式。它没有被分解成为三个阶段，但却将菜肴按特殊类型分成了几道菜，并且每道菜的顺序并不完全正确，这些事实上都证明了它不是法国式服务。而且，作者也提出那时仪式宴会是以俄国式供应的。另一方面，每道菜中数量庞大的菜品以及relevés des rots等术语的使用，又说明它是法国式服务。其中还提到了靠着盘子放的卡片（袋鼠与野猪被一不小心弄颠倒了）。无论如何，绅士俱乐部被认为是保守的，可能更喜欢旧风格；比起正式宴会来，其主题注定引发更多的讨论及较少的仪式。二者之间的转变过程是一场渐进的改革，但是这张单子以"菜单"一词为题泄露了其俄国式倾向，因为正是这种供应方式使"菜单"开始变得重要。

无论晚餐以哪种方式供应，菜肴都是经过深思熟虑的。燕窝汤的黏稠质感是完美的。有些人认为海蛤蝓很不好吃，其他人则满怀愉悦地享用着它——其味道被称为"在小牛头和熔胶锅里的东西之间的味道"，这种混合味道也出现在鹿筋肉汤中。袋鼠沙海螂被腌得太咸了（可能是故意的，因为锡罐头不够严密，袋鼠"有一点'变质'，但是还没完全坏掉"）。干袋鼠火腿也太咸了，但这是因为弄混了的名卡，所有人都认为那是野猪肉。叙利亚猪"以全部被吃光的方式受到了表扬"。胡椒汤（一道以木薯调味的炖菜）让人无比享受，以至于在厨房中监督的弗兰克·巴克兰（Frank Buckland）"不得不用勺子轻敲（作者的）手指，好让它们和盘子离汤远点"。晚餐就这样进行着。家禽、水果、鱼、肉、点心、海藻组成的兼收并蓄的队伍，被就着美味的葡萄酒和一些阿尔及利亚利口酒吞下去，其中"真主的干河谷"和"加里波第的神酒"最受欢迎。环境适应协会是短命的，它在1868年左右进入自愿清算，但之前，几个类似的协会已在世界范围内崛起了。

菜单①

汤

燕窝汤（中国）；海参（日本）；麦粉（阿尔及利亚）；鹿筋（南圻②）；豌豆泥；甲鱼汤；"皇后"；克雷绪稻米；"公主裙"清汤；虾仁番茄浓汤。

鱼

鲑鱼 racollées 片；珀斯鲑鱼；鲂；银鱼；鞑靼鳟鱼；酱汁庸鲽。

头盘

蒸袋鼠（塔斯马尼亚）；胡椒汤（西印度群岛）；俄罗斯 miskys；至尊家禽 à l'eclarte 绿扁豆；菊苣小牛胸肉；羊排小豌豆；少女 en karic 暹罗猫；多米尼加酸模小牛胸肉。

Relevés

中国羔羊肉；袋鼠火腿（澳大利亚）；野猪火腿（西班牙）；牛舌（新南威尔士）；碎鸡肉杂果冻；羊脊肉；约克火腿；日式蔬菜炖肉酥

---

① 看来不是作者就是排版人员被这一冗长而奇异的菜单所击败，因为拼写相当没有规律。

② Cochin-China，又名交趾支那，是越南一部分的旧称。越南早期长期为中国的藩属国。1885年，中国清政府和法国签订了《天津条约》，承认保护关系，越南与我国的藩属关系始告结束。法国占领越南后，将越南分割为东京（Tonkin，首府河内）、安南（Annam，首府顺化）、南圻（首府西贡）三个部分，将它们和柬埔寨（首府金边）、老挝（首府琅勃拉邦）拼凑为"法属印度支那联邦"。——译者注

皮盒；四分之一只羊羔。

烤肉

叙利亚猪；加拿大鹅；尊敬的格兰特莱·伯克莱针尾鸭；冠雉（中美洲）；凤冠鸟（中美洲）；洪都拉斯火鸡；黑鸭子；一对野兔（法国）；黑雁（荷兰）；肉汁鸟；鸭胸。

蔬菜

中国山药；土豆；豌豆；花椰菜；等等。

附加菜

甜薯（阿尔及利亚）；海草冻（昆士兰）；英国小豌豆；贡代阿月浑子奶油蛋糕；乳酪小吃；瑞典草莓；分会弥撒；菠萝冻；香草芭芭乐；小杯醋栗；杂果冻。

餐前点心

龙虾沙拉；狄格拜鲱鱼沙拉；鲔鱼内脏拌菜（爱奥尼亚岛）；等等。

Relevés des Rôts

冰舒芙里①；波洛奈兹巴巴斯②。

水果蜜饯

草莓；菠萝；橘子。

---

① 一种制作工艺极其繁复的法国糕点，据说，舒芙里的来源，与中世纪欧洲社会奢侈糜烂、贪得无厌的风气息息相关。为了纠正当时腐败的饮食风气，有厨师利用无色无味又没什么重量的蛋白，制造出这种名为"舒芙里"的美食，寓意"过度膨胀的虚无物质主义，最终难逃倒塌的命运"。——译者注

② 巴巴斯（babas）：源自波兰的皇室点心，传说有位波兰国王很欣赏故事书中的英雄阿里巴巴，便特地请宫中的糕点师做一份点心来纪念他并以此命名。——译者注

甜点

櫻桃；草莓；干香蕉（留尼旺岛）；菠萝果脯（留尼旺岛）；bibas（留尼旺岛）；木薯浆；番石榴果冻；玫瑰茄果冻（昆士兰）；澳大利亚点心；肉馅点心（澳大利亚）。

葡萄酒和利口酒

波尔多，雪利酒，玫瑰红葡萄酒，香槟，摩泽尔，埃尔巴赫；澳大利亚葡萄酒（埃德蒙·巴里先生赠）；罗纳，夏布利，勃艮第色雷斯，勃艮第红，龙飞白葡萄酒，霍克；苏特恩，维多利亚白，ancorat，维多利亚红，糖水。

来自新南威尔士的葡萄酒（丹尼尔·库珀先生赠）。

卡姆登葡萄酒，新南威尔士（L·麦金农 [Mackinnon] 先生赠）；菠萝酒（昆士兰）；李子酒（昆士兰）；开心果腰果酒（瓜德罗普岛）；苦利口酒真主的干河谷，加里波第的神酒（阿尔及利亚）；圆佛手柑乳酪（爱奥尼亚岛）；橙味奶油（爱奥尼亚岛）；rosoleon（爱奥尼亚岛）；薄荷（爱奥尼亚岛）；vino de vino pastra（爱奥尼亚岛）；麝香葡萄酒（爱奥尼亚岛）；朗姆（马提尼克岛）。

茶、咖啡及其他

Ayapana 茶（留尼旺）；东方肉桂咖啡（留尼旺）。

第十九章

茶席：日本饮茶仪式上的素食宴会

菊花
沉默——僧侣
啜饮着晨茶。

——松尾芭蕉

在许多文化中，没有肉，宴将不宴，但在佛教传统中不是这样。如果说有一种宴会能够浓缩一个国家的传统和文化，那么与纯日式的饮茶仪式一同提供的正餐——茶席（Cha-Kaiseki），就是个很好的例子。茶席起源于表达朴素和谦卑的禅院素食，由于放弃了物质主义①，因此其配料是合理、廉价并且少量的，但已经足够了。这是一场精神盛宴——主人和客人短暂地从日常生活中脱离出来，共同享受一段时间的和谐与平静，并在其中体悟审美，感受精神。在茶席上，食物的美味受到赞美，因此它与所谓的基督教圣餐并不是同一种精神宴会。但是，从狭义上说，平静的一餐（meal）与平静的宴会（banquet）并不一致——这仍然令某些人很困惑。但能够明白的人会理解"茶禅一致"的说法（茶和禅是一体的），并且会欣赏这一活动的繁琐，把它视为禅宗哲学的众多表面矛盾之一。

---

① 即使是食物成分越来越复杂的今天——更多的人吃素食而非严格的素食主义者（因他们中的有些人连鱼也不吃）——我们的饮食还是比许多日本宴席简单得多。茶席永远不会像京都和东京的"良泰"高级餐厅中的正式"席"宴会那样精心，因为奢侈是与茶道相违背的。

这也许能帮助解释本章中一些关键词的背景。首先是"茶"。饮茶仪式是从中国引进的，可以追溯到公元前三千年，当时人们认为它可以令人不朽①；到公元450年，它被当作药材使用。8世纪时，佛教僧侣将饮茶仪式带回日本。其次是"道"，意思是在内心深处学习的方式，它成为了禅宗传统中精神学习的个人途径。饮茶的方式，因此被称作"茶道"，那种从容不迫的仪式表达了佛教禅宗思想，具体来说就是好客的精神艺术。"书道"，书法艺术，以及自卫技巧合气道是"道"的其他范例。

　　呈上茶水的冗长仪式由经过训练的人以"茶道"这种饮茶方式来进行，"茶道"的原意是倒在茶里的热水。日本曾经广泛种植茶叶，茶道也成为一种高雅的贵族娱乐形式，贵族们享受着饮茶聚会和饮茶竞赛，同时也让它在禅院中如最初那样起着仪式作用。对艺术造型，尤

"茶禅一致"：茶和禅是一体的；"一期一会"：一生相遇一次。Emi Kazuko② 2003年所作的书法。千利休的学生宗次，让"一期一会"浓缩了饮茶仪式上最重要的意义之一：对待你的客人时，就像这将是你唯一一次遇到他们

---

① 禅僧荣西曾著有《吃茶养生记》一书，把茶推许为寿灵丹，奠定了日本茶道的基础。荣西年轻时曾作为留学僧从中国宋朝将茶种、制茶法及饮茶艺术带回日本，宣扬喝茶的益处。荣西在日本不只被尊为茶祖，还是日本禅宗临济派的开山祖师。——译者注
② 未查到准确的日文名字，有可能是和子惠美。——译者注

其是陶器的赞赏，与中国宋朝相似，并引进了美学元素，从而在武士阶层中形成了如何展示茶叶的规则。四百年的时间过去了，饮茶的两种方法——宗教和智力娱乐——合并到了一起，并更加精炼，到了16世纪，茶学大师千利休①使之定型为今天的茶道。他的哲学和教义得到了很高的评价，以至于丰臣秀吉将军认为他过于强大，最后逼他自杀了。但是千利休的三个孙子每人都建立了一个学校来教授茶道，至今仍在延续，几乎没有改变。

若在正餐之后进行茶道仪式，整个程序便被称为茶会。正餐——"席"，今天意为日本宴会，直译是"怀石"②，指禅宗僧侣在漫长的冥想过程中，抱在怀里取暖的加热过的石头。因此茶席是整个茶会仪式的宴会部分，但它只是主要活动的若干附属之一，而主要活动是分饮一碗茶。

千利休茶道的指导原则包括和、敬、清、寂，这四项元素在活动中贯穿始终。他教导他的信徒如何通过选择食物和花卉或为茶室加热或降温而与季节相协调；如何细致精确地专心准备这一活动；如何凭直觉判断每样东西需要用多少，免得造成浪费；如何避免炫耀；如何尊敬同伴③。茶会中的所有行为基本上都是日常的家务和准备饮食的

---

① 千利休（1522—1591），织丰时代茶师，曾向北向道陈和武野绍鸥学习茶道，并侍奉丰臣秀吉。他创立了以"侘"（荒芜）为核心的流草庵风茶法，被誉为"茶道天下第一人"，茶道的"四规七则"也是由他确定下来并沿用至今的。千利休茶道所使用的茶具，一改过去一贯使用中国唐朝的豪华茶具的习惯，主要使用日本与朝鲜的茶具。而且茶室也逐渐减小到"一贴半"茶室。千利休的茶道，集禅的精神、诗的风格于一体，简化但具有艺术性，使茶道的精神世界最大限度地摆脱了物质因素的束缚。之前的茶道一般以娱乐为主，而到了千利休时代，它的艺术性高于了娱乐性。——译者注

② 此处的概念似乎有一些混乱。依作者的解释，下面所介绍的应是日本料理的一种，即"怀石料理"。除此之外，日本料理还有"会席料理"和下文提及的"精进料理"等。但与饮茶传统相结合的只有怀石料理，称为"茶怀石"。——译者注

③ 千利休创立的"七则"即为：茶要浓、淡适宜；添炭煮茶要注意火候；茶水的温度要与季节相适应；插花要新鲜；时间要早些，如客人通常提前15—30分钟到达；不下雨也要准备雨具；要照顾好所有的顾客，包括客人的客人。——译者注

活动，但茶会主人仍以其远见和深思熟虑设定了许多不同层次的含义，让精通哲学的客人们鉴赏。无论何时提供款待，最重要的便是主人和客人双方的行为都是适当的；在饮茶仪式上，对客人来说至关重要的是知道应当期待什么以及如何回应，对主人来说则是让活动正确地进行。这确实是互动的活动，并且如果一个人对活动的顺序知之甚少，它便是对客人而言最难的宴会之一。

对客人来说，正式的茶会开始于进入茶园的那一刻，这是他们将外部世界抛在身后的交界线。在主人端来一盆水让他们漱口和洗手时，应当严格保持沉默。真正勤勉的主人甚至会在天亮前起床为活动汲取最洁净的泉水。花园被小心翼翼地布置好，营造出平静美丽的氛围——尽管按西方的观点，这并不必然是尽善尽美的。有一个故事，讲的是一位学徒在打扫和整理花园时，小心翼翼地安放每一块石头，直到把它们全都摆在了最适当的位置。但他的主人还是坚持认为花园并不完美，迷惑的学生已经江郎才尽了。突然一阵风吹来，几片树叶落到他整齐的摆设上。"现在花园完美了。"老师说。

茶室是一间由原木制成并且不用一颗钉子的小屋，以纯粹的日式神舍建筑传统建造。进入茶室的过程非常特别，由于入口非常小，按一定顺序进入的客人们必须用膝盖跪着爬进去：世间的尊严都被留在了入口外。整个"席"和茶道仪式过程中，主人主要与尊贵的客人交谈，其他人则很少说话。有种说法是饮茶仪式告诉你你在社会中的位置；知道自己的位置在日本文化中仍然是必不可少的部分。两拨分属不同地位的人相遇所造成的痛苦清楚地证明了日本人需要知道他们站在哪边——或更确切地，跪在哪边。完整的茶会要持续四到五个小时，而跪这么久对那些不习惯的人来说是非常难受的考验。一个日本男人甚至说他很怕父亲死去，更多的不是因为要失去父亲，而是对在葬礼上长时间跪着感到恐惧。

茶室陈设很少并且是乡村风格：地板上铺着由裹着灯芯草的麦秆制成的榻榻米；窗户上贴着半透明的纸，屋里光线柔和，却看不到外面的景物；墙面是柔和的绿色或米色。第一眼，这间屋子在外行的西方人看来几乎是寒酸的，但它的美丽会随着时间显露出来。书法卷轴是理想的装饰：和饮茶仪式一样，书法绘画必须首先努力做到完美，而其内容会引发交谈。火盆旁边放着一小片芳香的木头——也许是杜松或檀香，来制造"西方极乐世界的气味"。鲜花被摆在恰当的位置，所选择的品种能反映出当时的季节。比起盛开的花朵，茶会主人更有可能选择带刺的花，上面的花苞还远未到开放的时候，只有一个小缝隙露出里面的颜色——充满可能性的时刻。

尽管"席"的意思是宴会，但"茶席"意味着节俭但令人满意的一餐，由三道菜和一道汤组成。基本日式原料——米和泡菜贯彻一餐始终。由发展了饮茶仪式的佛教僧侣提供的禅院风格烹饪被称作"精进料理"，是严格的素食主义。在其巅峰时期，它是所有日本烹调中最美丽并且最美味的，与其他烹调风格相当不同。它的配料的选择总能反映出季节，而这些配料在一餐的其他部分几乎没有任何重复（当然，除了米饭）。下面记述的是秋天的精进料理菜单。

米饭会以四种形态出现在一餐中。第一种非常湿润，仅煮熟而已。主人给每位客人只盛很少一点，而米饭在碗中放置的方式会透露主人是在哪个学校学习的茶道。例如，表千家学校，将米饭放在碗的中央；而里千家学校①，将米饭做成指向客人的楔形，

---

① 千利休之孙千宗旦晚年隐居之后，千宗旦创立的千家流分裂成三大流派，即"表千家"、"里千家"、"武者小路千家"，统称"三千家"。其中表千家为贵族阶级服务，继承了千利休传下的茶室和茶庭，保持了正统闲寂茶的风格；里千家实行平民化，继承了千宗旦的隐居所"今日庵"；武者小路千家是最小的一派，以宗守的住地武者小路而命名。——译者注

等等。①

第二种米饭基本算得上是湿润和热气腾腾的。它被放在"饭器"②——一种漆器米盆——中提供,客人们可以自取两到三口的量。到了第三种,蒸汽已经被完全吸收了,米饭更干,客人们这次可以自由取食。一餐的末尾,在传统铁米罐中烹调的米饭会粘住锅底,变成棕色,口感松脆。③等这种风味独特的款待更脆一些后,再用热水和少量的盐烹调,制造出一种能够循环使用的去污剂。米饭在日本非常受尊敬,甚至获得了近于神圣的地位;基于这一原因,人们怀着敬意用它款待他人,并认为永远不应浪费。"人们必须吃掉每一粒烹制过的粮食。"15世纪禅宗大师道元④说。事实上,给茶席正餐上的新手的最佳建议是:永远别浪费掉哪怕一粒粮食。⑤但是如果剩下了什么,那就把它放在你的饭碗中心,并整齐地摆成一小堆。

米饭的四种展示为一餐设定了节奏:它准备好的那一刻,我们秋

① 第一道米饭叫做"一字",因为它刚做好的样子,与用毛笔刷一下形成的"一"类似。叫它"一字"也象征着日餐中米饭的重要性。在日本,符号"1"是水平的一笔,像一个长连字符,因此,当里千家把第一道小小的款待摆成楔形时,所有米粒就仿佛许多水平的小笔画一样摆在那里。里千家的本部在京都,是"三千家"学校中最精致、最仪式化的一个。
② "饭器"最初是一个木质的米饭盒子,在盖子下面放着一块布,木头和布从米饭中吸收水汽。
③ 人们非常喜欢这些废物,这与波斯人一样。在波斯,最后剩下的米饭碎屑叫做tahdeeg。由于在日本几乎没人仍在使用传统的铁饭壶,现在米饭通常是被烤熟的,再煮到松软为止。然后加入少量盐,制作成清汤挂水的稀粥,装在汤桶或水壶中提供。真正简朴的斋饭可能只简单地将热水倒进每位客人的饭碗中,让他们泡着吃完剩下的米饭。
④ 道元(1200—1253):日本佛教曹洞宗创始人。早年信奉天台教义,后改信禅宗。1223年到中国,随侍天童寺住持如净(曹洞宗第十三代祖)三年,师资相契,受曹洞宗禅法、法衣以及《宝镜三昧》、《五位显法》等回国。1233年在深草建兴圣寺,为日本最初的禅堂。1243年,开创永平寺,后成日本曹洞宗大本山。他的会禅要诀是"只管打坐",后人称其禅风为"默照禅"。卒后孝明天皇赐谥"佛性传东国师"。1880年明治天皇又加谥"承阳大师"。著有《普劝坐禅仪》、《学道用心集》等。——译者注
⑤ 按照日本的饮食习惯,将主人端上来的菜吃光是客人的礼节,所以端上来的菜量太多的话会让客人为难,反倒失礼。——译者注

天的一餐开始了。第一道米饭被小心地分配，同时配以味噌汤①，放在客人碟子上一个朴素的黑漆碗中。汤的颜色反映了季节。例如，在春天，味噌汤由米制成，因此会是灰白和乳白色；稍后一些时候，它可能由大麦制成，是浅红色；秋天的汤是深棕色，有着浓郁的大豆味。在这煤棕色的肉汤中，秋天的元素来自一块无瑕的舞茸菇、几个松仁、一小块麸（由粟米粉而不是普通的小麦粉制成的麦麸产品）以及几小片白萝卜根。所有风味和质地都精确地相互补充；颜色是棕色、浅褐色和白色。

接着上来一些清酒，可以在吃第一盘菜的时候呷上几口。"向付"意思是遥远的菜，因为它被放在碟子上离米饭和汤碗最远的一边，包括一些在淡醋中加工或腌制过的食物。②斋菜当然不使用鱼——我们有切成优美片状的树根来替代，它被在醋中炖熟，并用酱油和柚子（一种日本柑橘类水果）皮精心调味。还有一堆彩色蔬菜用来稍做装饰，它们都用盐和醋腌过，这样就会变得软而脆。一朵蒸过的菊花提醒我们那时正是秋天。第二道米饭和搭配"向付"的柔滑米酒是对咸酸味道的补充。"向付"被放在陶瓷盘中，陶瓷盘是乡村风格，上面用刷子随意画着一些图案，与漆器汤碗形成对比。

"煮物"是一种炖菜，是茶席中最重要的部分。这道菜所使用的碗被遮盖住了，但却是一餐中最华丽的器皿——装饰耀眼的漆器。"煮物"实际上是一种清肉汤，一种含有其他食材的上等混合物，在风味和颜色方面经过精心设计。我们的"煮物"肉汤包括一片炸豆腐——由芝麻而不是通常使用的大豆制成，因此有一种与众不同、难以言传

---

① 味噌是一种在日本广泛使用的调味品，由发酵的谷物或大豆制成。它能包括从沙色到几乎黑色中间的所有颜色，这取决于其原料——有时是混合的。它出售时的形态是疏松的面团，可以加入汤和其他食材中调味，并能用来制作一种提神的热饮。

② 当不是严格的素食主义时，"向付"通常是贝类或鱼，有时被小心翼翼地裹在海藻中按压。芥末，一种绿色辣根调料，很有可能出现在这一味道浓重的菜肴中。

的味道。还有在红松下生长茂盛的松茸。为了加入一些绿色元素，放入了一小堆炖水菜叶（水菜很像芝麻菜——绿色且辛辣）和芳香的小方块黄柚皮。清肉汤由"多汁"——一种通常用海藻和干鲣鱼片调味的高汤——制成；在素食主义烹调中，替代品是蔬菜汤或泡过椎茸干的水。熬汤的时候，一些调味品只在汤里蘸了蘸，似乎不可能增添多少味道，但它们确实做到了：结果是一种复杂得无法形容的味道，但总能保持着绝妙的平衡。这种清淡又清澈的汤中少量精致美味的食物并不能算是真正的主菜，但是，"饭器"和一堆精心烹调的米饭就在手边。在这道炖菜中，味道和颜色的精确平衡经过深思熟虑地安排，带给我们一种接近愉悦的安宁感觉。

叫做"烧物"的烧烤菜肴呈上的时候只有很少的装饰，甚至没有。鱼——有时是鸭子——在一般的茶席上是最受欢迎的，而对素食主义者而言，比较常见的是豆腐。但是，为了避免成分上的重复，我们的"烧物"是几片芬芳的紫苏叶装饰着的烧茄子，放在方形平底盘上铺着的雅致的长松针①顶端。

至此，构建了茶席基础的传统的"三菜一汤"完成了，但在一餐完结之前，主人可能会再额外增加几盘菜。如果是这样，那很可能是"预钵"，意思是"留下呈上的菜肴"，因为这时主人会退席，独自进餐。"预钵"很小却集合了多种美味，每人一盘，放在托盘上在客人中间传递，此刻客人们的谈话内容变得稍微随意了些。我们的素食"预钵"是捣烂后制成球形的百合球茎（百合球茎有一种坚果味道），配上钻石形状的炸鲜麸（由大麦麸制成）和三叶草——一种很像芫荽的沙拉叶——的茎。调料由磨碎的芝麻和"味　"②（甜米酒）制成，补充了其他味道。

---

① 松树代表长寿，因此是一种吉兆。
② 一种酒粕清液提炼的调味酒。——译者注

为了给饮茶仪式做准备，下一道菜叫做"洗筷"。这是一种清淡的汤，实际上只是在清水里加了点干海藻，并只浸泡很短的时间。还有一两片新鲜的姜清洁口腔，以及一小片腌日本梅干①帮助消化；春天可能用樱花花瓣代替。"洗筷"清爽提神，只给每人一两口的量。

主人现在为主客倒清酒，后者以动作还礼，然后这一过程在主人和其他客人间重复进行。和清酒一起呈上的是下酒菜"八寸"，主人会与客人分享它。②"寸"是古老的日本度量衡，与英寸相似；"八寸"是以盛着两种食物的八平方英寸的盘子命名的。"八寸"是另一道开胃菜，在传统烹饪中包括一种来自海洋的动物蛋白和一种代表大地的蔬菜。素食"八寸"的两种食物都是蔬菜，代表了山地和与之相对的原野，因此我们得到了烤山栗子和一小块芬芳的茼蒿叶。茼蒿是蔬菜中的菊花③。

作为结束，泡菜④和锅巴肉汤一起上桌。碗里应当留大约一口米饭，然后将肉汤倒进去。肉汤喝光后，用一小片泡菜将剩下的最后一点米饭铲起，碗就干净得空无一物了。⑤

一餐之后，叫做"湿点心"的又湿又黏的米制甜食被端了上来。在主人准备饮茶仪式的时候，客人们在等候室中更随意地聊天。在

---

① 有时译成李子，梅是生长在日本的最古老的水果之一。新鲜的梅是不能食用的，只能用盐腌或风干（梅干），或制成糖果和果酱。
② "八寸"伴随的是茶事中表示主客交心的交杯酒仪式。——译者注
③ 茼蒿，日语为"春菊"，所以作者说它是植物中的菊花。菊花象征着秋天，与当时的季节相呼应。——译者注
④ 这些泡菜叫做腌菜，或芬芳之物，这次包括在米糠中腌制的黄萝卜干、在咸味噌中腌制的牛蒡根、微苦的粉茗荷（一种古怪的蔬菜，秋天是其最佳时期）和造型别致的白莲藕根。日本泡菜有一种可爱的松脆材质。米糠皮可以使用好多年，并且效果越来越好。
⑤ 日本的泡菜种类很多，但每次只允许上两种，其中一种必须是腌萝卜。因为这种菜很适合擦碗。"将用过的碗擦干净"是来自禅院的习惯。——译者注

茶席的各个阶段，客人们会赞美主人精挑细选的工艺品：香炉、卷轴、鲜花、茶具。最重要的是茶碗本身。它表现了交流和亲密，因为它接触了每个人的嘴唇。这些物品多数是乡村风格，而且不应明显地表现出其价值，因为炫耀与茶道精神是背道而驰的。每件物品都经过精心挑选，但与西方习惯不同的是，它们并不相互搭配。但是，不知为什么，这看似随机的颜色、形态、新旧、质地、材料和主旨聚集到一起，很有艺术气息，并且当它反映出主人的内心和谐时有着特别强烈的美。茶道精神之一是"敬"，这意味着甚至尊敬那些微不足道的物品。无论多旧，或多普通，或作用多么微贱，它们都受到非常虔诚的对待。任一器具的历史都有很高的价值，就算不慎弄破了，也应当修补好，并带着越发增长的虔诚继续使用——这很像第四章末尾提到夸扣特尔人对待铜器的态度，他们计算价值的方式与我们不同。大英博物馆中有一个朴素的乡村风格茶碗，表面已经破损，但它的主人并没有试图掩饰其损坏。相反地，裂缝和裂纹被满怀深情地用耀眼的金色补上，将缺憾转变成某种惊人的美，不仅仅因为做这件事所投入的心血，熟悉茶道的客人会理解这一切。

如同合格的工匠执行的流程或任务，饮茶仪式本身是一系列不间断地徐徐进行着的活动，观看本身就已经无比美好了。器具被用从铁茶壶中舀出的水清洁并仔细地擦干。为了不产生烟雾，点燃木炭前，先将其清洗并晾干，而所使用的木炭数量也是绝对精确的。沸腾的水声显示它已经准备就绪：那一刻，声音会像风吹过松树，仿佛遥远的吼叫，覆盖着沸腾时微弱的咝咝声。有一次我参加了铁茶壶的制作及清洁程序，清水被多次煮沸以祛除铸造中形成的残渣。突然，清澈的水开始发出一种不同寻常的沙沙的吼叫声——壶在工作，令人兴奋的时刻。但是日本绿茶用的水绝不能是沸腾的，只温热就行了，因为沸水会让茶变苦，所以壶中被舀入冷水以降低温度。

茶道中使用的茶是上好的浅绿色茶粉，叫做抹茶。[①]它在荫庇下生长，这样就可以收获完美无缺的叶片，熏蒸、干燥并碾碎。第一碗味道极端浓烈的茶叫做"浓茶"，它被一个小竹茶筅搅拌得像黄油般黏稠。主人一边向客人鞠躬，一边将碗捧起。受礼的客人则鞠躬还礼，接过茶碗，旋转一下，然后喝几小口。随后他深深地向下擦拭碗的边缘，然后将它传给下一位客人，后者喝之前也会将碗旋转一下。这一习惯可以追溯到日本武士，他们会与客人分饮一碗清酒，以维系彼此间的共同纽带。每个人都轮过一遍之后，茶碗送回到主人手上。在主人制作更多的茶（"薄茶"）时，客人们欣赏着茶入、茶勺和热水壶等茶具。这次，茶有许多沫，并且很清淡，能让人一口气喝一整碗。与这些淡茶一起提供的是造型美丽的干点心[②]。饮茶仪式结束了，主人在向每位客人道谢并与之交谈后退席，留下客人们在回到外面的世界前再交谈一会儿。

浓绿茶极端浓烈，有一种令人愉快的苦味，这种苦味被预先提供的软而黏的甜点很好地中和。它闻起来清爽新鲜，有一种菠菜泥的芳香，葡萄酒作者安德鲁·杰福德（Andrew Jefford）形容其为"氯仿香精"。对那些不习惯浓茶的人，它的作用相当惊人——比浓缩咖啡还要刺激，但是一碗完美的茶——茶席的高潮，能留给客人一种兴奋的感觉，浓缩了茶道的所有元素：和、敬、清、寂。事实上，缓慢的仪式节奏和绿茶的冲击力之间的对比表现出对寂静的掩饰。这一抽象的概念很难解释，一位日本女性将茶道中的寂静比作叶尖的露珠——无论自己完成还是寄予他物，露珠并不是静态的，因为它蕴藏着潜在的能量。

---

① "抹茶道"从中国宋朝传入日本，成熟于丰臣秀吉时代，方法是用茶筅在碗内打绿抹茶，至今仍是日本茶道的代表。明朝时，中国的茶道演变成了用壶冲泡叶形茶的方式，这种茶道方式传入日本，逐渐形成了以壶泡绿茶的日本新兴茶道，在日本称为"煎茶道"。现在所称"茶道"通常指"煎茶道"。——译者注

② 干点心通常被压制成花朵或叶子的图案，与餐后提供的味道浓厚、有时很黏的"主果子"非常不同。

第二十章

浴中宴会：何等失礼

我知道丢失在水底的不只是耳环。
——佩特拉·卡特（Petra Carter）

第二组彩图的最后一张图片描述的是一场浴中宴会。这一非凡图景是 1470 年为勃艮第的安托万（Antoine de Bourgogne）创作的，它与更著名的《贝里公爵的祈祷书》几乎同时诞生。我见过两幅绘画描述这一景象，都出自 15 世纪的法国书籍，这是较好的一幅。两幅画的特征非常相似——这在那个时代是很正常的——其中一位艺术家显然模仿了另一位的作品。尽管这些在沐浴时用餐的图片看上去很古怪，在那个时代的书籍中却是很平常的。许多图片展现了从日常生活中截取的场景，所以共同沐浴——和共同睡觉一样，是当时的典型；尽管许多公共浴室围得像个活受罪的蒸笼，其实裸体根本没啥好害臊的。在艺术领域，另一些例子更加特别，比如一幅表现一对夫妇正在宴会餐桌前一个挂有帷幔的木浴盆中洗澡的插图。这可能是一种扮演甜食或 soteltie 的浪漫行为，也可能是普林尼（Pliny）提到的悬垂平衡（pensiles balneae）的表现。这些小浴盆被挂起来的样子，让人想到沐浴者通过摇动小船自娱自乐的样子。

那么这幅精细入微的美丽场景中包含了什么？它展现了中世纪晚期宴会的所有特征：富丽堂皇的有华盖的上座（与旁边屋里挂着帷幔的四根帐杆的卧床相搭配）；鲜艳的蓝色和金色织锦使墙面更加明

亮；吟游歌手用他的鲁特琴（lute）弹奏着甜美的音乐，一只小狗蹦蹦跳跳。崭新的白色刺绣surnap①整齐地放在中间的一块木板上，上面放着考究而锋利的刀子、上等的白面包卷和盛着甜点的锃亮的白蜡盘子。一些男人用大盏（枫木酒碗）饮酒，一大水罐的希波克拉底酒（加入香料的甜葡萄酒）在桌子的两端严阵以待。还有成熟的青梅和有暗示含义的美味樱桃可以食用，画面前侧的女士则端着果冻馅饼。简而言之，这场宴会是当时的典型，因为它并未对单薄的衣着、前卫的座席、隔壁房间的性举动以及国王和主教透过门缝偷窥的表情予以谴责。

下面的古法语文字是著名的罗马斯多噶学派作者瓦勒里乌斯·马克西姆斯（Valerius Maximus）原文的1407年译本，他生活在公元1世纪，主要收集名言警句和他那个时代的伟人及名人无足轻重的道德故事。其中添加的一些淫秽细节却在中世纪确保了大众吸引力。被选中的这段文字是异教学者所做，这反映了文艺复兴的古典偏好与基督教说教的典型结合。这段引语来自《论奢侈生活和性欲》，写道："奢侈生活是一种令人愉快的堕落，谴责它比避免它要容易得多。我们应当把它嵌入我们的作品，这样做不是因为它能赢得尊敬，而是因为可以通过认清其本身而推动忏悔。性欲可能与之相结合，因为它们产生于同一种的堕落天性，它也不应受到谴责或被纠正，以使这二者分离开，它们被思想上的双生错误联系到了一起。"瓦勒里乌斯·马克西姆斯在论及其他奢侈恶习时，还讲述了富人建造华丽的浴室以及将碾碎的珍珠溶解在酒里的故事。所以，这幅图画是对奢侈生活的迷人描写，

---

① surnap是古英语词汇，现代英语中已经不再使用了。根据古英语字典（OED）的解释，surnap是餐桌上提供的毛巾或手帕，让人们在洗手时使用，通常用亚麻制成。根据某些书籍中的描述，surnap似乎并不是用来擦手的，而是铺在桌布的上面，防止人们洗手时将水滴落在桌布上。但从本书的彩图看来，surnap好像只是普通的桌旗。——译者注

而这种生活是虔诚的15世纪基督徒应当付出一切代价去避免的。之后这种应受谴责的恶习被极端细致地记录和描绘下来的原因，任何平民论的出版商都可以非常容易地理解。由于没有任何文字专门对这一场景进行描述，缩印图只能表明它的创作者具有他那个时代典型而丰富多彩的想象力。

第二十一章

成年仪式：世界性的符号

婚礼、洗礼、决斗、葬礼、诈骗、外交事务——任何事都
是饱餐一顿的借口。

——吉恩·阿努伊（Jean Anouilh）

迄今为止，许多宴会显然是优越、权力甚至侵犯的公开表达。但
"成年仪式"（有时不包括婚礼，它更晚些出现）却倾向于私人的家庭
庆祝。它是一种温和的活动，显示了对成就的自豪和对未来的希望。
但在传统上，人生中最重要的事情——出生——却最少举行大规模宴
请。这一方面因为出生的时辰是不可预知的（而举行一场宴会通常需
要准备），一方面因为直到非常晚近的时期，婴儿的死亡率仍然很高，
过早地大宴宾客以庆祝出生是在与命运赌博。小型的葬礼通常也是
一样。取而代之的是，人们倾向于只提供少量与出生相关的食物，为
了好运也为了营养。自豪的中国父母在生产后送给别人的红鸡蛋就
是其中一例（红色代表幸运和喜悦）；另一个例子是盐，东欧人认为
无论在营养价值方面还是作为巨大财富的象征，盐都是非常重要的，
它被送给母亲，并放在新生儿的舌头上。甜味是这些食物中的另一个
普遍元素，因为它不仅能让分娩后的母亲迅速恢复能量，还象征了未
来生活的甜蜜。表达甜蜜的东西通常也代表了多产，因而也会出现在
婚礼食物中。于是我们看到，吱吱嘎嘎的蛋糕里塞满了水果干和种

《德艾尔伯（D'Albe）公爵举行宴会庆祝阿斯图里亚斯（Asturies）王子的降生》。G·塞斯汀（Sestin），1707年。在座的三十八位客人只有四位是男性，这很不寻常，但毕竟，这是为了庆祝一个人的出生

　　　　　　　　查理曼大帝的桌布

子、蜜饯①、朗姆酒黄油（埋在花园中，然后被挖出来，由母亲、产婆和婴儿分食）、甜酒和杏仁。在重要人物生产的日子，需要有人在场见证（确保没人将婴儿调换，产婆也没有将胎盘藏起来交给女巫），母亲的甜食通常由她信任的见证人代为享用（见证人即是教父［母］；这个词［gossip］来自 godsib，意思是与上帝之间的纽带；散布流言蜚语的意思较晚出现），当母亲筋疲力尽地躺在床上的时候，见证人正满心欢喜地咀嚼着珍馐美味。

但这些都没有（也许教父［母］的大吃大喝除外）形成真正的宴会。这为后来许许多多的成年仪式留出了空间。锡克教徒用持续一整天的宴会来纪念男婴的第一次剃头；东正教犹太人也会庆祝第一次剪头。还有浸礼宴会和割礼宴会（一些奥斯曼苏丹在庆贺继承人的割礼时追求的是超长的时间——例如，16 世纪末，为苏丹穆拉德三世［Murad Ⅲ］的儿子准备宴会耗费了两年时间；这场宴会最终在 1582 年举行，并持续了五十二天，其中包括一整座生长着杏仁蛋白软糖花朵的可食用花园）。周年庆和生日也受到重视。孩子的生日聚会肯定是他们以后的宴会的胚胎，在这样的活动中，孩子们认识了特殊的食物，学会了欢宴场合的举止。香辣的和香甜的食物被摆在餐桌上，却缺少餐具（不用说，大量食物最终掉在地上或被相互投掷），整个过程就像一场以生日蛋糕为 soteltie ② 的都铎王朝宴会。蛋糕上烛光摇曳，其他装饰则显示了孩子生活中流行的爱好。在中国，60 岁的生日是

---

① 一名英国妇女在荷兰一家清洁无比、充满艺术气息的妇产医院生产时，收到一份令她吃惊的"传统"礼物——beschuit met muisjes（"老鼠"饼干），一块堆满各色糖衣大茴香籽颗粒的脆饼干。这些小粒多到从脆饼干上流下来，在一尘不染的康复室地板上滚得到处都是。这个传统遍布荷兰各地，"老鼠"是治疗疝气的传统疗法，也是多产的象征，它与中世纪蜜饯或现代意大利 confetti 非常类似，而更经常地出现在婚礼上。

② 详细内容见第三章。

最吉利的，因为它代表了五①个十二年的循环（鼠、蛇、龙、猴、兔、虎、羊，等等）。这是个举行特殊宴会的时刻。宴会上，年长的人会被供应八道美味佳肴——在中国，"八"与代表好运的词读音相近。颜色和口感是这些美味佳肴的重点。在过去，它们包括奇异的珍馐，像猩猩的嘴唇、老虎的胎盘、狗的肝或狼油。今天，它们更可能是鸡肉、猪肉、对虾或鱿鱼；素食版本可能包括蘑菇、真菌、百合和豆腐。庆典清单继续下去，有时伴随着可以持续整个周末的禁令和清规戒律，有时是cresima（批准），后者将组成意大利最重要的成年仪式之一。从学校或大学毕业后，孩子们会加入到成年人的世界，在一些非洲国家，年轻人在被成人社会接纳前，要经历一些考验，之后会有一场宴会作为补偿。在泰国北部，甚至更年期也是举行丰盛的肉类和禽类宴会的充足理由，这标志着从女人到"荣誉男人"的心理性别的改变。

除了上面的最后一个例子，所有这些成年仪式都是为最重大的仪式——婚礼——作准备。纵观各个年代的所有文化，没有任何家庭事件能像婚礼那样受到如此喜悦的庆祝。除了其主要目的，好客和多产的永恒主题也是庆典的有趣附属品，这是为了使生产和培育后代更加神圣，因为，从生物学角度讲，基因是这个世上属于我们的最持久的东西。对夫妻俩新起点的展望，培养出一种有感染力的充满希望的感觉，而婚宴通常因年轻客人不可预知的狂欢节情绪而变得更加生气勃勃。

当婚姻是权力和财富的联合时，宴会必须显露出奢华，因此，婚

---

① 在中国，五是一个特别的数字。熊德达写道："大自然中的万事万物都是由五种自然元素或力量结合而成：金、木、水、火和土。著于两千多年前的中国最早的医药书籍认为，身体需要五味生存，五谷为养、五果为助、五畜为益、五菜为充。这种理想长期存在，不仅在著名的中国五香粉中，还在作为中国烹调之基础的传统味道中：甜、酸、苦、辣和咸。"

《制作一个非凡的馅饼，或多重混合的新娘馅饼，底部是几个不同的馅饼》。来自罗伯特·梅（Robert May）《厨艺技巧》，1671年。关于如何在里面装满鸟和青蛙，细节见本章后部分

礼打造了一些最奢侈的宴会场面。①在中世纪，它们经常与加冕仪式联合在一起，以造成更大的影响。13世纪作家马修·帕里司（Matthew Paris）记述了1236年1月普罗旺斯的埃莉诺（Eleanor of Provence）和亨利三世的婚礼与后者的加冕礼合二为一：

> 那么多贵族来到这场婚宴，男男女女的——一群虔诚的人——那么多人以及各种小丑和弄臣，伦敦竟然能够将他们全都容纳在她宽广的胸怀中……我为什么需要描述摆在餐桌上的丰盛菜肴——大量野味——各种鱼——多样的葡萄酒——魔术师的把戏——准备就绪的服务生——这个世界能够为光荣或喜悦创造

---

① 我正好读到最近一个印度婚礼，让两个家庭破费了七百万英镑。

的任何东西都堂而皇之地出现在那里。①

为了向英格兰的爱德华一世的婚礼致敬（他也娶了一个叫埃莉诺的），苏格兰国王放生了五百匹马；任何抓到马的人都可以把它留下——对慷慨的辉煌展示，传达的无疑不止一种信息。对富有的王朝而言，为了维护财产、金钱和社会前途，这种联合是长久谈判的顶点。我们普通人对这一场合的表述则更加恰如其分，它是与家人、朋友或有时更广泛的群体分享幸福的时刻，也是给予和获得的时刻。金钱是世界性的礼物：在犹太婚礼上它被别在新娘的裙子上；在法国农村它被塞进农夫们的手中；它还由新郎扔给教堂外争抢的孩子们。嫁妆的形式多种多样，从食物到珠宝再到整个国家。在不列颠，在庆典之前将婚礼礼物展示几天的习俗一直延续到20世纪晚期。在匈牙利，一种更实际的方法曾经占据一定地位，显然，在那里不会出现昂贵的礼物。一位专业宣读人被雇来宣读婚礼礼物清单，如乔治·朗（George Lang）所描述的：

> 从清单看来，人们可能认为这是一场皇室婚礼，因为有那么多令人瞠目的珠宝和其他财宝。但事实是，为了不太多的费用，宣读人稍微添油加醋了些，而想象不需要付出什么代价。就这样，一根擀面杖变成签了名的路易十四黑檀木杰作，最普通的东西变成了传家宝。而加上法国名称，每件东西听上去都更加优雅，甚至宣读者本人也优雅地叫做 M·夏麦斯（Chamaisse）。

---

① 罗伯特·休斯（Robert Huish）在其1821年的作品中将这段话记在马修·帕里司名下，但现在人们认为它是罗杰·德·温多弗（Roger de Wendover）所作，他的《历史之花》中包含了帕里司的《英格兰历史》中的所有内容。

富得流油的家庭，乐呵呵地得到了更多。对 1368 年克拉伦斯公爵莱昂内尔①（爱德华三世的第三个儿子）与米兰公爵的女儿维尔朗特·威斯康蒂（Violante Visconti）的婚礼的记述，描述了婚宴的三十道菜，每一道都有数不清的菜肴——一只羽毛丰满的孔雀，配上绿色蔬菜和豆子——

> ……在每道菜中间，许多令人惊奇的昂贵礼物混杂在一起，由年轻精英的首领约翰·杰拉弗斯（John Gelafius）送上餐桌，呈给莱昂内尔。仅仅在一道菜中就有七十匹良驹，装饰着丝绸和银质马饰；在另外几道菜中，有银质容器、猎鹰、猎犬、马用盔甲、昂贵的男士外套、闪着生铁光芒的厚重胸甲、装饰着昂贵羽毛的头盔和甲胄、镶着昂贵珠宝的衣服、士兵腰带，以及最后，某些以新奇技巧嵌入黄金中的宝石、大量紫色和金布制成的男装。

但说到宴会，还有其他世界性的习俗，比如婚礼队伍。无论是走过教堂的走廊，还是穿过街道和田野，在法国，整个夏天都能听到车队齐鸣的喇叭声，无论是设得兰群岛（Shetland）婚礼的马车，还是现代抢走新娘的中国出租车队，它们都代表了新人们奔向新生活的旅程。而这种新生活，则以家庭可以负担的最好宴会开始。婚宴在各个国家和社会中各不相同，但却包含着同样的元素：大量、奢侈和多产。人们在这一场合的投入通常超出其所能负担的程度；剩余是重要的，因为这代表了新人的富足。全都吃光是坏运气，更糟的是，会被误解为

---

① 十几岁的杰弗里·乔叟（Geoffrey Chaucer）受雇成为莱昂内尔家族的男侍，1359 年作为莱昂内尔的随从去了法国。乔叟在兰斯之围（siege of Reims）时被俘，但对于无数英语学者来说幸运的是，他被赎回，并在三十多年后写下了《坎特伯雷故事集》。乔叟也因此（更可能是知道，而不是）参加了这场难以置信的婚礼。

吝啬；因此甜滋滋的糖果被分发给客人让他们拿回家，涌出葡萄酒的喷泉让人们随意享用。国家婚礼图景的特征是布置的庄严、珠宝的华丽，有时还有食物的壮观，而下层人民的婚礼则将重点放在对食物的兴奋上。即使不那么高雅，但有丰富的饮食供应，人们眼中有时充满期待，有时因过分放纵而迷蒙恍惚。如果负担不起一间大厅，就会在空屋中或鲜花盛开的凉亭下立起支架，木板被搭在上面。如果没有木板，门会被从合叶上卸下来。然后，必需品被堆到木板上，直到它被太多的东西压断，总之会比足够每个人享用的还要多。

除了数量庞大，婚宴食物还必须特别，什么构成奢侈取决于当地的特殊性和具体的家庭环境：对阿兹特克人来说是泡沫风味巧克力和火鸡，对祖鲁人是体形巨大的烤肉，对萨米人（Saami）是驯鹿奶油和动物骨髓；对一些人是熏鲑鱼；对另一些人是加了水果和鸡蛋的蛋糕和香料面包。由于甜味是新人未来关系的重要象征，到处都是重料蛋糕，以及由水果和坚果、蜂蜜和糖制成的甜食；在印度或波斯，它们可能被裹在银叶或金叶中。简而言之，不是日常饮食中的任何东西。①

多数文化有其掌管肥沃和多产的神：得墨忒耳、拉克希米②、月老、刻瑞斯、狄奥尼索斯——他们中的这个或那个会潜藏在婚礼的某处，恣意播撒他的或她的财富，因此与充足和奢侈同样重要的是多产符号的内涵。多籽的或茂密丛生的水果，如石榴、草莓、椰枣或葡萄，都是常见的选择。由于有着巨大的群落和成千上万的卵，鱼也以各种形态出现：它们在犹太和中国婚礼上都代表着充足（中文中，"鱼"和

---

① 托尼·格林（Tony Green）争论说，20世纪晚期的不列颠婚礼是完全相反的。新娘的家庭非常小心地避免通过侵略性的展示表现出对新郎的恐吓，他们制作的食物显然是很普通的。它被庆典其他部分的浪费所取代。

② 拉克希米（Lakshmi）：是印度教中纳拉亚那的妻子，而纳拉亚那是象征爱与知识的保护神毗湿奴的化身之一。拉克希米又称吉祥天女，是爱神和美神。——译者注

"余"发音完全相同）①；在不列颠，鲑鱼是婚礼早餐的流行选择，一条装饰得灿烂夺目的鲤鱼则组成了印度教徒嫁妆的一部分。鱼子酱，现在经常供不应求，是一种适宜的婚礼食物，因为这个词来自波斯语 khayeh，意思是鸡蛋和睾丸——鸡蛋和牛奶制作的菜肴显然与分娩相关。我去艾尔夏尔参加了一场婚礼，我们享用了被做成鸡蛋形状的鸡肉，外面撒着五香葡萄干，这的确是极富象征性的食物。在中世纪时代，怀孕的女人们会吃楄楯果，希望这能令她们的孩子聪明。15世纪流行的婚礼菜肴是"肉馅蛋糕"——楄楯果面食，装饰着生姜、糖和金叶、银叶制成的十字架。杏仁长期以来被认为能够增强生殖力（它们非常有营养），因此会被裹上五彩糖衣，或碾碎制成杏仁蛋白软糖以装饰蛋糕。种子和谷物是对生殖的最直观暗示，也是婚宴的原材料之一，它被制成东欧常见的裹着种子的面包、印度豆菜、金色的伊朗藏红花肉饭和西班牙婚礼上流行的营养丰富的奶油米冻。

谁能忘记种子或米②扔过新娘新郎头顶时的咝咝声？以及花瓣或五彩纸屑？五彩纸屑（comfitti）的历史可以追溯到叫做 comfit 的小糖果，在欧洲它最早出现于1100年左右的威尼斯。它们被商人从中东带回欧洲；当糖变得便宜到可以用来制作奢侈的食物而不是单纯的药物时，comfit 开始遍及欧洲各地。如同那时许多用外来的和昂贵的成分制成的食物，comfit 最初被认为是一种美味的消化药。它们由八角、茴香或香菜等芳香种子的"精华"制成，它们被放在大铜锅中，用小心控制的火候费力地裹上浅色糖层，才制成大量小巧的糖果；糖果的形状和大小都取决于那些"精华"。制作的过程要花几个小时，因此是

---

① 供应一整条鱼的原因是，即使桌上的其他菜都吃光了，鱼的头、尾和脊骨还是会留在盘子里，象征着留给下个特殊场合的食物。

② 在印度教婚礼上或其他成年仪式上，米也具有装饰作用，应用于家具、天井、木质圆柱或地板上的复杂图案。米被碾得很细的粉末，用拇指和食指捏起，撒落，显现出令人吃惊的白色图案。有时米被染上鲜艳的颜色。这些图案从未被记录下来，而是代代相传。

昂贵的加工方式。comfit 在中世纪晚期和文艺复兴时期受到了极大的欢迎，总是在宴会和茶点中出现。英格兰的伊丽莎白一世女王对它们的偏爱，甚至到了损害她牙齿的程度。在威尼斯的狂欢节期间，贵族家庭会从阳台将 comfit——confetti①——扔向下面拥挤的人群，在欧洲各地的婚礼上，小康家庭会将一把一把的 comfit 扔出去，它们会被看热闹的人急切地收集起来。在法国，那些负担不起糖果的人开始用彩色石膏制作假的 comfit。最后，当在马赛有些人被这些小石膏球弄瞎之后，拿破仑三世将它禁止了。到这时，许多人不再扔 comfit 而以花瓣代替，一位有魄力的英国人察觉到了机会的降临，将二者结合起来，开始制作纸制"confetti"，并很快有了兴隆的出口生意。他甚至委托图卢兹—劳特雷克（Toulouse-Lautrec）制作了一张广告招贴画。糖衣杏仁，尽管要大些，却是 comfit 的直系后裔，并仍然被包成小块，作为纪念品赠送给参加婚礼的客人们。关于 confetti，同行美食作家卡拉·卡珀伯（Carla Capalbo）写下了下面这段话：

> 意大利人完全为这些婚礼 confetti 疯狂了，每个镇上至少有一间商店从事这项经营，无论多小……它们生产装饰最精巧的花束、陶瓷饰品、蕾丝花边、缎带，并附送好运符咒。多数值一大笔钱，但缺少了它们，一场意大利婚礼（或洗礼或第一次领圣餐）根本是无法想象的……在被它困扰的国家，confetti 是社会地位的又一种象征，因此人们将难以置信的时间和金钱投入其中，目的是要胜过他们的邻居。

另一种人们通常会投入大量精力的婚礼食品是蛋糕。按照不同的习

---

① Confetti 是意大利语糖果 confetto 的复数。——译者注

俗，那可能是甜蛋糕或重料面包，锥形的空心饼、宝塔状或环形蛋糕通常都是再生的象征。圣饼是常见的符号，在新娘头顶上被掰碎后，一片片地分发出去。罗马人的圣饼由碾碎的麦子制成，周围必须摆上葡萄；婆罗门教摆的是碾碎的小扁豆；不列颠的圣饼是油酥脆饼或醋栗薄饼。东欧婚礼的特征是丰富的面包。匈牙利的 palok（意思是喜悦蛋糕）由生面团制成，形状像一个大椒盐脆饼，里面留出空间用来装下一瓶蜂蜜白兰地。波兰的婚礼面包是圆形的，里面挖了一个洞，形成了一个盖着盖子的小杯子，"杯子"里装着代表好运的盐。乌克兰的 korovai 面包再现了前基督教时代的传统：新郎的 korovai 复杂地装饰着浆果和缎带，新娘的则用两根柄支撑起两只展翅高飞的相思鸟，第三个 korovai 装饰着绿色植物并在祝福仪式上与葡萄酒和盐一起使用，第四个被切开分给客人们。

重料多层水果蛋糕出现在许多西方婚礼上，它的改革开始于前基督教时代，那时农夫将种子制成的蛋糕埋进当季的第一道犁沟，作为祈求丰收的祭品。到了 16 世纪，种子蛋糕发展成为真正的圆形面团，里面塞着水果和坚果。[①]婚礼蛋糕的重量可能会达到十千克（二十五磅）以上，由于它们经常被置于婚礼队伍中招摇过市，抬着它的人不得不使用吊索来支撑其重量。将蛋糕的外壳弄破（这些外壳不能吃，因为它们烘焙的时间太长，太硬了）来展示丰富的馅料，与打开塞满葡萄干的鸡蛋或在新娘头顶掰碎圣饼具有相同的象征意义。有时，较小的这种蛋糕被一个摞一个地堆起来——或者用婚礼馅饼代替，其无比坚硬的外壳能支撑住里面的各种馅料。杏仁饼是 16 世纪婚礼的典型特征：这种由糖衣杏仁面团制成的精致的餐桌装饰，被认为能够增强生殖力。杏仁饼里可能含有一小枝迷迭香——一种婚礼上经常使用的

---

① 苏格兰新年时提供的黑面包是这种酥皮重料水果蛋糕的遗迹。

香草，因为它与心相联系（它是滋补佳品），并且有着忠诚和回忆的内涵。

　　1671年，罗伯特·梅在其《厨艺技巧》中给出了如何制作五层"婚礼馅饼"的说明；他的图表令人想起匹斯韦尔斯①蛋糕。作为几个大家族的主厨，他肯定监督了许多婚礼食物的制作，他详细地描述了馅料（其设计确保各层能够相互支撑——这本书非常实用），并提供了如下建议："中间的那个你可以全部用面粉烘焙，烘焙好后晾凉，然后取出底部的面，并放进活鸟或蛇，在餐桌上切开馅饼的旁观者会觉得很新奇。这仅仅是为了在婚礼上打发时间。"在同一时期的匈牙利，一种将垃圾（指甲、碎布等）烘焙在里面的玩笑蛋糕，在次日早晨又一天的宴请开始前被端给伴郎。相似地，1674年汉纳·乌利（Hannah Woolley）笔下的糖盘装饰物，被塑造得像"蛇，以及……你能想象到的任何有毒的生物"。其他装饰物则更直接：带着一窝小鸡的母鸡，或"躺在婴儿床上的女人"，这使人们所期待的东西一目了然。为了防止产生任何疑惑，有时写下来的信息清楚地说明了一切。18世纪末，杏仁蛋白软糖被抹在蛋糕上，上面撒着糖霜。这正是拜伦勋爵曾经想到的那种东西，1814年他写信给安娜贝拉·密班克（Annabella Mibanke），担忧地讲述他的婚姻："最亲爱的'蛋糕'——我是如此地焦虑，怕它变质或发霉——也许应该别让他们在里面放太多鸡蛋和黄油，否则它无疑将在我们的熟人中传播消化不良。"

　　到了世纪末，白色和浅色的图案为人们所接受。现代垂下鲜花和缎带的白色多层婚礼蛋糕，是在模仿穿着白色礼服的新娘，新婚夫妇一同切开蛋糕的白色脆皮，让里面的水果露出来，继续着其中的寓言，

---

① 匹斯韦尔斯（Pithiviers）是法国小镇的名字，这种蛋糕用两层圆形酥饼夹着杏仁奶油制成。——译者注

所有客人都必须吃一小块蛋糕。婚礼符号是可视的和世界性的，因此很难逃避。填满水果的鸡蛋形状的鸡肉是其中一例——新娘不知道其相关性，她更专注于婚礼的其他方面；她选择那道菜只是因为她认为人们会喜欢它。一对丹麦夫妇提供了另一个例证：他们想要一些与传统丹麦婚礼蛋糕——覆盖着果酱和奶油的甜松糕——不同的东西。他们决定用 kransekage 取代，仅仅因为"它吃起来很不错，并难以置信地适合搭配香槟"。Kransekage 由烘焙成同心环形状的杏仁蛋白软糖制成，它们被堆叠成高高的锥体，并从顶端撒下白色的糖霜。他们不知不觉地就选择了可能找到的最传统的配料，其符号性的形状与时间一样古老。将男性和女性的形状结合到一起的杏仁圆锥被新人共同握着的刀子刺破，让人想起了滑到手指上的婚戒、掰开的圆形圣饼，一块婚礼蛋糕穿过圆圈递给伴娘[1]，在婚礼 kermesse（狂欢）上，圆形的花环悬挂在 17 世纪佛莱芒（Flemish）[2]新娘的头顶。圆、刺、破——世界性的符号。纯粹的婚礼蛋糕。

---

[1] 在《匹克威克外传》中，狄更斯描写了婚礼宴会上的这种传统。
[2] 佛莱芒人：比利时的两个民族之一。——译者注

第二十二章

罗斯金的花粉宴会：乔木林中的宴会

最重要的事实是我们不得不尊重植物，总体上说……生命是绿色的而死亡是金色的……或者在之前理想状态的停顿中……将（这）秋日的激情视作发挥作用的荣耀……是很好的。

——约翰·罗斯金（*John Ruskin*）

在狂风怒号、空气潮湿的 9 月底，云雾消散，平静得异乎寻常的金绿夜色中，隐约显露出一场在格赖兹代尔（Grizedale）森林高处举办的、可以眺望科尼斯顿（Coniston）湖的户外宴会。这一活动是艺术家罗布·凯瑟勒（Rob Kesseler）以花卉、花粉及它们与华兹华斯[①]和约翰·罗斯金[②]——19 世纪艺术家、作家和慈善家，曾经居住在湖边下方一千英尺深处的布兰特伍德房屋[③]——的互动为主题的巅峰之作。

[①] 华兹华斯（William Wordsworth, 1770—1850）：英国诗人，英国诗坛浪漫主义运动的领导，1843 年被授予"英国桂冠诗人"称号。早年热衷于政治运动，对法国革命怀有热情，认为这场革命表现了人性的完美，将拯救帝制之下处于水深火热中的人民。1795 年 10 月，他与妹妹桃乐茜一起迁居乡间，实现接近自然并探讨人生意义的夙愿。华兹华斯与塞缪尔·泰勒·柯尔雷基（Samuel Taylor Coleridge）、罗伯特·骚塞（Robert Southey）同被称为"湖畔派"诗人（Lake Poets）。——译者注

[②] 约翰·罗斯金：英国著名学者、作家、艺术评论家。1843 年，他因《现代画家》一书而成名，并使其拥有众多追随者，其中就包括英国大文豪王尔德。该书以及随后发表的 39 卷有关艺术的评论，使他成为维多利亚时代艺术趣味的代言人。60 年代后，罗斯金的思想发生了很大转变，他一改前期的美学风范，开始致力于社会改良运动。他在伦敦及附近城市作了大量演讲，这些演讲后来结集出版，在英国广为传颂，最著名的是《芝麻与百合》。1879 年罗斯金隐居于布兰特伍德镇直至去世。——译者注

[③] 布兰特伍德房屋（Brantwood House）："brant"一词来自挪威语，意思是悬崖。房屋沿着倾斜的道路向上攀爬，给人一种从石头中生长出来的感觉。约翰·罗斯金称之为"有机建筑"（organic architecture）。——译者注

作为一名陶瓷艺术家，凯瑟勒精通花卉装饰的历史。他决定在格赖兹代尔研究花卉，并将每一种花的花粉样本带到山下的邱园①，在那里，他借助电子麦克风将它们放大。这些样本放大后呈现出幽灵般的图案，它们被用金光泽彩丝网拓印出来，并加上花的颜色，印制在一系列陶瓷制品上，上面还有罗斯金手写的自然观察报告的片段，它们最终成为展览会的一部分。森林中的秋日宴会将参加这一项目的所有人聚集到了一起——"发挥作用的荣耀"——而我被要求制定一份菜单，要尽可能多地使用周围环境中的食物，也许甚至会有一些罗布曾经研究过的花卉。

我们驾车向山上开去，湖区的山峰被夕阳勾勒出清晰的轮廓，峰回路转，我们到达了高出湖面许多的一片空旷地，可以一览无余地看到科尼斯顿的老人山（它在亚瑟·兰塞姆②的故事中是不朽的，如同干城章嘉峰③般）。一层平台被建造在一幢低矮的板岩房屋④前的陡峭斜坡上，以容纳这场宴会，桌子被摆成"V"字形，这样每个人都能够欣赏美妙的景色。为了表现树木的绿色和金色，也为了能够近距离地"阅读"罗斯金的自然观察报告，精致小巧的餐桌装饰物由苔藓制成，上面镶嵌着牛肝菌、鸡油菌以及由格赖兹代尔的艺术总监——一

---

① 邱园（Kew Garden）：又名基尤花园，英国国家植物园，位于泰晤士河南岸。其中的邱宫（Kew Palace）为整座植物园历史的起点。1718年起，邱宫成为王储（后来登基为乔治二世）的住所，并在其子弗雷德里克王子（Prince Frederick）和奥古斯塔公主（Princess Augusta）居住期间逐渐发展成植物园的雏形。可惜的是，弗雷德里克王子来不及看到他心爱的花园完工便驾崩，奥古斯塔公主在建筑师威廉·钱伯斯（William Chambers）等人的协助下完成他的遗愿。2003年邱园被正式列入联合国教科文组织世界遗产名录。——译者注

② 亚瑟·兰塞姆（Arthur Ransome）：儿童读物作家，代表作有《燕子与亚马逊女战士》。兰塞姆生于英国利兹，曾在《曼彻斯特卫报》工作，具有左倾布尔什维克思想。母亲酷爱英国湖区的风景，这对他的创作有非常大的影响。——译者注

③ 干城章嘉峰（Kanchenjunga）：喜马拉雅山脉印度—尼泊尔边境的一座山峰，高8603.4米，为世界上第三高峰。——译者注

④ 科尼斯顿村房屋背后的老人山上有著名的蒂尔伯思韦特板岩采石场（Tilberthwaite Slate quarries）。后文中关于板岩的内容多与此相关。——译者注

名狂热的真菌学者——采集来的其他菌类。

　　大多数客人素不相识；他们中的一些明显因为被邀请参加这一特别活动而吃了一惊，并感到欣喜若狂。每位客人都有自己的餐具，上面有着各自独特的花粉图案装饰：因此，提供了陶瓷坯的韦奇伍德①的代表得到了毛地黄②；当天碰巧过生日的一位格赖兹代尔驻校艺术家得到了夹竹桃柳兰③；华兹华斯信托（Wordsworth Trust）的董事毫无意外地得到了水仙花④；一位本地养蜂人得到了忍冬⑤；一位草药医生得到了紫罗兰⑥；一位邱园的孢粉学家得到了沼泽日光兰⑦；罗布·凯瑟勒得到了长叶车前草⑧；一个桃乐茜·华兹华斯⑨的传记作家得到了红剪秋萝⑩；罗斯金的一位学生，现在是牛津的板岩教授，得到了苏格兰松木⑪；我的盘子上有金色和黄色

---

① 韦奇伍德（Wedgwood）：由乔瑟厄·韦奇伍德创立的一种陶瓷品牌。——译者注
② 毛地黄的花语有"深深思念"、"孤独"，来自爱尔兰传说。但此处似乎采用的是它更光明的花语"威严"。——译者注
③ 夹竹桃柳兰的花语是"成果"，是对艺术家的美好祝愿。——译者注
④ 水仙的花语之一是"自恋"，来自古希腊神话。另一个花语是"长寿"，因为它曾被选来献给活到116岁且曾有许多奇迹的2世纪基督教祭司那鲁基苏斯。此处大概寓意华兹华斯信托能够长久经营。——译者注
⑤ 忍冬（Honeysuckle）又名金银花。把这个单词拆开，意味"吮吸蜂蜜"，此处寓指养蜂人。——译者注
⑥ 关于紫罗兰的花语，通说是"清凉"。而根据罗马神话，紫罗兰代表"请相信我"，因此它是化解误会的最佳花卉。此外，根据花的颜色不同，花语也不相同：淡黄色紫罗兰的花语是"同情"，粉红色的是"盼望"，白色的是"包容"，红色的是"相信"。野生紫罗兰则因为颜色和气味都非常淡，而被认为是"薄命"的象征。由于得到紫罗兰的是一位医生，取"相信"之意似乎较贴切。——译者注
⑦ 日光兰的花语是"我是你的"，喻意花儿属于孢粉学家是天经地义的。——译者注
⑧ 车前草的花语是"留下足迹"，喻指罗布在这一地区做研究时所留下的足迹。——译者注
⑨ 桃乐茜·华兹华斯（Dorothy Wordsworth）：威廉·华兹华斯的妹妹。兄妹二人早年丧父，关系非常亲近，桃乐茜终身未嫁，一直与威廉作伴。——译者注
⑩ 剪秋萝的花语是"机智"。——译者注
⑪ 松木的花语是"持久"，罗斯金的学生现在终于成为教授，显然需要坚忍恒久的精神。——译者注

的威尔士罂粟①；格赖兹代尔总监得到了菊头桔梗②，而布兰特伍德的首席园丁得到了雏菊③。人与植物的有趣组合。

在整个宴会过程中，太阳呈现了一场令人叹为观止的演出。它沉入浓烈的橘红色和粉色中，点亮了山峦的不同位置，并投下幽深的阴影，晚霞拥抱着风景，在与天空形成鲜明对照时方显柔和。谨慎的助手团队想方设法地将我制定的菜单在户外准备了出来，我们的菜肴仿佛步履悠闲地从天而降。这很像普洛斯彼罗④的宴会，在那场宴会上精神物化成了从空气中产生的宴会，当然有一点不同，我们的宴会没有瞬间消失掉。我们以一大堆的金色面包开始，撒上在油和野生香草制成的酱汁中浸泡过的坚果和罂粟种子；一大盘小巧的美味佳肴，其中包括我的一道拿手菜：斑尾林鸽酸橘汁腌鱼，配上焦糖葱头、小块的烤面包和烤过的土产软奶酪、腌鲑鱼、酢浆木和野生大蒜一类的野生植物以及甜菜根。在下一道菜上来前我们享受了一段朗诵，内容是华兹华斯的《序曲》（"晴朗的播种季节拥有我的灵魂，我成长着／被美好和敬畏浇灌"）。我们的下一道菜包括一碗奶油野生蘑菇汤，里面充满令人兴奋的带着泥土芳香的森林风味。在此之后，朗读声——桃乐茜·华兹华斯在1801年的《格拉斯米尔⑤杂志》中推测，也许水仙花种子是她哥哥著名诗歌的灵感源泉——似乎飞过了整个湖面。下一道菜属于平台下方深处的湖：科尼斯顿红点鲑是北极红点鲑的一种，非常的昂贵和稀有，它的味道和紧致的肉质都是一般的鲑鱼所不能比拟的；它在火上被烤熟，配上清淡的酱汁，内含花楸浆果当作收敛剂。

---

① 威尔斯罂粟的花语是"天上的花"（Heaven-flower）。威尔斯罂粟和一般的罂粟一样有长在高山的倾向。罂粟的花语很多，包括"死亡之恋"、华丽、高贵、希望、休息等等，但在此处，应当是寓意作者为这次森林高处的宴会准备了菜单。——译者注
② 桔梗的花语为"永恒的爱"。——译者注
③ 这个词在俚语中有"第一流人物"的意思。——译者注
④ 普洛斯彼罗（Prospero），莎士比亚剧作《暴风雨》中的人物。——译者注
⑤ 格拉斯米尔（Grasmere）：英格兰西北部坎布里亚郡格拉斯米尔湖畔的村庄，从1799—1808年是威廉·华兹华斯的家。——译者注

接下来是烤梅花鹿脊肉，搭配着在蜂蜜中烘焙过的饱满的李子、加了碎野生大蒜叶的胡萝卜泥、填着洋葱橘子果酱的半个烤梨以及奶油焗土豆。酱汁是由野生树莓和鹿肉原汁制成的，不是太甜。

现在天有些黑了，第一颗星星升起，蜡烛被隐形的精灵带到了桌上。在闪烁的灯光中我们聆听了一段颇合时宜的朗诵，在其中罗斯金宣告了他的板岩学生的特权，并提醒来宾谨记作为艺术家的道德和应负的社会责任。1870 年 4 月他在坎博维尔（Camberwell）的家中写下的这篇文章，描述了他的花园："一点风都没有，纯净的阳光穿过桃树丛……穿过李子树丛和梨树丛，落在青草上，看到它们沐浴在这新鲜银光中的第一眼，就觉得它们更像喷泉细碎散落的水珠，而不是树影；在我即将结束我的'山楂漫步'时，一只快乐的夜莺开始不停地放声歌唱。"罗斯金晓得不祥的城市噪音，也知道他只能珍惜他的平静，因为他：

　　……很长时间以来有能力每年将大把的钞票花在自我放逐和远离同伴的创作上。

　　对于那低语着的一切，像围绕着我的大海，以及对于无数人或物，那些被金钱欲望的英国弥诺陶洛斯①囚禁，并被判处生存的，如果那能被称作生命，在黑墙迷宫和其间令人厌恶的通道中，现在它们堵塞了泰晤士河谷，它被称作伦敦，那时，人们听不到快乐的鸟鸣，也看不到任何宁静的空间值得种植的无瑕小草。

　　……现在，先生们，我乞求你们，所有人都知道，除非你们

---

① 弥诺陶洛斯（Minotaur）：希腊神话中半人半牛的怪物，住在克里特岛的迷宫中并吃掉雅典进贡的童男童女直至被忒修斯杀死。——译者注

能负责将自己和其他所有能帮助的人带离这降临在我们心灵和思想上的黑暗诅咒，你才可以不创作任何艺术品——这是最空洞的矫情，是要将美丽丢入阴影，而抛弃它们的所有真实的东西都处在残缺和痛苦中。

焰火在远处噼里啪啦、轰轰隆隆地打着信号，人造卫星沿着精确计算的轨道滑过天际——在宁静的凉亭中，那是离我们最近的人造物。珍惜我们的特权环境和这次活动不可思议的特性并不困难。我们的最后一道菜从黑暗中降临：一份由苹果和布拉斯李子、黑莓和樱桃组成的果盘。

谈话声时涨时落；思想盘旋着，并相互"授粉"，在餐桌间跳跃、旋转着飞入天空，与舞蹈的飞虫融合到了一起……布兰特伍德花园将被布置成但丁《神曲》中的样子——停车场该成为地狱吗？……森林环境中的艺术……罗斯金用什么制作了格赖兹代尔森林中的表现艺术？……在牛津新学院吃小蛤蜊的正确方法……1790年的"丹麦之花"①是哥本哈根皇家瓷器（Royal Copenhagen Porcelain）一千八百件餐具的灵感源泉，每件都是手绘的……对罗布·凯瑟勒的启发……罗斯金把他的书撕碎，并将书页给了他的学生……华兹华斯种植水仙以来气候变了吗？……现在它们开花的时间不同了……对另一位19世纪园丁奥斯古德·麦根斯（Osgood Mackenzie）来说，19世纪末，草莓的成熟期比19世纪初提前了一个月……罗斯金对花粉及其影响感到惊愕是很自然的……齐特（Keat）对暴风雨天气的描述来自

---

① 丹麦之花（Flora Danica）：世界三大餐具组之一。18世纪，丹麦的克里斯汀七世为了向俄国女皇凯瑟琳二世示好，制作了一套既豪华又具代表性的餐具。依照丹麦的植物图鉴，将上面的植物图案绘制到餐具上，从表面纹路及立体花饰的雕刻、绘图（一个盘子的图案需要超过一万两千次的笔触，有的作品需分段上色并经过多达六次的窑烧）到描字——将植物的拉丁名称描在底部，皆为手工制作，并用24K金镶饰盘边。——译者注

大约三年前火山爆发带来的火山灰……湖区的天气（啊，总是天气）应当是独特的，像普洛斯彼罗岛那样"不列颠外的岛屿"。

　　带着我们可能中了魔法师快乐咒语的隐约感觉，宴会接近尾声。奇怪的是，尽管参与者中几乎没有人曾专门研究过宴会的元素，但这一活动还是包括了所有恰当的成分：美味的食物、令人兴奋的交谈、不同寻常的餐具、引人入胜的落日以及余兴节目。最后上来了小巧的甜点，一些由蜂蜜和松汁制成，另一些小八角香锭用橘子和紫罗兰调味，就像 16 世纪宴会上非常流行的酒心巧克力。还有，为了应和刚刚结束的难忘宴会，我们得到了礼物：养蜂人送的一小罐蜂蜜、园丁送的美味的布兰特伍德苹果、驻校艺术家送的一本艺术书籍、一个照亮我们穿越森林的道路的小火把；并且，像在最好的宴会上一样，我们被允许带走具有个性化色彩的餐巾。一个接一个地，我们消失在温暖的夜色中。夜晚经历的戏剧性特质因第二天早上的倾盆大雨而更加强烈，不过我跋涉在罗斯金的花园中收集秋天落叶时所获得的那些弥漫着薄雾的景色除外。

第二十三章

彭斯晚餐：兄弟般的宴会，
男人举止恶劣

伟大的君主有他们的享受，而人民亦会找乐子。

——孟德斯鸠（*Montesquieu*）

不知你怎么看，彭斯之夜（Burns Night）代表了普通人对诚实财富的粗野赞美，苏格兰庸俗文化是最糟的一种，还有共济会，或绅士俱乐部的下流元素。罗伯特·彭斯[①]的诗歌具有广泛的吸引力，不仅因为它的平等主义态度，还因为其作品描述了雄性举止中某些可能让人无法容忍的方面，但它们肯定令人享受，因此被纷纷效仿。无论如何，彭斯之夜在许多国家——比其他诗人所能够想象的更多——被狂野地、愉快地和嘈杂地庆祝着。俄罗斯人有着独特的热情，祝酒的提议混合着真诚的社会主义诗歌和深情的歌唱，显然令人无法抗拒。

虽然罗伯特·彭斯是个花痴，他也有着明确的社会和政治观点。那些通过对正常人自然活力的压抑获得满足的假装虔诚的教会形象，在彭斯的诗句中受到了巧妙的讽刺。尽管知道劳动人民的窘境，包括他

---

① 罗伯特·彭斯（Robert Burns，1759—1796）：苏格兰诗人。1783年开始写诗，1786年出版的《主要用苏格兰方言写的诗集》引起了轰动。此后他被邀请到爱丁堡，成为名公贵妇的座上客。罗伯特·彭斯在英国文学史上占有特殊重要的地位，他复活并丰富了苏格兰民歌；他的诗歌富有音乐性，可以歌唱。彭斯生于苏格兰民族面临被异族征服的时代，因此，他的诗歌充满了激进的民主、自由的思想。——译者注

自己的家庭，彭斯仍然对流浪者所感受到的自由充满了浪漫的羡慕。
"法律保护的无花果！自由的光荣宴会！"《快乐的乞丐》中反复吟唱
着。作为美国独立战争和法国大革命终极目标的支持者，他的平等主
义信仰化成了他的歌曲"人之为人"（a man's a man for a'that）
中的一个个单词，如果知道他的观点最终被铭刻在两个国家的宪法
中，他无疑会感到非常满足。

　　人人平等的观念是现代共济会——起源于 17 世纪苏格兰的一场
运动①——的核心。共济会会员模仿中世纪共济会的组织。由于中世
纪共济会会员必须不停地从一个城市迁移到另一个城市以建造会所，
他们便不能像其他行业那样形成紧密的城镇行会。取而代之的是，在
建筑建造期间（有时可能持续几十年）用于住宿的临时集会地点变成
了他们"打烊的商店"。秘密标志和口令是确保不让未加入共济会的
人进入集会地点的常用方法。但是，到了 16 世纪，这些集会地点要么
被废弃，要么完全消失了，它们看起来与新式风格的现代共济会集会
地点间没有任何共同之处。共济会会员最初关注的数学、建筑和古埃
及智慧的重生与文艺复兴精神完美契合，而秘密符号和口令的继续使
用意味着现代共济会会员也能到处旅行，并仍然像真正的共济会会员
那样被人们接纳。新教徒令人惊讶地容忍着这些秘密仪式的兴起，他
们显然认为，对那些在教堂礼拜仪式中受到排斥的人来说，秘密仪式
是将被接纳的向往发泄出来的安全途径。共济会支持道德而摒弃仪式
的主张使其不再被认为是教会的公开威胁，尽管有些人对它的秘密形
式感到担心。

　　公平是它的基本原则，因此罗伯特·彭斯对这种兄弟情谊的狂热
信奉并不令人感到惊讶。在他短暂生命的尾声，他是一个不超过五个

---

① 这一表述通常会引发质疑，但大卫·斯蒂文森教授（Professor David Stevenson）的两
　本书——《共济会的起源》和《早期共济会会员》中引用了一些很难驳倒的证据。

人的共济会集会地点的成员之一，虽然不敢肯定，但在他的事业道路上，如果不是那些保证要出版他的第一本诗集的共济会兄弟给予他不可忽视的帮助，让他在爱丁堡社交圈的精英分子中没什么金钱上的困扰，彭斯可能将永远不被人所知。但有人可能要说，尽管他们对"聆听上帝教诲的农夫"非常尊敬，但这些共济会会员对平等的观点仍存在双重标准。譬如他们的指导原则之一是帮助那些贫穷的人，让他们过得好一些，并在社会中找到自己的位置——但没有任何记录表明爱丁堡的律师曾经受到什么帮助，好加入到农业体力劳动这种诚实的职业中去。

从 1781 年他 22 岁时加入到艾尔夏尔（Ayrshire）的塔博尔顿（Tarbolton）地方分会开始，彭斯在共济会中升高了若干等级。1787年，他被封为苏格兰工艺共济会（Craft Freemasonry）的"桂冠诗人"，那是一场独特的仪式。在威廉·斯图尔特·沃森（William Stewart Watson）的绘画中我们看到，他周围挤满了穿着共济会服装的人，这给人一种古怪的印象，好像彭斯受到了无比尊崇。当站在会长前接受桂冠时，他做出手按在心口、眼睛向上看的殉教者姿势，头上似乎有一层花格呢覆盖的光环。我提到这个只是想举例说明，一些人发现了是什么打乱了举行秘密仪式的封闭团体；隐蔽滋生猜疑，想象变成狂热。早期的基督教徒在更广泛的人群中引发了同样的反对，人们对秘密——只有那些通过洗礼加入的人们才知道——感到疑虑。关于基督徒吃尸体喝血液的故事，在罗马人耳中令人恐惧地接近同类相食所引起的憎恶，在他们的想象中这是酒神仪式的一部分。

加入到俱乐部中的每个人都将承认，这些仪式中的大多数活动是无害的，但可能有些肮脏，它们被设计得使入会看起来是愚蠢或次要的；至于保密，没有比增强趣味更险恶的目的了。这种类型的俱乐部曾经（并且仍然）是性别单一的，摆脱配偶的束缚与俱乐部计划中的活动一样重要。大多数单一性别俱乐部是男性的乐园，它们存在的真正意义仅仅在于能够远离"闷闷不乐阴沉着脸的夫人"（sullen sulky dame）几个小时，在那之后夫人们会抱怨他们的"胡说咆哮醉酒饶舌"（blethering blustering drunken blellum）。饮酒和色情是许多这种男性团体的一部分——他们肯定正处在"彭斯时间"，并经常影射他的作品。包括共济会在内的这种团体的活动，是那个时代的典型。随着兄弟般的爱和自由成为理性时代[①]的流行情结，18世纪出现了蔓延整个不列颠的一场喧闹的男性俱乐部大爆发。大多数男性俱乐部以欢乐的饮酒和入会仪式，还有经常性的猥琐举止来赞美他们的男性特征。古怪的徽章被广泛采用（例如，勃艮第的假发俱乐部，有一个大概由查尔斯二世情妇的阴毛制成的假发），许多以生殖器符号为中心的仪式——像火棍（poker），在授权仪式上被置于神的位置。这些年轻人是在反抗那个时期自由和文化的融合，还是在模仿共济会仪式？大多数可能二者兼有，不过他们的行为很可能并不比那些决心举止恶劣的其他时代的年轻人更糟。在伦敦，一群群年轻贵族（比如，Mohock和Hector[②]）破坏着城市，"嬉闹的她"俱乐部（She-Romps Club）借酒壮胆的成员，绕着街道横冲直撞，将女孩们拽进小巷，强迫她们倒立着走路。甚至像"业余爱好者"（Dilettanti）那样名义上值得尊敬的团体，在霍勒斯·沃波尔[③]看来，也无非只是个喝醉的借口。"怀特"（White's）和"赃物"（Boodle's）只是伦敦上百间赌博俱乐部中

[①] 即法国启蒙运动时期。——译者注

[②] Mohock一词专指18世纪初在伦敦街市袭击夜间行人的年轻贵族流氓；Hector则有恃强凌弱的人之意。——译者注

[③] 霍勒斯·沃波尔（Horace Walpole, 1717—1797）：奥福德（Orford）第四伯爵，英国作家、艺术鉴赏家和收藏家，终身未婚。早年曾游历法国和意大利等地，1741年回到英国后进入议会，但政治生涯平平。他因中世纪恐怖小说《奥特兰托城堡》而在他的时代广为人知，这部小说也开创了哥特式浪漫主义的流行风尚。今天，他可能更多地作为英语国家最勤勉的书信作者而仍被人们谈论。——译者注

的两个，在那里，财产被赢来输去。

地狱火俱乐部（Hell-Fire Club）是其中最龌龊的一个，尽管它的成员更喜欢被称为韦甘比的圣弗朗西斯（St Francis of Wycombe）的兄弟。它由组建了业余爱好者协会的弗朗西斯·达什伍德（Francis Dashwood）先生建立。俱乐部成员（包括桑威治伯爵、约翰·威尔克斯①，甚至可能还有本杰明·富兰克林 [Benjamin Franklin] 在内的达什伍德的客人们）在泰晤士河边麦德曼海姆（Medmenham）修道院的废墟上集会。兄弟们享受着名字诱人的法国菜肴②，并在酒精的作用下惹是生非，直到最后释放在"修女"的身上：已经热切地准备好参与到放荡中的妓女。在这些活动被曝光后，他们继续在白垩洞穴中狂欢，这个洞穴是在达什伍德在西韦甘比公园的房屋领域外的小山丘中挖出来的。房子的花园本身就是一幅非凡的风景画，如果从地平线上看去，这就是一座令人愉快的公园，但如果从塔顶俯视，就变成了一座巨大的巧妙置于灌木丛中的裸女雕塑，土丘上覆盖着一层小红花，在最茂盛的时候甚至漫入白垩水中。这可能解释了威尔克斯曾提到的，在西韦甘比教堂顶端的金球（"我曾进入过的最好的球形酒馆"）中畅饮的"神圣的牛奶潘趣酒③"。达什伍德的花园，不是洞穴，最近被国民托管组织④修复。

罗伯特·彭斯与达什伍德年龄相仿，也同样喜欢与爱丁堡文学界交往，他喝醉过几次，于是制造了多情的和笨拙的时刻。除了与共济会成员饮酒狂欢，彭斯还属于塔伯尔顿单身俱乐部（Tarbolton

---

① 约翰·威尔克斯（John Wilkes，1727—1797）：英国政治改革家，因发表攻击乔治三世的文章和支持美国殖民地开拓者的权利而著名。——译者注
② 达什伍德坚决要给他的菜肴贴上法国名字的标签，他要使自己远离英国流行的对朴素菜肴的偏爱。
③ 潘趣酒：一种由酒、果汁、汽水或苏打水调和而成并加有香料的饮料。——译者注
④ 国民托管组织（National Trust）：英国保护名胜古迹的私人组织。——译者注

Bachelor's Club）和"茶点勤务兵"（Crollachan Fencibles），它们都以饮酒来赞美男性，即使以18世纪的标准来看，也非常出众。他为"勤务兵"搜集并创作了许多妓女的歌曲，充满了下流的暗示，从"我在安那德（Annandale）学了首歌，九英寸就能取悦女人"到对稀疏地隐藏的尾巴的淫荡描述，尤其是经典的"山特的塔姆"。故事从与同伴一起在酒吧中寻欢作乐开始，然后演变成一场在教会院子中的窥阴幻想①，可想而知，塔姆躲过了应受的惩罚，毫发无损，还赢得了读者的同情，并在末尾以粗暴的方式提及"塔姆的母驴"，她和塔姆的老婆凯特不得不忍受他的越轨行为。

"但为了我们的故事"，彭斯说，或是为了宴会，每年多得令人咋舌的"布丁族的领袖"被运送给海外羊杂布丁和"neeps"②的狂热爱好者，这些食物将与"彭斯之夜"的其他必备食物——少量威士忌，用来烘烤薄片肥肉和羊杂布丁——一起被吞下。彭斯晚餐上的气氛变化无穷。有的是在村庄礼堂中的家庭活动，有的是学术聚会，较喧闹的晚餐则在酒吧中进行。多数晚餐由俱乐部、协会、唱诗班和大批全球各地的彭斯社团组织起来，并且，和地方戏剧中有指向性的笑话一样，演讲是特别为满足它们的目标听众而进行的。在一些昂贵的活动中，有名的主厨会制作充满异国情调的"家常便饭"，这道菜也是彭斯晚餐菜单的一部分；不难想象彭斯在写到这些时所创作出来的诗句。近来一些局外人接管了这一活动：休·马克迪尔米德（Hugh MacDiarmid）的"看蓟的醉鬼"概括了他们的观点："你不能参加彭斯晚餐／没有

---

① 塔姆盯着一位年轻的女巫看，她的内衣（sark）太短（cutty）了，以至于没有任何端庄可言。

② Neep 是对萝卜（学名是芜菁甘蓝——译者注）的简称。在苏格兰，萝卜有着金灿灿的橙色果肉和甜甜的味道。那些白色的有轻微的苦味，被称作蕉青甘蓝（swede）。在英格兰，令人迷惑的是，橙色根的被称作蕉青甘蓝，而白色的被称作萝卜。由于蕉青甘蓝应当是淡黄色的，在我看来苏格兰的叫法更合理。不幸的是，全国的超市中采用的都是英格兰的称谓，因此我特意为那些想准备一顿彭斯晚餐的人写这个注脚。

外八字皱巴巴的破衣服／中国人蹩脚地说'他羊杂—非尚豪（非常好)！'／十个风笛手中有一个是伦敦佬。"尽管现在有许多混合的晚餐，但主要仍是纯男性活动，那些"充满活力"的行为，没有女人要有趣得多，她们到19世纪才被相当不情愿地允许参加彭斯晚餐。一百年后，女性仍然扮演着次要角色。最近尝试安排女性同事去彭斯晚餐的简短通知证明了女士们的选择仍然非常有限。"人之为人"，但是少女不是，尽管我更相信彭斯会让她参加。他甚至写了一首名为"女人的权利"的诗，尽管"亲爱的、亲爱的赞美"的第三项权利背叛了它的语气。

潮湿的1月份的一个夜晚，我去参加了一场彭斯晚餐，它是这些活动中最出色的。我是约翰和凯特·麦克斯文（Kate MacSween）的客人，他们是这个羊杂布丁制作人家族的第三代传人，约翰还是Kevock唱诗班的成员。他们的晚餐在邦尼瑞格（Bonnyrigg）的多豪斯小屋（Dalhousie Lodge）720号举行。我们在他们爱丁堡郊外的工厂见面，那里的煮锅在用了一年后终被淘汰，这些锅仅在最后一个月就生产了一百二十吨的羊杂布丁和萝卜。麦克斯文一家等待着发出的最后一批货安全到达某地的消息。这个问题一经解决，我们就以最快的速度向邦尼瑞格进发，并带着两个巨大的保温盒，里面装着几个巨大的蒸羊杂布丁。麦克斯文一家掌握了煮羊杂碎而不破坏表层的方法，其他一些人则没这么成功。约翰·詹米逊（John Jamieson）在他《苏格兰语的语源》中，在"Haggies"词条下给出了如下解答："关于我们国家的这种风味菜肴有一种非常奇特的迷信，在罗克斯巴勒郡（Roxburghshire）非常流行，可能在其他南部乡村也有。由于它能够让羊杂布丁不在锅里爆裂并流出来，因此是一种绝佳的烹调技术。已知的声称唯一有效的方法是把它交给一个头上戴鹿角的男人保管。当厨师把它放进锅里，他会说：'我将它给予这个人保存。'"共济会大厅的入口上有用瓷砖制成的共济会符号的浮雕，但对此我没有时间询问，因为羊杂布丁必须人工抬进狭小的厨房，厨房里蒸汽翻腾，并飘出令人垂涎的萝卜香味。粉刷成浅棕色的大厅，被欢乐的人群围得水泄不通。长长的支架被布置成传统风格，有着高出一截的贵宾席。共济会的残片——一个旋转的镜子圆球和彭斯徽章上的肖像的复制品——作为装饰；其他一些秘密的东西被用幕布隔开。

　　彭斯晚餐因赞美普通的食物而与众不同：羊杂布丁、萝卜和土豆泥，数量总计不多于一位苏格兰下层民众一冬的食物。多数纪念晚餐旨在使用可以负担的最奢侈的原料，但彭斯却立足于颂扬简单的乡村食物的谦逊。①因此我们随之而来的晚餐是传统的谦逊风格：今年的韭菜鸡汤中没有李子干，因为去年有人对它们有些抱怨；但明年李子干肯定会再回来的。风笛声宣告了羊杂布丁的入场仪式，约翰·麦克斯文一边背诵"致羊杂布丁"，一边用匕首专业地切开巨大光滑的布丁，每人都拿起一杯威士忌举杯祝酒。颜色鲜艳的苏格兰屈莱弗果酱布丁和邓洛普干酪，搭配着燕麦饼就完成了这一餐。接下来是按传统顺序的祝酒和回应、歌唱、演奏居尔特竖琴和讲故事。②"往昔的时光"③是对彭斯晚餐起源的最后缅怀，彭斯晚餐被认为是以共济会协调会议为基础，在分会会议后进行的兄弟般友爱的一餐，并以手挽手

---

① 两百年后，一些最昂贵的主厨开始信奉简单的乡村菜肴，现在农夫们追求的更可能是鸡肉提卡沙拉。

② "为罗伯特·彭斯不朽的记忆"的祝酒讲话中应当尽可能多地引用彭斯的话，对它的听众和现在的活动而言优美而恰当。被要求发表祝酒辞是一种荣耀。其后是"为少女"干杯，它的语气取决于是否有女士在场，无论如何，这都意味着要从男性的视角指出她们的缺点。少女们的责任是以幽默的报复平和作答。这是女人在正式程序中的唯一角色，除非还有女人参加之后的音乐和歌曲，或被选中加入到陪伴羊杂布丁的队伍中。居尔特竖琴是古老的小型凯尔特竖琴，可以放在腿上。它曾经是在苏格兰皇室宴会上演奏的乐器。但自它20世纪复兴以来，通常都是由女人演奏的。

③ "往昔的时光"（*Auld Lang Syne*）这首诗后来被人谱了曲，在每年新年零点到来之时，全欧美都会齐唱这首不朽之作。在经典电影《魂断蓝桥》中，此曲被作为主旋律。——译者注

组成的纽带为完结。在那之后，我们按原路涌出，带着那种独特的愉悦进入黑暗潮湿的空气中，而这愉悦，仅仅来自简单却令人振奋的分享经历。那必是一种兄弟情谊。

第二十四章

吃人：同类相食的宴会

不同的国家，不同的风尚，以及，不同的神。

——陶首领（*Tau Chief*），1840 年

在人吃人的事例中，只有特定的某些与本书相关。那些因苦难和饥荒、政治极端主义或精神病发作而引发的事件，不能被解释成宴请。但是，因爱或成年仪式——某些情况下也包括共同享乐——而吃人的事例，在保存某些文化共同体方面扮演着至关重要的角色。有时它也为了控制局面或恐吓而发生。某些食人仪式共有的一个概念是：通过吃人，你吸收了他们的某些特质。这一理论可能并没有听起来那么牵强，毕竟，科学家提出：原始生命形态，如扁形虫，可能能够通过吃掉另一只懂得某种技能的扁形虫而获得那种技能（比如找到穿出迷宫的路）。①

用恐惧控制别人是墨西哥阿兹特克人（Aztec）吃人的主要原因。当西班牙人在 16 世纪早期入侵时，一些被压迫的阿兹特克人将西班牙人的占领视为一个反抗恐怖政权的机会，这个政权的宇宙观念以太

---

① 生物学当然没这么简单：与原始生物体相比较，人类吸收的方式大相径庭，而且人类的内脏倾向于更加彻底地消化物质。像扁形虫那样的生物可以通过与不止一只虫子的单个细胞结合而获得再生。另外，很有可能，它们能够吸收另一只虫子的分子，但在消化过程中不损坏它们，因此理论上，已经学会的技能能够在新扁形虫的再生中留存下来。人类婴儿能够从母亲的奶水中获得免疫力，因为婴儿的内脏不会损坏必需的细菌分子，但如我们所知，成年人的内脏会分解分子，因此人类的知识或性格不太可能在消化过程中幸存下来。

阳和月亮为基础——它们是两个神通过自我牺牲创造出来的。太阳是最重要的,并能给予生命,它与武士阶层和阿兹特克的国王们联合在一起;而他们认为有规律地让人民恐惧是必要的,这样才能确保太阳每天都能照常升起。羽蛇神①(长羽毛的毒蛇)、风神、战神,以及掌管多产、降雨、收获的若干神祇都要用人类——有时包括孩子——的恐惧来满足,以避免有序生活的崩溃。因此,阿兹特克武士努力从敌人那里获得战俘,以提供献祭的原料。如果没有足够的战俘,奴隶和其他处于不利地位的人就要做替代品。同时期居住在阿兹特克人中间并学习他们的语言的西班牙牧师所做的记述,与阿兹特克人自己创作的描述其仪式的绘画作品内容相同。在被揪着头发吊在大神庙顶上前,牺牲品会得到一杯含酒精的巧克力,里面加入了上一个祭品的血液。在那里,他们被切开,仍在跳动的心脏被拽出来②并献给神祇。血液被收集起来,尸体则被扔过胸墙或丢在神龛的台阶下,然后被肢解并按等级分配。根据一些报告的记载,一天可能献祭几百人,甚至几千人,之后就会有一场用他们的肉烹制的盛大宴会:这些习俗是战争仪式的主要部分。阿兹特克人对尸体有着很实用的处理方法,只要献祭的牺牲是来自下等阶层,如俘虏或奴隶,他们的尸体就会变成简单的日用品——有用的原料:宗教祭品、仪式宴会的食物,战利品头骨用来使反对者恐惧,皮肤和骨头用来制作日常的和仪式上用的人工制品。事实上,他们得到的是与动物尸体无异的"礼遇"。

---

① 羽蛇神(Quetz alcoatl):古代墨西哥阿兹特克人与托尔特克人崇奉的重要神祇,他被尊为大地的儿子,而且同启明星联系在一起。许多首领也把自己比做这位神的化身。托尔特克人统治玛雅城后,也将对羽蛇神的信仰带到了玛雅。玛雅人称他"库库尔坎"。——译者注
② 这大概是将玉米穗轴从外皮中拽出来的(玉米有着神圣地位)的隐喻,尽管在多数社会中,通常是用将玉米穗轴从外皮中拽出来比喻把人的心取出来。

尽管这些关于献祭的描述非常残忍，但应将它们置于那个时代的环境中考虑。对阿兹特克风俗表示震惊的征服者来自一个充满酷刑、会将异端活活烧死的国家，那时西班牙宗教裁判所随处可见。很显然，他们对吃人肉而不是他们的残酷手段感到憎恶。这很有趣，因为天主教教廷是赞成圣餐变体理论的。这是从宗教团体的薄饼和葡萄酒，到准备好让虔诚的天主教食人者享用自己的耶稣的真实身体和血液，在事实上的（而不是象征性的）转化。实际上，这个问题中有着可以理解的混乱之处；总体上说，关于吃肉的其他问题也是如此。一方面，所有肉类都是上帝的礼物，某些人认为主动拒绝将它们视为食物是异端的表现。另一方面，有些人相信吃肉导致无情的性欲和最极端的兽性，即：人吃人。让阿兹特克人逐渐转变了信仰的天主教传教士发现，很难消灭秘密的献祭和食人；16 世纪上半叶的法律继承显示了古老方式的持续状态。很显然，这种以必需的粮食作物的丰收为核心的迷信扎根很深。要用坚定的信念才能改变羽蛇神的教义和降低农作物歉收的风险；毕竟，人类尸体的真实存在比变体了的面包和葡萄酒更易触及，而后者，即使已经变成了基督的肉和血，看起来还是像面包和葡萄酒。

新几内亚的化人（Hua）并不是特别地想要吃人，而是认为为了他们的孩子、动物和庄稼能够保持大量繁殖，他们不得不吃 nu ——一种生死攸关的要素，是一切生殖力和生长力的源泉。因此，男人不得不吃掉他的父亲，而女人吃掉她的母亲（但男人从不吃母亲，女人也从不吃父亲），这是繁衍的一部分，能够使他们的祖先的身体和精神永存不朽。怀着与此略微相似的情绪，委内瑞拉的亚诺玛弥人（Yanomami）会将焚烧过的亲人的骨头碾成粉末，加入到车前草汤中——这是葬礼的一部分。在接下来的纪念活动中，少量的"粉末状亲人"会被虔诚地享用，据说这是与逝者保持联系的深情而亲密的方式。我记得在与萨尔瓦多·达利①的一场令人陶醉的采访中，他透露，他和妻子约法三章，无论谁先死，活着的人都应当把他／她吃掉，作为爱的最后表达；他自信地宣称，那将是一场伟大而愉悦的宴会。在达利的妻子死后，我听说他接受了另外一次采访，在采访中他承认自己不能遵守誓言。不同的国家，真的是有不同的神。在发现自己不能打破那牢不可破的禁忌后，达利变得更像一个墨守成规的人，而不是他所希望的自己在世人眼中的样子。

吃掉陌生人是为了安抚通过丰收掌握生命的神灵，吃掉亲人是为了与他们保持亲近。还有另外一种同类相食是为了接管和／或消灭另一个人的灵魂，这种吃掉敌人的正当理由在北美洲的某些地区存在，还有玻利尼西亚的大部分，尤其是斐济。

对于某些美洲土著来说，酷刑、杀戮以及之后享用敌人，能实现一种被犯罪者和受害者共同接受的奇怪功能。休伦族人（Huron）相信，如果亲人在战争中被杀，敌方的某个人就必须死，以他的灵魂挤占死去亲戚灵魂的位置，进而赎回死者。同时，他们也相信，在梦中出现的渴望复仇的愤怒感觉，如果不将其付诸行动并用这种仪式性的处死相中和，就可能导致危险的局面。因此，受害者通常都会遭受恐怖的酷刑，尽管俘获他的人对他是礼貌甚至友好的。受害者的角色就是怀着尊严"好好死去"，从而提升自己族人的地位，并让俘获他的人有机会汲取他的力量；之后，复仇者便再无所求。

在斐济岛，食人宴会不仅是为了获得敌人的灵魂，还为了消灭

---

① 萨尔瓦多·达利（Salvador Dali，1904—1989）：西班牙超现实主义画家和版画家，20世纪最伟大的画家之一，同时也是20世纪最富于变化的画家之一。自达利1929年参加超现实主义运动后，给予艺术世界以强大震撼，其主要画作有《记忆的永恒》《圣约翰十字架上的基督》《卡拉丽娜》等。他相信弗洛伊德的"当我们清醒的头脑麻木之后，潜藏在身上的童心和野性才会活跃起来"的理论，创作时总是用一种自称为"偏执狂临界状态"的方法，在自己的身上诱发幻觉境界。此外他还以《萨尔瓦多·达利的秘密生活》《非理性的征服》《一个天才的日记》等文学名作为人称道。——译者注

它——牺牲者和他的部族可能遭遇的最坏命运，尤其当他是他们的首领的时候。斐济文化建立在敬奉祖先的基础上，用人类献祭是其基本组成部分，因为祖先神需要通过这样一条鲜活的媒介以人肉供养。与阿兹特克人一样，斐济也有许多不同的庆典要求祭祀：战争独木舟的制成、庆贺胜利、寺庙的兴建、新首领的登基。与阿兹特克人不一样的是，个体必须被劝服来满足这一需要。部落之外的每个人都是平等的：俘虏、被征服者、奴隶、外面世界的来访者，都能成为 bokola 或称供品。在斐济野蛮的战争中，杀死敌人仅仅是第一步；到目前为止，将尸体带回食用是军事行动最重要的部分，拼死一战只是为了俘虏敌人的尸体或收回同一部族被俘虏的尸体。

斐济人相信，在死后，死者的灵魂会在体内停留四天，因此所有 bokola 都必须在这个时限内吃完。围绕着宴会的仪式非常重要，被俘获的尸体首先要被涂上颜色，然后支撑着立在大艇中使其看起来如生前那样英勇。一旦俘获者回到村庄，舞者会嘲笑被俘获的尸体并歌颂归来的英雄。胜利的战士也会在他们的战争俱乐部中表演舞蹈，然后 bokola 被奉献给神，并根据精确规定的顺序被小心翼翼地肢解。这些大块的肉会在一个巨大的烤坑中烤熟；有时裹上香蕉叶做成一个圆柱形的小捆，并被委婉地称为"长猪"。i sigana——精挑细选出来留给神的部分——被拿到灵魂屋（spirit house），让被选拔出来的首领和 bete（牧师）享用，他们代表战神吃掉自己的那一份。剩下的肉在余下的部族中分配。部族首领是潜在的神；如果能掌握进入灵魂世界的方法，而不被相邻的部族吃掉，他就变成了 kalou 或称祖先灵魂——能够永远指挥部族战斗的力量之源。之前的 kalou 在地球上由 bete 代表，因此他们和首领都必须仪式性地用餐。神的食物是一种禁忌，不能碰触。于是，仪式用餐者被叉在古怪叉子上的祭品围绕着，这些叉子叫做 i saga，经过特殊设计，这样食物就永远不会接触身体。一旦

bokola 被吃掉，他们的骨头会被以与动物相同的方式进行处理①，因为那时他们的灵魂和肉体已经同时被消灭了。

不幸的是，尽管早期探险者更希望找到食人族并以耸人听闻的方式报道他们的发现，多数人在描述他们令人厌恶的发现时仍感到痛苦不堪。他们的责难使侵略变得更加正当，他们迫使整个社会不去尝试理解这些无疑很不寻常的仪式。多数社会认为食人会导致深层次的混乱。如早期素食主义的倡导者固执地声称，进食任何种类的肉都将导致无情的同类相食一样。看起来，对 BSE②及其转化而成的人类变体 CJD③的惊慌情绪来自"强迫素食动物吃肉并变成食同类者"的理论，但是许多反刍动物会惯例性地吃它们自己的胎盘，并且事实上，还有其他动物的例子。④与之非常相似的疾病——库鲁病（kuru）的源头在巴布亚新几内亚的弗（Fore）部落中被发现，并追溯到了葬礼——其中包括捧着死者大脑的仪式，可能死者大脑也会被吃掉（这一习俗在 1950 年消失了，并似乎留下了一些如人吃人是否真的发生了的疑问）。再重申一次，是被同类相食的可能性，以及那些鼓吹同类相食导致疯狂和死亡的人显而易见的辩白，共同使人们感到恐惧。即使作为一种高度仪式化的宴会，在我们中的多数人看来，吃人仍是错误的。

---

① 它们被制成日常使用的工具。

② BSE：Bovino Spongiform Encephalopathy，牛海绵状脑病，即疯牛病。——译者注

③ CJD：Creutzfeldt-Jakob Disease，海绵状脑血管病变或朊病毒感染，俗称克雅氏，对于它是否与疯牛病相关抑或是同一种病一直有着激烈争论。——译者注

④ 我和另外几个人碰巧见过牛和鹿吃兔子，而一位科学家则记载了朗姆（Rum）岛上的鹿是如何习惯于躺在那里等待马恩岛海鸥回巢，这样就能踢死它们然后吃掉。住在海边的驯鹿也经常吃牧者给它们的鱼。

第二十五章

马背上的宴会

总的来说，比起抚养自己的孩子，男人们对喂养马和狗更加仔细。

——威廉·佩恩（William Penn），1693 年

我曾经读过婆罗门①的一篇记述，文章中显示他们曾用檀香水给神圣的奶牛洗澡，用玫瑰花环和眉心的朱砂装饰它们，并用一场 18 道菜的筵席款待了它们。除了这一未经证实的记录，向动物致敬的宴会似乎很少，就算有也离现在太远。马宴是我能找到的最近的例子。有时人们在阅读古代的记述时会被激发出奢侈的行为，所以我怀疑这场宴会也是从 1535 年发生在英格兰的某一事件中获得的灵感，根据《考文垂城市年鉴》中的记载，"同是这一年，里士满公爵和诺福克公爵（Dukes of Richmond & Norfolke）来到考文垂，受到市长和穿着制服的市民尊敬地款待，并在大街上举办了一场马背上的宴会"。

我的一位美国朋友将现代马宴的照片和相关细节寄给了我，他的父亲弗兰克·文森特·伯顿（Frank Vincent Burton）就是台阶旁转身看镜头的那位绅士。招待伯顿的人是科尼利厄斯·K·G·毕林斯（Cornelius K. G. Billings），当时美国最富有的人之一。他的财富来自于所担任的人民煤气灯（People's Gas Light）和可乐公

---

① 婆罗门（Brahmins）：印度教四个种姓中的最高等级，负责执掌宗教仪式并学习和教授《吠陀经》。——译者注

司的总裁职位；他用这些财富在新取得的曼哈顿地产上建造了一座巨大的庄园，包括一条单独的通到悬崖旁的车道，这样就可以从河畔公路直接进入庄园。毕林斯也是一位艺术鉴赏家，但首先，他是一个对马——尤其是赛马——充满热情的男人，并被深情地称为"美国马王"。

尽管他在其他三个地区也有马厩，但看起来他最喜欢 1903 年建在曼哈顿的那些；它们花了他二十五万美元。世纪之交是古怪聚会的时期，而毕林斯作为东道主的名声更是一个传奇。1903 年 3 月 28 日，为了庆祝他即将启用的马厩，他邀请了"纽约骑师俱乐部"的三十位成员来参加一场马宴，为此，他租用了第五大道路易斯·雪利（Louis Sherry）餐厅第四层的舞厅。整个晚餐都在马背上进行。毕林斯自己的马——赛马——太不安分，不宜在这种活动中使用，因此另外三十匹温顺的骏马被租来加入到这场活动中。它们被一个接一个地用货运升降机吊到四楼，那里已经为它们准备好了一派田园景色。墙被刷上了背景幕，在围栏的中央是丛生的灌木，里面显然有真的鸟儿，它们啁啾着在盛大的宴会中来回穿梭。右手墙板上有一轮恬静安逸的满月；星星也在头顶闪耀——它们由结彩的灯制成。地板上铺了草皮，一种蓬松得像草一样的材料使用得非常巧妙；山石被摆成圆形，每个间隔里站两匹马。

一张搭板被系在每匹马的前鞍上并稳固地保护着马侧腹，搭板上有着崭新的亚麻罩。客人们潇洒地聚集在一起享用骑手餐，分配食物的侍者穿着猩红色的外套和白色的马裤，就像马夫一样，众多真正的马夫就可以腾出手来牵着马头。与毕林斯一起用餐的客人们无不振奋，他们享用了有十四道菜的一餐。尽管这场活动的菜单已经失传，但它应当与纽约谷物交易银行之前仅两个月举办的十五周年庆祝晚餐所制定的菜单相似，但马宴可能更奢侈。银行的客人们吃了很多"生蚝，大使浓汤加橄榄、萝卜、芹菜和杏仁，埃圭莱特鲈鱼片、迪耶普斯鳎鱼，黎塞留河水脊肉，维吉尼酒菠菜火腿，帆布潜鸭配玉米粥和芹菜蛋黄酱，冰冻幻想（Glace Fantaisie），奶油蛋糕，奶酪，水果，咖啡"，葡萄酒是劳本海默（Laubenheimer）、G·H·哈姆（Mumm）1892 年的精选特干、1881 年的罗曼涅（Romanée）、阿波里纳矿泉水（Apollinaris）和利口酒。

但是，毕林斯的客人们整餐饭都在大喝香槟，这可能归因于非正统的环境以及当时为香槟提供的带奶嘴的橡胶吸管。十四道菜的一餐无疑可以帮助每人将两瓶香槟一扫而光，并保证你不从马上摔下来——用麦秆喝香槟会有更多气泡，因此也让人更快喝醉。宴会之后，是为了娱乐客人而精心准备的杂耍表演，马儿则被降回地面。它们始终在吃着燕麦。

《在路易斯·雪利餐厅中的马背上的宴会》。纽约，1903 年

第二十六章

冬至宴会：黑暗中的光明

我经常想，罗杰（Roger）先生这样说过：圣诞节要是在冬
至就好了。

——约瑟夫·爱迪生（Joseph Addison）

"夏至的疯狂"①这个短语比"冬至的疯狂"更常见，这很奇怪，因为当夜晚漫长而寒冷，就会有更加不羁的举止、更不顾一切的过量饮食。几乎每一种文化都有纪念冬至日的仪式。这些冬至节日的目的是驱逐黑夜和寒冷（死亡）并唤醒生命，因此光、火、舞蹈、喧闹②、绿色植物、温暖的饮食是其普遍特征。这些被与骄傲和遗憾结合起来，而一剂狂欢的活力连接了旧年和新年间那令人不安的时期，那时杰纳斯③——两面的罗马神祇——正同时向前方和后方张望。那是鬼魂四处游荡、动物开口讲话的时候。一次，一个下雪的大年夜，我目睹了一只被困在角落里的老鼠，用它的后腿站起来，尖叫着向我们的猫

---

① midsummer madness：较多翻译为"仲夏的疯狂"，因为很少有"仲冬"的说法，故统一翻译为"夏至"和"冬至"。这个词的意思是"愚蠢之至、极度疯狂"，有点类似于中文的"热昏头"。在西方文化中，有"仲夏的疯狂"和"月亮冲击"（moonstruck）的说法，意思接近，但后者似乎更多的是被情感冲昏头脑、多愁善感、想入非非。有人认为，莎士比亚的名作《仲夏夜之梦》就结合了这两个词的意思，指黎明之时一切才能恢复平静。——译者注
② 我对童年时大年夜最清晰的记忆之一，是在午夜将巨大的框格窗推开，聆听轮船的雾号沿着克莱德河（Clyde）轰鸣而下——萦绕心头的、不和谐的异教声音。
③ 杰纳斯（Janus）：又被称为"两面神"，古罗马神话中的门神，被描绘为有朝向相反方向的两个面孔。——译者注

挑战。猫松开了它的爪子，老鼠自由了。

　　欧洲冬至庆典是古代节日的大杂烩，舀一勺罗马农神节残余和北欧圣诞节，将它们与数不清的新年狂欢、豆子宴会和密特拉教①太阳崇拜的习俗拌在一起。许多这种风俗，像桑塔露西亚节②、瑞士的光明宴会被合并到了基督教的降临节、圣诞节和主显节中。几乎每一项圣诞节传统都有着异教起源：圣诞树是异教的常绿植物——冬青树，代表着基督的血液和荆棘冠，圣诞节期的十二日反映了罗马狂欢的十二天；蜡烛回应了罗马人将灯和油作为礼物以避开黑暗的习俗。农神节包含了平等的概念，因为农神萨杜恩（Saturn）神话般的“黄金年代”应当是人人平等的，没有奴隶也不需要私有财产。在罗马狂欢节期间，正常的社会结构被颠倒过来以取得平衡；在这光荣而短暂的一段时间里，仆人被允许和其主人混在一起。他们将这一机会充分利用：打扮得像山羊人和魔鬼一样，赌博，喝得醉醺醺的，这些都是典型的狂欢节方式。农神节的“主人—奴隶互换”仍存在于英国军队中，在那里各种传统仍得以保持。多数军团有圣诞节晚餐，指挥官和其他高级军官为其他所有等级服务，甚至最年轻的骑兵和步兵。而在圣诞节前的最后一个工作日，一个团的军官们会在起床号响起时进行巡视，并把茶（加了一滴朗姆酒）送到未婚士兵的床前。

　　“那些握有权力的人在冬至日受制”的观点显然非常吸引人，自罗马时期以来，它以各种姿态持续存在。在不列颠，暴政的领主，有时还包括那些失去理性的修道院院长被抽签选出，并在延长了的圣诞节期间获得完全的行动自由，滥杀无辜、收取“租金”，这样就能为他们

---

① 密特拉教：奉祀密特拉神的宗教，公元3世纪前传至罗马帝国。——译者注
② 桑塔露西亚（Santa Lucia）是一名意大利女教徒，曾在西西里岛行善、传教，后遭迫害，于公元304年12月13日殉教身亡。Santa Lucia原意为“光明”。桑塔露西亚节在每年的圣女殉难日举行。——译者注

的"臣民"准备款待。在 1 月 1 日的愚人庆典（Feast of Fools），中世纪教会创立了一种惯例，其最初的目的是在神职人员的最高等级中灌输谦卑的思想，要求他们暂时将权力交给下级。不久之后，下层社会就利用教会的让步，将他们的特许期限向前追溯到圣诞节，并嘲弄了教会最庄严的仪式。教会做了许多尝试来抑制这些滑稽的动作，因为它们明显导致了与欢乐一样多的冒犯。1495 年来自巴黎的一份投诉记载称，牧师和教士"在工作时间戴着面具和狰狞的脸"，跑跳着穿过教堂，穿得像女人一样在唱诗班席位跳舞，在圣坛上吃血肠，并点燃旧鞋子来制造嘲弄熏香的臭味。其他记录提到了魔鬼崇拜和在宗教仪式中丢泥巴，好让会众"在混乱的大笑和违法的轻笑中散去"。但是，尽管这些活动遭到反对，一些教堂的财产清册中还是包括了愚人庆典的装束，可见宽容的程度。成年人举止不端，于是责任被转移给孩子，唱诗班的少年歌者被选中担任主教的职务。他的义务包括举行宗教仪式，甚至偶尔主持一场弥撒，并引领队伍在教区内四处筹钱，好在 12 月 28 日举办一场纪念诸圣婴孩庆日①的宴会。像丘鹬、鸽和沙锥鸟那样的小型野鸟是这种场合的典型食物。小尺码的法衣由教堂提供，在所有记录中，少年主教通常举止得体并深受爱戴，他们勤勉地履行职责，偶尔也从其努力中获取受之无愧的报酬。

在这段漫长的时光中，圣诞节本身被异教徒的快乐所掩盖，部分原因是圣诞节从来不是教廷的重要节日。所有的庆祝和宴请活动都发生在圣诞节前夜，而圣诞节当天则成为安静地去教堂礼拜的日子。多数欧洲国家在圣诞节前夜仍然有最重要的一餐，尽管那是一场"斋戒的宴会"，以鱼而不是肉或禽类为主菜。当然，都铎王朝会用许多食物

---

① 诸圣婴孩庆日（Holy Innocents，或称 Childermas）：为了纪念那些在耶稣仍是婴儿时，被企图杀死耶稣的希律王屠杀的孩子。亦即基督教世界的儿童节。——译者注

兴高采烈地庆祝圣诞节，其后的斯图尔特家族则与假面舞会和宴会更相配，尤其是在更流行的"第十二夜"活动中，"豆子国王"的愉快角色与米斯如领主很相似。与愚人庆典一样，这一习惯是在中世纪时期从法国借鉴来的；当圣诞节宴请被清教徒所禁止，历史悠久的"第十二夜"狂欢仍然坚守阵地。王朝复辟之后，时尚人对圣诞节的胃口变小了，启蒙时代则更喜欢较节制的庆祝活动。幸运的是，无论如何，不那么时髦的人和乡下人保持着一些旧传统；当19世纪它们复兴的时机成熟的时候，圣诞节晚餐和第十二夜蛋糕——往日寻欢作乐的最后遗物——再度复苏。①许多19世纪版画图解了第十二夜蛋糕，它包含一粒豆子，并附有可以用来玩字谜游戏的古灵精怪的符号卡片：这是远比任何圣诞节蛋糕都更清晰的圣诞节符号。

　　渴望增进庞大家族凝聚力的维多利亚女王和艾尔伯特王子，都对圣诞节观念的复苏起了相当大的作用。装饰着蜡烛的皇家圣诞树的图片在杂志上刊登出来，对快乐的家族团聚的记述使得这种情绪在公众中成熟。查尔斯·狄更斯（Charles Dickens）的作品强调了现在被我们视为真正圣诞节组成部分的每一项内容：鬼故事和施舍，二者都在《圣诞颂歌》中被优雅地伪装了起来；圣诞颂歌，本身是从档案和乡村民歌中热切搜集而来的；烤鹅，被填塞过的火鸡所取代，因为后者的尺寸与庞大的维多利亚家族更加相称；圣诞节卡片；圣诞饮宴杯②；幼稚的聚会游戏和吓人的爆竹恶作剧；燃烧的圣诞节布丁，肯定是15世纪加入酒精的亮晶晶的水果浓汤的遗物；重生的"金鱼草"——一种

---

① 在法国，人们仍在"第十二夜"食用里面包含一颗金豆子的 Galette du roi。那是一种相当干的蛋糕，因此需要大量的甜酒或烈酒帮助吞咽。得到含有豆子的那块蛋糕的人是豆子国王。这是米斯如领主被选出来的方法之一。

② 这是最古老的圣诞节风俗之一，人们相互举杯庆贺健康美满。通常杯大如锅，杯中的热酒是由苹果汁、白兰地、麦酒、香料混合而成的，巨杯被吊在"燃烧的榆树枝干"上方，以保持温热。——译者注

游戏，在一碗葡萄干上倒上白兰地并点燃，这样人们就能将把手指伸进火焰中去碰触饱满的水果作为挑战。匹克威克先生、沃德（Wardle）、乔洛克斯（Jorrocks）和伙伴们，让圣诞节节期的典型气氛更温暖，更开心。如"博兹"[①]1836年所写的："如果一个人在圣诞节时不会感到胸中快乐如泉涌，不会感到精神中的愉悦被唤醒，那么他一定是一个厌世者。"

如同工业革命将人们拔出土壤，让他们离开自己的根源和家庭，对完美过去——曾经的圣诞节经历——的怀念从心头升起；尽管像埃比尼泽·斯科鲁基那样脾气暴躁的人，对大摆筵席表示痛心，许多人仍在心中对某些他们留在身后的东西怀有向往：也许是他们的童年，他们的清白，或简单的、像家一样的地方，以及某些人——我们对他们的缅怀已经被另一种生活搅得暗淡无光。肯尼思·格雷厄姆（Kenneth Grahame）在《杨柳风》中完美地捕捉到了这种情感。在与河鼠一起品味令人兴奋的新生活时，鼹鼠突然闻到了他旧家的味道，并被那种对熟悉的肮脏的渴望战胜。在一场盛大的沙丁鱼宴会后，船长饼干和德国香肠被就着温热的啤酒咽下，一块"堆满香喷喷的美味佳肴的餐桌"被一群唱着圣诞颂歌的年轻田鼠分享：

> 疲倦的鼹鼠也希望能赶紧睡觉，马上就把脑袋倒在枕头上，这样就会觉得非常开心和满足。不过在合眼之前，他让自己的目光在旧房间中扫了一圈。在炉火的照耀下，这房间显得十分柔美。火光闪烁，照亮了他所熟悉的友好的东西。这些东西早就不知不觉成了他的一部分，现在都在微笑着毫无怨言地欢迎他回来……他清楚地看到，这房间是多么平庸无奇，甚至狭小，可同

---

① 博兹（Boz）：狄更斯的笔名。——译者注

时也清楚，它们对他有多么重要，在人的一生中，这样的一个避风港具有多么特殊的意义。他并不打算放弃新生活和广阔的天地，不打算背对着阳光、空气和它们赐予他的一切，爬回地下，待在家里。地面世界的吸引力太强大了，就是在地下，也仍不断地召唤着他。他知道，他必须回到那个更大的舞台上去。不过，想到有这么个地方可以回归，总是件好事。这地方是完全属于他的，这些东西见到他总是欢天喜地，他也总能指望得到同样真诚的接待。

《在柏孟塞（Bermondsey）的婚庆日》。乔里斯·霍夫纳基尔（Joris Hoefnagel），约1570年。装饰精美的婚礼酒杯中装满了迷迭香泉水，队伍的最前头是捧着婚礼蛋糕的人，蛋糕太大太沉了，以至于他们必须用一根吊索来支撑

《乡村婚宴》。老彼耶特·布尔泽乐（Pieter Brueghel），1568年。新娘端庄地坐着，头上戴着一个符号性的环形头饰；小孩和露出的小床一角暗示着婚姻的目的

《Macaronenberg》。德国，19世纪。完美的婚礼象征物：一层层的圆形杏仁面饼堆得高高的，等着被一刀切开

《为婚宴准备的汤和炖牛肉》。法国，1953年。弗兰克·歇谢尔（Frank Scherschel）摄。这场战后国家婚礼的准备工作令人联想到即将到来的慷慨宴会

《团聚：2000 年的劳森公园》。詹妮·布朗瑞格（Jenny Brownrigg）。黄昏降临时分，克林斯顿湖（Lake Coniston）旁高高在上的宴会中的超现实主义气氛

《罗伯特·彭斯作为坎农格特启维宁（Canongate Kilwinning）分会桂冠诗人的就职典礼》。威廉·斯图尔特·沃森（William Stewart Watson），1787年。安东尼亚·里夫（Antonia Reeve）所拍的照片。尽管可能只是偶然，但我们确实能看出罗伯特·彭斯的头上出现了一个花格呢光环。

《食人族场景》。西奥多·德·布瑞（Theodore de Bry），1592年。这幅可怕的图画清楚地说明：人吃人是不常见的，但却是俘虏敌人后冗长仪式的一部分

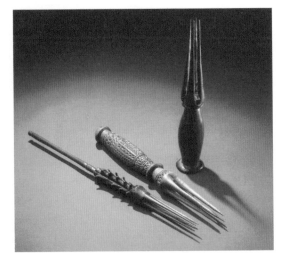

《斐济群岛的仪式"i saga"》。仪式性的木叉子传递着被俘敌人的肉，把它们送进祭司或酋长的嘴里

诡谲而多彩，墨西哥鬼节上的骷髅，被制成糖果或讽刺人类行为的混凝纸浆塑像

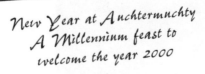

New Year at Auchtermuchty
A Millennium feast to welcome the year 2000

MENU

Numerical vegetable consommé
Home-made bread and rolls
(Fino sherry, Tio Pepe)

* * *

Whitebait 'soteltie'
Whitebait with watercress salsa, caviar and
spicy salad leaves
(Jurançon sec, Clos Guirouilh 1995)

* * *

Two Swan 'sotelties'
Swan raised pie
Saltire potatoes
Colourful vegetables and reduction sauce
(Château Sociando-Mallet, Haut Médoc 1993)

* * *

Cheeses
Celestial Oatcakes
(Pécharmant, Bergerac 1992)

* * *

Deux Millefeuilles of passion fruit
(Jurançon Moelleux, Clos Guirouilh 1994)

* * *

Banqueting course
— Bleeding stag 'soteltie' —
(Port, Taylor's 1975, Hungarian Tokai)

《除夕夜，天鹅临死前的哀鸣：1999 年 12 月的千禧年宴会》。依照顺时针方向：作者和修复的天鹅；剑正从牡鹿的身上拔出来；葡萄酒像血液一样汩汩流出；油酥千层糕之一；巨大的天鹅馅饼；滑稽馅饼；银平底盘中的银鱼，在意外事故之后的样子

《生日宴会次日的清晨，奥齐特玛契提；2003 年 9 月》。泰耶娜·柴可夫斯凯（Tatyana Jakovskaia）、
沙曼卡（Sharmanka）摄

第二十七章

为死人举办的宴会：战胜恐惧

让我们吃吧喝吧，因为明天要死了。
——《新约·哥林多前书》，*15 章 32 节*

墨西哥因其鲜明的色彩而闻名于世，10 月末，这种色彩欢快的渐强曲调在鬼节①达到高潮，墨西哥的街道市场面貌焕然一新。在这里感官受到大量明亮的芬芳花卉、香喷喷列队的成熟水果、堆积如山的一篮篮炽热的红辣椒和各种颜色的蔬菜的冲击，可可豆把袋子撑得鼓鼓的，还有糖罐，里面的东西大方地溢出来流到了遮雨篷下面。这里有"糖果条"（做成雕像和奖章的样子，由可可和玉米一起捣碎并加入鸡蛋和香料铸造而成），这里有各种能想象得出的形状和型号的奇特面包，这里有玩具、衣服、一捆捆蜡烛、罐和锅、一匹匹的布和醉人的熏香。一句话，为供应持续几天的、绚丽多彩的、味道刺激的宴会所需的每一件东西。而这一切是因为在准备宴会时每件东西都必须换新的，以示对死去亲人灵魂的尊敬，并高兴、热情地迎接他们回到生者家中。

鬼节，死者之日，11 月 1 日和 2 日②，也就是万圣节③和万灵节④；

---

① Días de Muertos，墨西哥的鬼节，墨西哥人认为鬼魂和人一样需要及时行乐，所以鬼节宛若一场嘉年华会。——译者注

② 这是根据凯尔特人的历法计算的。对于凯尔特人而言，公历 11 月 1 日是一年的开始，因此万圣节和万灵节分别是凯尔特历的 1 月 1 日和 1 月 2 日。——译者注

③ 万圣节（All Saints' Day）：11 月 1 日，这一天要进行基督徒宴会来纪念所有的圣人。——译者注

④ 万灵节（All Souls' Day）：11 月 2 日，这一天要专门为炼狱中的灵魂祈祷。——译者注

但是，如人们所预料的，这是一个结合了本地阿兹特克仪式和16世纪西班牙人殖民墨西哥时所引进的基督教仪式的节日。所有圣徒和所有灵魂都会受到墨西哥人的热情地欢迎，墨西哥人将其视为自己的两个主要节日，是庆祝从死亡中重生的阿兹特克版本。对孩子们来说，有一个小亡灵节或供花节（Offering of Flowers）；对于大人们则是大亡灵节或水果坠落节（Fruit Falls）。让教廷非常气恼的是，这些供奉最早在都多斯·桑托斯（Todos Santos）产生，其后成为两种文化庆典的稳定综合体，直到更晚些它们融合为一场丰富多彩的狂欢宴会。

墨西哥人对死亡的态度与西方长期以来的态度截然不同。我们自身其实并未摆脱对死亡的恐惧，但我们似乎主要以否定的方式来控制它，而这只能让人们更加恐惧，这点还可以讨论。过去，总有一些人由于焦虑而为自己举行豪华的葬礼，却让家人留下来艰难地偿还葬礼宴会账单，它通常比死者曾经举行的婚礼更加奢侈。毕竟，这种场合是给可能评价你的同辈人留下印象并因此而记住你的最后机会。出于同样的原因，富有的人立遗嘱将食物赠与穷人或囚犯，有时他们

《墨西哥亡灵日漫画》。无名氏，墨西哥，19世纪

会预先付钱在自己死亡后三十日进行第二次纪念，它被称为"一个月回想"（month's minding）①。那些无力负担的人，有时会在遗嘱中留下雇用"食原罪者"（sin-eater）的内容。关于这种活动，古董收藏家约翰·奥布里（John Aubrey）描述了 1687 年的一次：

> 在赫里福德（Hereford）的乡下，有一种古老的习俗，在葬礼上让穷人承担死者的所有原罪。我记得他们中的一个住在罗斯高速公路旁的一间农舍，他是个又高又瘦、丑陋、不幸、贫穷的无赖。方法是：将农作物拿到屋外，放在棺材上；一个长面包被拿出来，从谷物上递给食原罪者，还有一个盛满啤酒的枫木 Mazar-bowle（流言碗）。他要把这些喝光，然后拿 6 便士，因为他承担了（根据事实）死者的所有原罪，使他（她）通过死后的行为获得了自由。

另一个晚在 1825 年的记录，表明食原罪者仍然存在；由于他们被与邪恶的幽灵联合在一起，人们害怕并避开他们，他们离群索居，只在有人死去时才有人找他们。当纪念仪式举行完毕，被食原罪者污染的碗和盘子被烧掉。公社版本的食原罪者——没有某个单独的人必须背负这种负担——通常是越过棺材把一杯葡萄酒递给忏悔的人或一群穷人，作为为葬礼收集鲜花的回报。

奥布里的版本——不幸的幽灵游荡在人间，潜藏着用破坏进行报

---

① 类似的纪念活动在其他地方也有。在希腊，葬礼后四十日，死者家属会向过路人和去教堂礼拜的人提供 kolyva（一种特殊的菜肴，由浸泡过的谷物和种子、蜂蜜、香料和罗勒制成）。罗勒的刺激性气味与死亡的结合——它被认为是从冥府的入口处散发出来的气味——意味着在希腊的厨房中极少使用罗勒。牙买加在死亡后第九天会举办"第九夜"，家人和朋友聚集在一起安慰失去亲人的人。高唱的希望之歌，通常由一个小型打击乐队伴奏，并提供传统食物，搭配着咖啡、朗姆潘趣酒和一杯杯风味热巧克力。

复的可能性——是令人不安的，在许多国家，迷信和宴会发展为让死者受人们控制的方式。中国文化对鬼和游魂非常友好。饿鬼节可以追溯到佛教刚刚被引入的公元1世纪，它被用于安抚悲伤的亡灵——那些淹死的或客死异乡的，或无家可归、没人纪念的。饥饿的灵魂可能去寻找生者的身体，因此必须用食物安抚它们。由于这是佛教的传统，因此祭品总是素食。但中国人对于享乐有很强的意识，因此在一些地区，饿鬼节伴随着用包子建造巨大的塔（高达十米），它是像鬼一样白的糯米圆面包，有一个红豆圆点贴在中间。这些塔被游牧部落的年轻人"攻击"，每人都试图第一个到达塔顶。另一个鬼魂的节日——"冬至"（冬天的来临），在冬至日举行，因为鬼魂在漫长的黑夜中更喜欢到处作乱。一场盛大的宴会在祭祖①之前被摆在了餐桌上，人们尊敬地邀请鬼魂加入到家庭中，空盘子就是留给他们的。仪式一结束，家族成员就可以享用宴会了。在一排排诱人的菜肴中，中国北方的宴会总是以"馄饨"——起源于"混沌"，描述了中国世界的最初形象——为典型特征。馄饨（或"云吞"，更广为人知的广东叫法）是用面粉、水和鸡蛋制成的薄薄的皮，包裹着馅料——通常是猪肉和虾，然后在肉汤中煮熟，能一口吃掉的清淡的饺子。"云吞"的意思是"吞食云彩"，事实上，当它们漂浮在清澈的肉汤上时，的确很像云彩。

对西方人来说，鬼魂更可能从对万圣节前夜的描绘中跳出来——基督教节日附加在已有的异教节日上的又一个例子。Samhain，它的德鲁伊特教②名字，最初是通向冬日精神世界的隆重仪式。现代万圣

---

① 与灶神的神坛一样，每个中国家庭都有祖先的祠堂，祖先是中国文化的主要部分。出于这个原因，老人受到相当的尊敬和照顾，因为他们将很快变成祖先。新年，在主要宴会前，食物被供应给祖先，在春天的清明（意思是纯净和干净）会有一次出游，人们到家族墓地去将它扫干净，之后是一场野餐，同样与祖先分享。在日本也是一样，对祖先非常尊敬，如同古希腊人，后者通过宗教仪式再现逝去英雄的荣光。

② 古代凯尔特人创立和信仰的宗教。——译者注

节前夜的游戏，像"躲苹果"和"粘面包赛跑"，起源于凯尔特人水和火的考验，凭借苹果树护身符，通过考验的人获准进入"银树枝"之地——那是另一个世界，在那里神的选民能够预言未来。火的考验[1]最初使用的是一根一端插着苹果、另一端插着点燃的蜡烛的棍子。棍子上系着一根绳子并不停旋转，你必须努力咬到苹果而不被烫伤。这一习俗被更肮脏但更安全的粘面包赛跑代替。万圣节前夜由苏格兰和爱尔兰移民带到美洲；从那里，它又回到了欧洲，去掉了多数吓人和恐怖的暗示，并退化成骷髅面具、糖果和钱组成的快活的儿童节日[2]。在意大利，叫做ossi dei morti（死人骨头）的小脆饼干被制作出来在万灵节食用。人们将碾碎的坚果和糖与面粉和蛋清一起搅拌，再制成骨头、胳膊和鼻子的模样，有时还做成豆子的形状——此时，它们被称作"死人蚕豆"。

尽管万圣节和万灵节在英国不是假日，它们仍然在欧洲的许多地方被人们庆祝着。西班牙的墓地仍然聚集在一起，人们因尊敬死者而愿意付钱，这种传统可以追溯到古罗马时期，那时家族成员把食物拿到祖先的坟墓上来与他们一起野餐。[3]这巧妙地将我们带回到墨西哥的鬼节，在万圣节和万灵节前后的日子里，所有家族墓地都被访问、清扫并用鲜花装饰，有时还有小遮篷，许多户外宴会在墓地举行。用花瓣铺成的芬芳小径从坟墓一直通到家门口，这样幽灵就能找到从专为它们而设的宴会回家的路。每个家庭都在家中设置了ofrenda——

---

① 这种考验在莫扎特的《魔笛》中扮演着重要角色。

② 但是，我注意到，在法国的万圣节，女巫装饰的街道看起来相当漂亮而不是吓人。很显然，它们是为了大人们的享受而设。

③ 家人们打开坟墓来分享食物，这是令人无比愉快的活动。在4世纪，奥古斯丁不赞成这些明显的异教习俗——早期基督教徒却使之延续下去，因为它们是那么有趣——但发现"大量想要加入基督教的异教徒退缩了，因为他们与其所崇拜的神的宴会日曾在大吃大喝中度过"。

为祖先精心制作的个性化神龛。死去亲人的照片被黄色和橙色的金盏花（死亡之花）、珂巴脂熏香、蜡烛和精巧的装饰环绕着。和冬至一样，空盘子被放在桌上留给鬼魂，衣服和其他礼物也成为供奉，鬼魂们还受邀参加宴会，享用那些它们生前最喜爱的饮食。当鬼魂吸收了宴会的精华、酒足饭饱之后，家人们坐下开始吃饭。

　　时不时地，你会在供奉中发现一杯巧克力。巧克力在墨西哥到处都是，但墨西哥人倾向于认为它是一种饮料而不是糖果。搅拌出热泡沫、香气扑鼻，并加入胡椒调味，它令人重新振作并精力充沛，味道与欧洲和北美所饮用的乏味又太甜的巧克力很不一样。市场商人在鬼节期间可卖出比一年中的其他任何时候都更多的可可豆，因为巧克力是"辣酱"——墨西哥庆典酱的精华——的许多配料之一。家族秘方被一代一代地传承下去。一些秘方有超过 30 种配料，而且没有任何两个秘方是完全相同的，每一个都是世界上最好的。制作这些无比复杂的酱汁需要将红辣椒、坚果、种子、水果、香料、淀粉和巧克力单独准备出来，之后，它们会被全部放在沉重的石磨盘中捣烂成糊状。面糊用肉汤稀释、烹调、再烹调，直到呈现出适宜的深浅、神秘的浓度。在宴会上供应"辣酱"的最流行的方法是与 guajolote（火鸡）、红米饭或豆子一起——在鬼节最受欢迎的组合。如果没有供应辣酱火鸡，那么最有可能的替代品是 barbacoa（在铺了龙舌兰叶的坑里缓慢烘烤了一夜的羔羊肉）或 carnitas（加入橘子和大蒜用猪油烹制的猪肉）。宴会继续进行，有一系列的玉米卷饼、恰鲁帕烤肉饼和玉米粉蒸肉，这些肉或蔬菜或有时是糖果馅饼的混合物，被裹在玉米面中（玉米是另一个历史悠久的墨西哥标志），有些在被蒸或烤前再裹上玉米皮或香蕉叶。这里也有造型奇特的面包、饼干和糖果，有制成蜜饯的或新鲜的水果；新鲜水果也被制成浓稠的黏面糊——人们最喜爱的东西。这些被和啤酒或玉米粥（玉米制成）或像普逵酒和特奎拉①那样的烈酒一起咽下。在有些家庭，还会有一张为孩子的灵魂而设的小桌子。按阿兹特克祖先的习俗，孩子的灵魂会在大人的灵魂之前到达宴会，为了他们，市场的货摊上摆满了像小孩的玩具一样的小型陶罐。

这个节日听起来可能阴森森的，但它不病态，因为墨西哥人将死亡视为生命的一部分②。用奥克塔维奥·帕斯（Octavio Paz）的话说，墨西哥人"频繁接触它、嘲弄它、爱抚它，与它一起睡觉，娱乐它，这是他们最喜欢的玩物和最持久的爱之一"。它变成了一个节日。鬼节的本质是愉快，是要营造狂欢的氛围，而占据了其统治地位的最有趣的特点之一是：不虔诚的小骷髅大军，扭动着跑进庆典的每个角落。人们会看见骷髅在踢足球、看电视、抽烟、喝酒、跳舞、做爱——你想做的任何事。这些诡计起源于15世纪的欧洲，那时骷髅在狂欢节和四旬斋（见第十章）期间作为死亡的象征出现。尽管鬼节已经不再具有表面的恐惧，但压抑不住的墨西哥骷髅仍在取笑着人类的空虚，而他们活着的同胞则用温情拥抱着他们所爱的人的灵魂。

---

① 这两种酒都是龙舌兰酒，但分属不同酒款。普逵酒（pulque）是以龙舌兰草的芯为原料而制成的发酵酒类，最早由古印第安文明制造，在宗教上有重要用途，也是所有龙舌兰酒的基础原型；特奎拉（Tequila）则是龙舌兰的顶峰，也是最出名的龙舌兰酒款，地位相当于汽酒中的香槟，而特奎拉同样也是出产龙舌兰草之地的地名，它以一种蓝色龙舌兰草为原料制成。——译者注

② "Es una verdad sincera que solo aquél que no nace, no llega a ser calavera。"一首墨西哥歌曲这样唱道："真的，只有从未出生的人才不会变成骷髅。"

第二十八章

除夕的天鹅：千禧年宴会

　　Hogmanay——苏格兰语的新年——看来是两个单词的混合，也许是混淆。这两个词是古法兰西德鲁伊特教的叫喊声①"aguillanneuf"和北部词汇 hoggu-nott——意思是屠杀之夜，因为为了准备盛大的新年宴会，大量的牛会被杀死。Hogmanay 在信奉新教的北方是主要的冬季节日，尤其是自 7 世纪时约翰·诺克斯（John Knox）禁止庆祝圣诞节以来。直到 1958 年，圣诞节才在苏格兰成为官方节日，而新年却一直是持续两日的活动。由于圣诞节的概念是逐渐从英格兰吸收来的，因此苏格兰以对 Hogamanay 的庆贺作为回报，它伴随着酒鬼快活的咆哮喧嚣南下。现在整个国家都在庆祝新年，第二个千禧年之交的欢庆盛况空前。展望引发了警告，世界的毁灭离我们并不遥远，好像要证明这是正确的一样，暴风雨撕扯着整个北欧。商业开始过度运转，纪念性的葡萄酒、食物、音乐和装饰品被摆上货架，无数吨的焰火立在那里等着被点燃。一些人，厌倦了拖拖拉拉的情绪积累，决定干脆不庆祝千禧年了。但是，我察觉到了人们投入重大庆祝活动中的精力，我想，不举办一场宴会——一个惊喜的活动，即使是家庭成员也只知道一些细枝末节——是很无礼的。历史上宴会的华丽壮观单靠一双手显然是无法做到的，但我想尝试一些能让我的十几个朋友回味

---

① 根据詹美逊(Jamieson)的《苏格兰语语源字典》，德鲁伊特教会这样叫喊："Àgui！l'an neuf！"但转化成单词听起来有一点不自然。

的东西。

在之前几个月，准备就开始了——向一位葡萄牙侍者学习叠餐巾的艺术。银质的和玻璃的餐具、布和盘子不断增加。但最重要的问题是，用什么做中心装饰物？早在一年前，我们偶然得到了一小群雌性黑天鹅，艺术家伊恩·汉密尔顿·芬莱伊（Ian Hamilton Finlay）想要摆脱她们，因为她们把他小斯巴达（Little Sparta）的雕塑花园的草地弄得脏兮兮的。一个主意开始在我脑中酝酿：如果野生白天鹅受到保护，那么也许我能为宴会繁殖一些黑天鹅。于是我买回一只英俊的雄天鹅。不幸的是，它那不领情的另一半把它从池塘中赶了出来，让它落进了狐狸的嘴里。显然这种特别款待很合狐狸的胃口，因为不久之后，它就把所有雌天鹅也吃掉了。就这样，黑天鹅宴没有了，但几个月后，另一个机会出现了，它取代了黑天鹅宴，成了真。

第一道菜我选择的是蔬菜汤，因为它的味道简单清爽。这很好做：将精心挑选的蔬菜切碎，然后烤和炖，好让它的精华融入汤中。用打散的蛋白澄清蔬菜汤，比澄清肉汤或鱼汤要花更多的时间，并且需要收汤来增强味道，之后再加入樱桃汁和柠檬汁就完成了。我把胡萝卜片切成"2"，把剖开的茴香球茎切成"0"，这样"2000"就旋转在清澈的金色蔬菜汤中了。

那道鱼由几百条银鱼组成，裹上经过调味的面粉，用油炸脆，然后放在风味沙拉叶和半个淋了油的樱桃红甜番茄底座上呈上。为了与之搭配，每位客人都要与邻座[①]共用一个陶瓷蛋糕烤盘，香气扑鼻的翠绿色豆瓣菜沙拉和木炭色鱼子酱形成了"阴阳"。将味道晦暗的银鱼与浓烈的和咸味的配菜相结合，形成了烹饪上的强调，达到了umami——食物的完美结合。

---

① 直到 17 世纪，在宴会上与邻座分享菜肴仍是常见的习惯。

但是，在享用这些美味前，我毫不知情的客人再现了亚历山大·仲马的《烹饪大字典》中的故事。完整的记述在第六章，简单扼要地说就是，竞争性晚餐俱乐部的主人想知道怎样才能最好地利用仆人弄到的两条巨大的鲟鱼。他是这样决定的：较小的一条，被精心装饰，并被抬着沿着餐桌绕行，好让客人们欣赏，乐师和厨房助理跟在旁边。当他们退出准备侍奉客人们吃鱼时，灾难从天而降。抬着鱼的一个人绊倒了，整盘菜打翻在地，这让客人们无比绝望。但主人仍然很平静，用一句"上另一条"让喧哗安静了下来。于是较大的那条鱼（重85公斤/187磅）被抬了进来，有着更非凡的装饰、排场和仪式，于是客人们沉浸在欢呼、赞美和美食的慰藉中。

　　我的银鱼版本靠的是数量（140×2），而不是大小：每五条鱼叉在一个鸡尾酒调酒棒上，这样就会形成几十个小扇子的形状。第一批烹制好的小银鱼被堆在一个精心装饰的大浅盘上，由我的大女儿——唯一知道这个秘密的人——抬着盘子沿着餐桌绕行。每人都有一盘豆瓣菜酱和鱼子酱，并翘首盼望着香脆的小银鱼。每个人都能看到我费了多少心思。因此当我的女儿失礼地让漂亮的银鱼扇滑落到地上时，他们惊呆了。一阵令人不自在的沉默袭来，她羞愧地跑开去拿笤帚和簸箕。当她愉快地与第二盘菜一同回来时，我明显察觉到了如释重负的气息。这次呈现在人们面前的是一个华丽的银托盘，盛着更多银鱼扇，周围是更加精致和美味的装饰品。可能紧张气氛的缓和为达到 umami 提供了额外的佐料。

　　第三道菜中也有惊喜。在两道菜间作为 soteltie 搬进来的羽毛丰满的天鹅或孔雀，是很受欢迎的中世纪宴会款待①。天鹅曾因其绝佳的味道而备受尊崇，但自从饲养黑天鹅的计划落空，我就再也没吃过

---

① 在亨利五世的加冕礼宴会上，三十一只天鹅摆成一排，它们经过烘烤，其装饰全都含有颂扬新君主的信息。

一口。几个月后，一位与野生动物一起工作的朋友透露，他有一个悲伤的定期任务，就是处理那些以为道路是河流而想要降落，却撞死在上面的天鹅。天鹅的尸体通常会被焚烧。因此我问他能否将下一只看起来适合食用的死去的天鹅留给我。不早不晚，一个巨大的包裹到达，计划开始着手实施。尽管我曾为很多水鸟拔毛、剥皮、去骨，但我从未一边给鸟剥皮一边还要考虑如何保留它的羽翼。我发现这是一个精密但并不困难的工作，动物标本剥制师只要一半的时间就能完成它。想起15世纪的教导，我在天鹅皮肤内侧大方地撒下许多生姜和肉豆蔻。

天鹅和孔雀曾以无数种方式被展示出来。有时皮肤被简单地填充并晾干，这样就能将它储存起来并再次使用。它们经常被放在一张豪华的木板上抬进来，鸟喙中塞着一卷在酒精中浸过的布并点燃。有时它被放在一个巨大馅饼的顶端。最伟大的绝技是先将动物尸体带皮炖过，然后在烤肉叉上完成烹调；一旦它不那么烫了，人们就将烹调好的肉外面的羽毛和皮肤迅速缝合，用棍子将头和脖子支住，这种奇特的景象让每个人都很兴奋。但这太有可能造成食物污染了——而中世纪的消化系统很好地解决了这个问题，比现代人的好得多。从我的天鹅的脚和其厚实的肌肉看来，我认为它已经不再年轻了，因此不太适合烧烤。一个巨大的馅饼可能更适合，因此在腌肉的时候，我开始处理翅膀。首先，把很难处理的皮肤缝在一个铁丝笼外面，内部的箔片让线条更清晰。天鹅的脖子非常硬，为了达到正确的曲率，我遵循原先的结构，但使用耐力更强的金属丝而不是棍子。几针缝合用来使脖子和翅膀处于正确的姿势：游泳。含过氧化氢的润色物对清洁羽毛是必不可少的，然后我用真的金叶将鸟喙镀金并用黑色颜料将边缘勾勒出来。两粒黑色的珠子制成了足以乱真的眼睛。重塑天鹅时，我为这种生物的美丽所折服。我感觉到它的翅膀和脖子的力量，也意识到它是大自然完美的杰作。我想到天鹅的力量和它轻盈的美丽——游泳时，脖子微微弯曲，端庄地垂下头——之间的矛盾。尽管因这鸟儿的最终死去而感到悲伤，我还是对我的作品很满意，因为我让它再一次展现美丽，并学到了很多。[①]

天鹅 soteltie 被放在一个贴箔的木板上抬进来，它的鸟喙闪闪发光，它头戴一顶金色的皇冠，还有一条银色的项链围在颈上。每个人都因这壮观的场面而兴奋不已。尽管在私人饭厅中，天鹅的体积似乎过于庞大，但在天鹅的身体中有一个令人惊讶的小房间，非常小的发酵馅饼藏在里面。遵循古人的指点，这个馅饼是假的：它被里面装着燕麦粥"盲"烤，燕麦粥之后被倒掉，只留下馅饼洞。盖子里装了一个酥皮合叶，盖子上还有一个小小的面天鹅把手，酥皮上写着这样的句子"提起那只天鹅"。这个小得令人失望的馅饼将被赠送给一位客人，我将向他解释，"提起天鹅"在中世纪是"切开它"的确切术语，并询问他是否愿为举手之劳。他提起盖子的瞬间，两个匣中玩偶会弹出来——一千年后，像这样简单的惊喜仍然让人们开怀大笑。

又到了吃东西的时间了，真正的发酵馅饼会令人更加满意。一只天鹅只能产生大约两公斤（4.5 磅）瘦红肉，因此我在其中加入了野鹅的肉，因为这两种肉几乎完全一样。鸭子的肥肉和野猪的腹肉被用作润滑油，因为野鹅和天鹅几乎没有肥肉。这些混合肉类被泡在葡萄酒、杏仁油和香料中腌制若干天。然后我将最好的天鹅肉切成又长又细的条状，将剩下的全都捣成肉泥，再将肉泥制成的薄片做成肉饼，

---

① 这场宴会随后被美食作家行业协会发扬光大。他们要求我就怎样应付这场丰富多彩的活动写一篇说明，但在解释复原天鹅的技术时我写道——可能有些笨拙——我"在它的咽喉下面插入了两根韧性很好的围栏铁丝"。这惹怒了一些成员，他们将这场活动形容为令人厌恶的、难吃的，甚至残忍的。幸运的是，这些观点只是少数，其他人跳出来为我辩护。那鸟儿，毕竟，已经死了，而我只是想表达操作上的困难。但这是个教训，并不是所有潜心于与准备食物一样实际事务的人都想思考真相或生死之别。

以突出上面一眼看去就与众不同的几片天鹅肉。盖子上有一只戴皇冠的面天鹅在"游泳"，周围的纯金属支架帮助造型，这使天鹅的脖子到被烹制好之前，都相当容易折断。这个巨型馅饼的模具是一位音乐历史学家朋友借给我的，他向我要了天鹅的一根腿骨作为租金——显然新石器时代的人用它们制作笛子。现在重达四公斤（9磅）的馅饼需要大约八小时来烘烤，因此我可以放心地去做其他的调味工作，并满心欢喜地听着烤炉里的咝咝声。一个小时后咝咝声没有了。炉子里的油烧光了，而屋外的雪有五英寸深。我慢慢地认识到了这个可怕的暗示：我的馅饼已经开始烹调，肉汁正在流失，现在烘焙不能停下，否则就全毁了。没有其他带烤箱的炉子能装下我的巨型馅饼，用别的东西代替天鹅是不可能的了，油在几天前就应该送来了。灾难降临在我的宴会的核心上。就在这时我的邻居出现了。虽然她的烤箱对这个巨型馅饼来说太小了，但她知道一些新搬来的人有和我的一样的烤箱。不多一会儿，我们已经在她的车里了，在雪地上缓慢地移动，而那正烤到一半的馅饼被小心地和秘密地顺着山坡转移到下方一英里处一个滚烫的烤箱里。英雄般的新邻居甚至在半夜起床，将正在烹调的馅饼移动一下。我开始领会本杰明·富兰克林的评论："愚蠢的人大摆筵席，聪明的人吃它们。"

为了搭配馅饼，我们需要一些中世纪色彩，因此，出于对最近恢复的苏格兰议会的赞同，捣碎的土豆被制成很浅的像圣安得鲁十字一样旗帜形状的菜肴。它的背景由有着深蓝色果肉的刚果蓝土豆制成，白色的十字是捣碎的块根芹。胡萝卜—橘子酱和翠绿色的菠菜完成了调色板。但是，对天鹅和馅饼的兴奋，导致了其他项目的降温，因此从烹饪学的角度看，这道菜并不如它应有的那么令人满意，尽管这种热度必定相当地中世纪化。在接下来几天里，翻热的菜肴令我们感到分外享受。

在两道甜点前是奶酪餐，包括农舍英国切达干酪、著名的拉纳克奶酪、来自爱尔兰的柔软的酷利尼、硬邦邦的西班牙曼彻格和来自法国街头市场的水分充足的克罗米耶。家庭制作的燕麦蛋糕被切成小星星和月牙形状。甜点是我小女儿制作的，清爽而浓烈。她把黄油刷在薄薄的生面上，将其烤成层叠的波纹状。许多西番莲果被筛过，果肉被制成了简化的甜果泥。一层层的油酥皮间抹着混合了松脆的西番莲果籽的奶油，并撒上果泥。"油酥千层糕"上撒满了雪一般的糖晶和亮晶晶的银衣杏仁。一道简单、浓烈、松脆的甜点。

在文艺复兴和伊丽莎白时期，宴会一词指最后一道甜点，由甜食和叫做希波克拉底的香料甜酒组成。余兴节目也是精心准备的，这一时期的一些 sotelties 是可食用的。因此，在我们的宴会上，有水果干和坚果，上好年份的波尔多以及一种来自匈牙利的甜酒——它被装在精致的玻璃长颈瓶中，一只玻璃牡鹿在琼浆玉液中跳跃着①。这些葡萄酒在烛光下如昂贵的珠宝般闪闪发光。闪着微光的银质浅底盘中装着呈现出数字"2000"形状的甜食。"2"是由橘子皮切成的，并裹上了糖衣，"0"是由糖钱杏仁、圆巧克力和 calissons d'Aix ——在普罗旺斯（Provence）由碎杏仁和水果肉制成的冰镇甜食——制成；它们能够被伊丽莎白时代的任何人一眼认出。

除了甜食和葡萄酒，还有最后一个绝妙之处可以博客人一笑。在宴会进行过程中一直坐在餐桌中央的是一只白色雄鹿（再生的象征），由面制成，一把剑插在胸前，在它的脸上是一副顺从的表情。改造它是最令我困惑的一件事。这只是罗伯特·梅（Robert May）在1660年②的《厨艺技巧》中描述的精致的 soteltie 中很小的部分。梅是一名

---

① 大概类似于瓶中船，只是瓶子里装满液体，让玻璃牡鹿在里面漂浮着，仿佛在跳跃。——译者注
② 此处年份与本书 205 页图注不符，似为作者笔误。——译者注

主厨，他的描述比许多同时代人的描述清晰得多，显然他自己制作了或监督制作了这件令人印象深刻的艺术品。这一节中包括如何制作有活鸟在里面的馅饼的说明。结尾处是后人无限向往的评论，显然，尽管这本书出版于君主制复辟后，克伦威尔（Cromwell）的清教统治还是令许多这种壮观的展示走到了尽头。梅显然是一气呵成地写道：

> 烹调凯旋仪式和战利品，使用于节日期间，如"第十二夜"等等。
>
> 用面板制作一个船模，有旗帜和飘带，它的枪炮是kickses①的，用包裹绳将它们绑住，覆盖上面团（course paste），将等比例的有炮架的大炮，放在适当的位置，这样人们就能看到一艘战船；大炮上都有炮口和火药引线，能够开火；把你的船在大浅盘中放稳，然后做一个盐边，并把装满糖水的鸡蛋壳固定在上面；你可以用一个大钉子，将鸡蛋中的蛋白和蛋黄吹出来，然后在里面倒满玫瑰露。之后，另一个大浅盘中有一只面团做的等比例的牡鹿，在它身体一侧有一支露出一截的箭，它的体内装满红葡萄酒。在牡鹿之后的另一个大浅盘中是一座等比例的城堡，有着面板做的城垛、吊闸、大门和吊桥，以及kickses的枪炮，并像前面的东西一样覆盖着面团。把它摆在战船的射程之内。将牡鹿和装满糖水的鸡蛋壳（像前面那样）放在盐里，置于战船和城堡中间。大浅盘内两边各有一只牡鹿，在每只牡鹿身体中放一个面团制成的馅饼，其中一个馅饼里能放几只活青蛙，另一个里能放几只活鸟；将这些面团制成的馅饼中装满糠，用藏红花或蛋黄染成黄

---

① 即某种腐烂的东西。"面板"是用和了水的面粉制成的硬面团，曾被用来制作像这样的餐桌装饰sotelties。不能吃。

色，局部镀金，还有牡鹿、船和城堡也是一样；烘烤它们，在馅饼和城堡的塔楼和隧道上放上镀金的红棕色叶子；烤好后，在你的馅饼底部挖一个洞，取出糠，放进青蛙和鸟，然后用同样的面团把洞堵住；然后巧妙地切出一个盖子，用 tunnels① 把盖子拿掉，把它们全部按顺序放在餐桌上。在你点燃火药引线前，劝说一位女士把箭从牡鹿身体中拔出来，这样红葡萄酒就会像血从伤口中涌出一样流出来。这些会在旁观者的赞美中完成，一阵短暂的掌声后，点燃城堡的引线，这个作品的半边可能会被全部打掉；然后点燃战船的引线，像在战斗一样；然后旋转大浅盘，像之前一样继续向另一边开火。这些完成后，为了消除火药的臭味，让女士们拿起装满糖水的鸡蛋壳，并让她们相互喷洒。所有的危险看来都结束了，这时你料想他们会想知道馅饼里面是什么；先提起一个馅饼的盖子，蹦出几只青蛙，这让女士们尖叫着跳起来；然后是另一个馅饼，这次出来的是小鸟，它们凭着自然本能向着光飞行，这将会扑灭蜡烛，就这样，飞翔的鸟儿和跳跃的青蛙，一个在上，一个在下，将为参与者带来许多欢乐。最后蜡烛被重新点燃，菜肴呈上，音乐响起，每个人都怀着极大的喜悦和满足重新审视前一个阶段的活动。在好管家离开英格兰前，这些是旧日贵族的享乐，而战争场面则实实在在地表明像这样真实的、值得称赞的操演，仅仅是赝品而已。

不知道罗伯特·梅是以何种心情制作他的牡鹿的，我站在典型的

---

① Tunnels 是面团的通风口，让蒸汽散发出来，并可作为把手使用。它们也被称作布里斯托尔（Bristols），根据一些原始资料，这出自押韵的俚语（布里斯托尔城＝乳头）。另一些资料主张，这是鬃毛（bristles）的误传——猪的毛，外科医生用它们来缝合伤口，并能起到引流的作用。

纹章学立场上制作了我的牡鹿，它抬头蹲伏，一只腿向前弯曲——为了更稳定，并且使它能够放进我的烤箱里。我制作了一些金属支架和又咸又脆的面团，然后放置三小时让它们定型；我在艺术学校五年的学习生涯给予这一过程很大帮助。我制作了一个金属塞安装在小巧的宝剑的末端，这样就可以弄出一个足够大的洞让葡萄酒能够流出来，然后把它装在牡鹿胸前的某个位置。然后我用蛋白和牛奶给它上釉，用小火烤了两天。剑的杠杆作用（用葡萄酒软木塞支撑着）使这个结构相当易碎，因为最微小的裂缝也有可能让葡萄酒流出来。最大的谜团是罗伯特·梅是如何让他的牡鹿不漏水的，因为一把剑从面团中戳了出来；令人着急的是，他没有透露他的方法。我断定，想要做到这一点，唯一的方法是用蛋黄给牡鹿身上的洞上釉，上两层，希望一旦经过烘焙，就能够形成隔水的珐琅，防止葡萄酒污染面团。我在它的背上弄了一个小洞，通过一个漏斗把葡萄酒倒进去，然后用剩下的面团把洞口堵住。这很有效。在宴会上，我的小女儿把箭头拔了出来，葡萄酒真的"像血从伤口中涌出一样"流了出来，一股一股地仿佛还有心跳。一年后，我看到了一幅 18 世纪早期的德国版画，介绍了如何用面牡鹿装饰馅饼，这只动物与我的那只姿势完全相同。当我给图书管理员写信讲述这个故事时，她告诉我她将我的描述塞进了印有那张版画的书中，也许有一天，某人会发现它。牡鹿现在坐在厨房的碗柜上，提醒着我们那奇异的一餐。在那之后，我们点亮了山顶的一座灯塔，欣赏着下面令人失神的表演，焰火四处绽放，点燃黑暗，对旧时代怀着感激，并对未来充满希望。

第二十九章

查理曼大帝的桌布：后记

天下没有不散的筵席。

——中国谚语

查理曼的石棉桌布①的故事太令人好奇了，以至于不能不去调查一番。第一个线索来自退休的矿石学家诺曼·特拉维斯（Norman Travis）。他曾写过，罗马人在火葬时使用石棉床单来包裹尸体，这样，火葬之后，就可以将骨灰收集起来。他也提供了生活在约公元前64—公元45年间的古希腊地理学家斯特雷波（Strabo）曾提及的相关内容。斯特雷波写道："卡律司托斯（Carystus）也出产石棉，这种石头经过梳理和编织，编制好的材料被制成手帕，当它们脏了的时候，就被扔进火里清理干净，就像亚麻被洗干净一样。"不久之后，普林尼（Pliny）进行了同样的观察，如塞缪尔·约翰逊（Samuel Johnson）在其《英语字典》的"石棉"条目下所揭示的："纸和布都由这种石头制成；普林尼说他曾见过用它制成的手帕，在从桌上撤下时肮脏不堪，然后被扔进火里，拿出来时比在水中洗过的还要干净。"

至今为止，一切都还顺利。无疑，作为法兰克国王和神圣罗马帝国的皇帝，查理曼是读着经典长大的，并极有可能读过普林尼的著作。

① 查理曼大帝显然有一块石棉桌布。宴会结束后，他总是把它扔进火里，将上面所有的面包屑烧光，然后把重新变得干净而洁白的桌布铺回桌上。这一做法总是给参加他的宴会的客人留下深刻印象。

《大英百科全书》11世纪的版本暗示，查理曼能够阅读拉丁语和希腊语，并令我振奋地声明："从前，用经过纺织和编织的石棉制成的织物，是一种罕见的珍品。相传查理曼大帝拥有一块这种材料的桌布，当它脏了的时候就会被扔进火里，用这样的方式来进行净化。"

为了找到更多原始资料，我查阅了伦纳德·萨默斯（Leonard Summers）出版于1919年的一本小书，名字叫做《石棉和石棉工业》。萨默斯先生是一位毫无顾忌的矿物传道者，他描述了在整个欧洲范围内，剧院在火灾中上演的那一幕幕悲惨的死亡，并指出这种灾难可以通过使用石棉来避免。他满怀赞许地写道，豪尔卡姆大厅（Holkham Hall），"著名的老诺福克庄园，享受着其极负盛名的防火结构，并从来没有为此投过保险，最好的原因就是它不会燃烧！"然后，他结合插图，描述了前任皇帝"耐用的石棉小屋，他在参加军事演习时住在里面。小屋只要三个小时就能搭建起来。轮车上的抽水机和过滤器发动

《罗马贵族"魔术师"将他的石棉桌布投入火中》。伦纳德·萨默斯，《石棉和石棉工业》，1919年

机能够持续提供热水和冷水"。萨默斯先生对石棉的热情，甚至扩展到了它作为发酵粉的一种成分而产生的功效。

而说到古代历史，他也以与其他作者相同的心情写道：

> 古人使用石棉的方式通常是把它作为布，一种质地粗糙（可能是手工编制）、品质耐用的包裹材料——如将高贵显赫之人裹在其中埋葬。这一旧世界织物的样本可能在罗马的梵蒂冈仍能见到。公元13世纪，马可波罗提到了旅行中的一种抗火烧材料，他认为是由火蜥蜴——一种小动物，一般认为它对火有免疫力——的皮肤制成的，但这种材料最后被证明是石棉布。

上图是题为《罗马贵族"魔术师"》的图画，并写着"卓越的主人——包括查理曼——有时用把桌布（石棉的）扔进火焰中的方式来娱乐并迷惑客人"。令人着急的是，这些内容都没有提供权威的原始材料。

当我对中世纪或古典著作中的相关内容感到困惑时，我求助于我的表兄奥利弗·尼科尔森（Oliver Nicholson）。他建议我读两本书，书名都叫《查理曼大帝的一生》，一本是坦率的艾因哈德（Einhard the Frank）写的，另一本是一位名叫"口吃的诺特克"（Notker the Stammerer）的僧人写的。艾因哈德的版本相当温和，其风格可能受到了苏维托尼乌斯（Suetonius）的《罗马十二帝王传》的强烈影响。他显然想要从贵族的角度展示查理曼，并痛苦地指出这个杰出的人的个人习惯相当谦卑，因此，这本书中并没有提到桌布、石棉或其他什么。"口吃的诺特克"的记录中充满了生动的故事，举例说明了皇帝伟大的智慧和能力，令他想使之留下印象的每个人感到震惊，有时智取，有时力夺，有时用敏锐的洞察力，有时则靠展示他无法计数的财富。

他描述了查理曼大帝，"所有国王中最显赫的……站在窗前，耀眼的阳光照了进来。他戴着金饰和贵重的宝石，让自己如初升的太阳般灿烂夺目"。

皇帝甚至成功地给一队波斯使节留下了深刻印象，他一直等到复活节才接见他们，这样他们就能看到：他穿戴着所有他引以为傲的东西，来度过一年中最重要的节日。通常，如在第二章中指出的，应该是波斯让这个世界的其他地方印象深刻，而非相反。"迄今为止我们只见过石膏人，现在我们见到了金人。"他们说，并显然相当愿意留下，盯着查理曼大帝和他的贵族们看了好几天。皇帝的盛大宴会让他们难以忘怀，因为他们不可思议地几乎是饿着离开的①。对于桌布把戏而言这是否无疑是个完美的场合？但没有任何地方提到它。

进一步阅读与皇帝有关的东西，其他故事和一些事实露出水面，其中之一是：尽管查理曼大帝会说拉丁语，但却不懂阅读。还有，在他死后，围绕着对这个伟人的追思，无数传说被搜集到一起。怀着不断增长的挫败感，我再次咨询了奥利弗；他告诉我，在我的门阶上就有一位关于查理曼的权威人士——圣安德鲁大学的荣誉退休教授唐纳德·布洛（Donald Bullough）。显然奥利弗决定握着这个珍宝，直到我自己的研究山穷水尽。在回答我的询问时，布洛教授这样写道："唉！查理曼大帝的'石棉桌布'是绝对的虚构，是在18世纪末19世纪初，尤其在法国，添加到中世纪遗产上的许多故事中的一个——启蒙思想和其拿破仑效应的副产品，因为其中隐含了'科学'元素。事实上，它并没有包括在我的'现代查理曼神话'档案中，因为我的研究是综合选择和长篇大论。"

就这样结束我的寻求和对本书开篇两句的研究，我不能不觉得有

---

① 这与夏尔丹对17世纪法国使团在波斯受到款待的记述是绝妙的类比。财宝的展示让他们异常兴奋，以至于他们"咀嚼着对华丽餐具的惊羡"，而其他人全都埋头于食物中。

那么一点乏味。但至少我对布洛教授的神话搜集工作做了一点贡献。钻研书籍所花费的时间，就像在宴会餐桌上与朋友共度的时间一样，永远不是无意义的。"当你和你的兄弟在一起吃饭的时候，享受这段时光吧，"一位逊尼派的伊玛目写道，"因为与他人一起进食的时间是我们有限生命时光之外的额外奖赏。"——令人舒适的观点。只要我们还记得这句话，我就有信心，在我们生命中较世俗的部分被遗忘很长时间后，我们的宴会——无论适度的或盛大的——仍然会被人们忆起。

　查理曼大帝的桌布

译后记

　　这本书的翻译过程相当艰辛，看到它付梓，让我终于长出了一口气。

　　当初接下这本书的翻译工作是出于一股对饮食的盲目热爱，我心中一直怀有的一个梦想就是成为像蔡澜先生那样的美食评论家。在很大程度上，我想通过翻译这本书，增加一些对饮食的了解，因为书中的资料是相当专业并且难得的。虽然我从未认为这是个简单工作，但它还是比我想象的要困难得多。

　　这是一本关于饮食的书，各种原料的名称让我在翻译工作的初始阶段焦头烂额，但书中对古代奇异食物的描述又总让我惊叹。同时，这本书又不仅仅是一本关于饮食的书，它所讨论的"宴会"是种繁复而瑰丽的文化现象，饮食上的差距更多地表现在不同的地域之间，而谈及"历史"，饮食之外的种种才真正随着时间奔跑。那些仪式、那些器皿、那些以宴会为中心却又远远超出宴会本身的社会活动，将几百年的辉煌展现在我们眼前，鲜活明艳。

这是一本关于历史的书。宴会虽更多地被归类为娱乐，但字里行间总是渗透着作者的严谨和专注。正如作者所说，"哪怕是最简单的归纳，也要经过冗长的阅读"，作者所写的每句话都有确凿的文献基础。书中的绝大部分内容是我从未接触过的，也许因为我们从小接受的都是所谓的"正史"教育吧。经过精心挑选的一段段引文，跨越了时间和国度，用亲历者的视角还原了一幅幅饮宴图景。其中有大量内容来自中世纪及文艺复兴时期，原作者写作时所使用的英语正处于中古英语向现代英语的过渡阶段，令我无比烦恼。

这是一本放眼世界的书。作者虽身在英国，却能对各地的宴会习俗侃侃而谈。从波斯到日本，从中国到墨西哥；从欧洲王室到南极探险家，从阿拉伯人到阿兹特克人。这让我将大量的时间和精力花在与那些法语、德语、西班牙语、意大利语的纠缠上，其中甚至还包括用英文拼写出来的日语和阿拉伯语。虽然要想对各民族的宴会全都精通是不可能的，并且我已经发现了作者对中国宴会存在的某些误解，但唯有在纵向地讲述历史的同时横向比较，方能真正领会宴会作为文化组成部分的精髓。

在翻译并查找资料时，我觉得自己的灵感蠢蠢欲动，书中的内容时常拨动我的某些神经，让我产生丰富有趣的联想，并有冲动要大发一番议论。但作为译者，忠实于原著是第一位的，于是我只能尽量多地提供资料，让读者能够获得更全面的信息，并且也许也能产生联想、发出议论。如果真是这样，我翻译时没能畅所欲言的遗憾也算得到补偿了。

虽然翻译的过程很艰辛，但这的确是一本很难得的书，它的内容非常丰富，古今中外全都有所涉及。如果想只读一本书就对宴会史及各地宴会传统有个了解的话，本书显然再适合不过了。

最后，虽然不是作者，但我还是要感谢那些对翻译本书有所帮助的人，因为如果单凭我一个人的能力恐怕很难将其完成。感谢三联的编辑辛苦工作，让这本熬人的译作能够更加精彩；感谢找到了中古英语字典并翻译了书中一些拉丁文的驴儿；感谢解决了阿拉伯语的小仙；感谢把字母拼写的日语还原的天尊；感谢大头在译文还是"毛坯"的时候做我的第一个读者，并在为本职工作连续加班两个月时，还牺牲睡眠对处在"不会说人话"状态的我鼎力相助。

李　响

2006 年暖冬于北京家中

图书在版编目（CIP）数据

查理曼大帝的桌布：一部开胃的宴会史／（英）弗莱彻著；李响译. —2
版. —北京：生活·读书·新知三联书店，2016.7 （2018.12 重印）
（新知文库）
ISBN 978 – 7 – 108 – 05724 – 2

Ⅰ. ①查… Ⅱ. ①弗… ②李… Ⅲ. ①宴会 – 文化史 – 世界 Ⅳ. ① TS971

中国版本图书馆 CIP 数据核字（2016）第 133983 号

责任编辑　刘蓉林　黄新萍
装帧设计　陆智昌　康　健
责任印制　卢　岳
出版发行　生活·讀書·新知 三联书店
　　　　　（北京市东城区美术馆东街 22 号　100010）
网　　址　www.sdxjpc.com
图　　字　01-2006-1982
经　　销　新华书店
印　　刷　北京隆昌伟业印刷有限公司
版　　次　2007 年 9 月北京第 1 版
　　　　　2016 年 7 月北京第 2 版
　　　　　2018 年 12 月北京第 4 次印刷
开　　本　635 毫米 × 965 毫米　1/16　印张 18
字　　数　207 千字　图 53 幅
印　　数　19,001 – 24,000 册
定　　价　42.00 元
（印装查询：01064002715；邮购查询：01084010542）